新时代中国极地
自然科学研究进展

陈大可◎主编　　孙　波　陈建芳◎副主编

U0321584

海洋出版社

2024年·北京

黄　嵘/摄

图书在版编目（CIP）数据

新时代中国极地自然科学研究进展 / 陈大可主编；
孙波, 陈建芳副主编. –– 北京：海洋出版社, 2024.6
ISBN 978-7-5210-1258-3

Ⅰ.①新… Ⅱ.①陈… ②孙… ③陈… Ⅲ.①极地－
科学考察－研究进展－中国 Ⅳ.①P941.6

中国国家版本馆CIP数据核字(2024)第090937号

审图号：GS京（2024）0985号

新时代中国极地自然科学研究进展
XINSHIDAI ZHONGGUO JIDI ZIRAN KEXUE YANJIU JINZHAN

责任编辑：郑跟娣
助理编辑：李世燕
责任印制：安 淼
封一供图：祝 贺（上图） 黄 嵘（下图）
封四供图：黄 嵘

海洋出版社 出版发行
http://www.oceanpress.com.cn
北京市海淀区大慧寺路 8 号 邮编：100081
侨友印刷（河北）有限公司印刷 新华书店经销
2024年6月第1版 2024年6月第1次印刷
开本：787mm×1092mm 1／16 印张：21.5
字数：413千字 定价：268.00元
发行部：010-62100090 总编室：010-62100034
海洋版图书印、装错误可随时退换

新时代中国极地自然科学研究进展
里程碑

■ **2018年3月**
中国南极考察队首次在阿蒙森海开展海洋综合调查

■ **2017年1月**
"雪鹰601"成功在南极冰盖最高区域冰穹A起降

■ **2018—2019年**
国家海洋局极地考察办公室组织编制《极地科学基础研究优先领域》规划

■ **2017年2月**
"雪龙"号到达罗斯海（78°41'S），刷新了全球科学考察船到达的最南纪录

■ **2018年10月**
中-冰北极科学考察站正式运行

■ **2017年7—9月**
"雪龙"号首次穿越北极中央航道和西北航道，开展适航性调查

2018

■ **2014年2月**
中国南极泰山站建成开站

■ **2014年11月**
习近平总书记访问澳大利亚期间，登上"雪龙"号，向科学考察人员表示慰问

2017

2016

■ **2016年8—9月**
中国北极考察队首次在北冰洋门捷列夫海岭开展海洋调查

2015

2012

2014

■ **2015年12月**
固定翼飞机"雪鹰601"在南极试飞并投入使用

■ **2012年7—8月**
"雪龙"号首次穿越北极东北航道，推动了我国对北极航道的商业利用

■ 2024年2月
中国南极秦岭站建成并投入使用，习近平总书记致信祝贺

2024

■ 2019年9月至2020年10月
中国组织17名科学考察队员参加了迄今最大型的北极考察国际合作MOSAiC计划

■ 2019年10月
中国自主建造的首艘极地科学考察破冰船"雪龙2"号投入使用

■ 2019年12月
中国南极考察队首次在宇航员海开展海洋综合调查

2023

■ 2023年9月
中国极地科学考察破冰船首次抵达90°N开展海洋综合调查

2021

2020

2019

■ 2020年1—2月
开展"双龙探极"，实施南大洋考察

■ 2021年8—9月
中国在北极加克洋中脊首次实施大规模海底地球物理综合探测

祝 贺/摄

史晓翀 / 供图

程 皖/摄

极地是地球系统的重要组成部分，是"人类命运共同体"不可或缺的地理单元，极地系统的变化往往"牵一隅而动全局"。南北极冰盖消融和物质流失对全球海平面变化的贡献约为30%；南极海冰生长是世界大洋底层水形成的主要动力机制，而世界大洋底层水又驱动着全球大洋环流，影响着全球海洋热量、营养物质和碳的输运与分布；北极海冰快速退缩产生了显著的气候效应，已经成为影响我国冬季灾害性天气过程的重要因素。

2018—2019年，国家海洋局极地考察办公室组织全国极地工作者编制了《极地科学基础研究优先领域》规划，提出了6个基础研究优先领域，包括极地冰盖不稳定性和海平面变化、北极海-冰-气相互作用及其天气气候效应、南大洋环流变化及其全球效应、南北极地质过程及资源环境效应、极地生态系统的敏感性与脆弱性、极区日-地相互作用与地外物理。这6个基础研究优先领域涵盖了南北极大气、海洋、冰冻圈、生物和岩石5大圈层，涉及物理、化学、生物和地质等重要过程，聚焦圈层及其关键要素之间的相互作用、相互联系和连锁响应，跨越了从深海/深冰到深空的空间维度，充分考虑了极地系统在地球系统中的作用以及与地球系统其他单元的联系，体现了极地科学极具鲜明的地域大科学特征。

1977年，在改革开放的新形势下，国家海洋局提出"查清中国海、进军三大洋、登上南极洲"的发展目标，现在都已基本实现。1984年，我国首次派调查船赴南极开展科学考察，登上了南极半岛并于1985年2月建成了长城站，达成了夙愿。2024年是我国极地考察40周年，我国南极秦岭站建成并投入使用，这是我国围绕南极底层水形成机制、冰间湖关键过程等前沿科学问题寻求突破的重要实践。

我曾连续三届担任中国南极研究学术委员会委员，参与了《极地科学基础研究优先领域》规划的前期论证，见证了我国极地科学技术在广度和深度加速跃升的发展轨迹。作为《新时代中国极地自然科学研究进展》编委会的顾问，我有幸能先通览书稿。从书中可见，我国极地工作者围绕《极地科学基础研究优先领域》规划已产生了一批具有国际影响力的研究成果，部分研究成果已经实现从科学认知向"保护与可持续利用"的应用转化；研究过程中涌现出了一批富有创新力和奉献精神的年轻极地科研骨干，为提升我国极地研究的影响力、更好地应对气候变化、参与极地事务国际治理奠定了重要基础。本书既可提供给国家有关部门制定规划做参考，也可提供给科研人员和科技管理工作者作为一本高级科普读物。

与国际发展趋势一致，相对地球科学的其他领域，我国极地科学总体上尚属薄弱环节。经过这些年的发展，我国极地考察体系的核心技术装备仍不完善，规模化的极地科学研究队伍尚未形成，不足以支撑极地前沿科学的突破，也难以提供支持极地保护与可持续发展的服务产品。未来，我们应联合各方力量，进一步加大对极地考察的投入，壮大极地科学研究队伍，发展先进的极地观测和模拟技术，围绕国家需求和极地前沿科学问题构建新一代具有引领力的极地考察平台，立足极地开展学科交叉和国际合作，推动中国科学家主导的国际极地大科学计划，切实增强我国在极地事务和全球治理中的话语权。

苏纪兰　中国科学院院士

2024年3月

前 言

极地科学考察是人类探索自然奥秘、开拓发展新空间的重要途径，是一项功在当代、利在千秋的崇高事业。2014年2月，在中国南极泰山站建成之际，习近平总书记致贺信指出，中国南极泰山站的建成，为我国科学家开展长期持续的南极科学考察研究提供了良好条件，有利于拓展我国南极考察的领域和范围、拓展我国海洋事业发展的战略空间。2024年2月，在中国南极秦岭站建成并投入使用之际，习近平总书记又专门致贺信指出，希望广大极地工作者以此为契机，继续艰苦奋斗、开拓创新，同国际社会一道，更好地认识极地、保护极地、利用极地，为造福人类、推动构建人类命运共同体作出新的更大的贡献。习近平总书记的贺信为新时代新征程我国极地事业发展指明了前进方向，提供了根本遵循。

南北两极占有全球20%的海洋、87%的淡水资源、90%的冰雪、90%的多年冻土、69%的冰川以及几乎全部的海冰。南极磷虾是全球最大的单种动物蛋白库。有研究认为，全球气候变化的9个临界点有6个出现在极地，包括北极的海冰、格陵兰冰盖、冻土和植被，西南极的冰盖及东南极的冰架。联合国政府间气候变化专门委员会（Intergovernmental Panel on Climate Change，IPCC）发布的《气候变化中的海洋和冰冻圈特别报告》指出，极地系统变化主要包括冰盖和冰川的融化退缩并导致海平面加速上升、北半球高纬度积雪覆盖范围的退缩、北极海冰范围和厚度的减小，以及多年冻土温度的升高和面积退缩等。

在全球变化背景下，海洋吸热增暖速度加剧，而南大洋吸收的热量占全球海洋吸热量的45%~62%。南大洋增暖对全球气候变化具有重要的调节作用，并会加速冰架底部融化和接地线后退，可能触发南极冰盖不稳定性的阈值，加速冰盖向海洋注入淡水。两极冰川物质流失的不确定性是影响全球海平面变化预测的最大误差来源。此外，南大洋为洋盆之间以及全球海洋上层和底层之间提供了主要的联系通道，南极底层水对全球大洋环流系统以及气候变化、碳循环、生物资源分布等产生着深远的影响。

自1979年以来，北极变暖的速度是全球平均水平的2～4倍，北极放大效应日益突出。北极气候变化对原住民赖以依存的自然环境和基础设施已经产生了严重的影响。海洋长期变暖、海冰减少和冻土融化，使得北极成为全球海岸侵蚀最严重的区域之一。北极熊和海象等大型哺乳动物的生存受到威胁，亚北极物种的入侵极大地压缩了北极本地物种的生存空间，给生态系统保护和生物资源利用带来了极大的挑战。伴随着北极迅速增暖，欧亚大陆冬季反而出现了降温的趋势，但相关动力机制仍不明晰，给我国灾害性天气的预警预报带来了严峻挑战。

太阳是地表的主要能量来源。太阳活动与行星地球的相互作用很有可能改变地球大气及电离层的能量和状态，诱发空间天气变化并导致低层大气乃至地球表面变化，影响通信、导航和航空航天等领域的安全。南极冰盖的地理和大气条件为天文观测提供了亚空间环境，特别是南极最高处的冰穹A，具有地面最佳的光学、红外和太赫兹的天文观测条件，对开展天文观测研究至关重要。

为提升对极地系统的观测、认知和预测能力，实现可持续发展目标，近年来，国际上实施了多项极地科学合作研究计划。极地预报年（Year of Polar Prediction，YOPP，2017—2019）计划、北极气候研究多学科漂流冰站观测（Multidisciplinary drifting Observatory for the Study of Arctic Climate，MOSAiC，2019—2020）计划和"南极环（RINGS）"探测计划等国际计划的实施，以及多国考察破冰船的更新换代，表明提升协同观测能力、深化极地系统演化机理研究是主要大国极地工作的重点。

我国开展极地科学考察已经走过40年不平凡的历程，有组织的举国体制一直是我们开展极地科学考察秉持的模式。迄今为止，由自然资源部（以及原国家海洋局）成功组织开展了40次南极科学考察、13次北冰洋科学考察和20个年度的北极黄河站科学考察。近10年来，我国极地科学考察的投入不断增大，基础设施能力建设不断提升。自主建造了"雪龙2"号极地科学考察破冰船，列装了"雪鹰601"固定翼飞机，在南极内陆建设了泰山站，在南极罗斯海区域新建了秦岭站，并建成了中-冰北极科学考察站，形成了"两船七站一飞机一基地"的极地科学考察保障体系。自然资源部、科学技术部、工业和信息化部以及国家自然科学基金委员会围绕极地环境调查、观测/探测装备研发和前沿科学研究设立了多个极地专项，推动了我国极地科学考察和研究的进程。

基础研究是科学技术体系的源头。国家海洋局极地考察办公室在2018—2019年牵头组织编制了《极地科学基础研究优先领域》规划，着重强调极地系统作为全球气候红线、生态屏障以及环境底线的作用和意义，提出了6个基础研究优先领域，包括极地冰盖不稳定性和海平面变化、北极海-冰-气相互作用及其天气气候效应、南大洋环流变化及其全球效应、南北极地质过程及资源环境效应、极地生态系统的敏感性与脆弱性、极地日-地相互作用与地外物理。

近10年来，通过充分发挥极地观测与调查平台的支撑作用，发展各种观测、探测技术，保障样品和数据的充分共享，我国学者在极地科学多个领域取得了重要突破。在极地无人值守观测装备、冰下潜水器和冰盖钻探装备、固定翼航空遥感和智能船舶科考平台、极地全高层大气激光雷达探测、南极天文台台址论证测量等方面，突破了一系列关键核心技术。在南极冰盖不稳定性机制、南极海洋-冰架相互作用、南大洋水团与环流变化、南极底层水形成机制、南北极海冰快速变化机制与预报预测、南北极海洋碳和生源要素循环及其对生态环境的影响、南北极古大陆和古海洋与古气候演化、极端环境生物多样性演化、太阳风-磁层能量耦合过程、时域天文研究等前沿研究领域，取得了一系列创新成果。这些技术突破和研究成果为提升极地系统变化的评估与预测能力，以及极地科学考察空间、航道、渔业和微生物等资源的可持续利用，起到了重要的支撑作用。

在近100位极地科学工作者的努力下，本书系统梳理了我国学者在新时代的最近10年里围绕极地科学基础研究优先领域取得的重要成果，并指出目前在极地科学考察与自然科学研究各个领域的不足与短板。尽管我国已经开展了40年的极地科学考察，但体系化的核心技术装备仍不完善，大规模的极地科学研究队伍尚未形成，不足以支撑"从0到1"的极地前沿科学突破，以及通过研制公共服务产品支持极地保护与可持续发展。截至2020年，我国学者在极地自然科学领域的学术论文发表数量约占全球的5%，处于第二梯队。在极地相关国际学术组织任职的人数严重偏少，牵引力和议事能力不足。

因此，在未来5~10年，甚至更长一段时间，我国应继续发挥极地科学考察集中力量办大事的优势，突破极地高效到达、长期驻留能力提升的技术难题，落实"绿色考察"倡议，解决极地极端环境跨圈层、跨时域、多平台和多学科协同观测的技术瓶颈，拓展"雪龙2"号科学考察破冰船秋冬季调查能力，完善南极秦岭站等科学考察平台建设，以极地为窗口开展天文和临近空间观测。积极对接联合国"海洋十年"、第5次国际极地年（International Polar Year，IPY5）、第四届北极研究规划（Fourth International Conference on Arctic Research Planning，ICARP IV），推动我国主导的国际大科学计划，在南极普里兹湾—冰穹A沿线断面和罗斯海—维多利亚地区域以及北极太平洋扇区，形成极地区域研究优势。同时，注重跨学科、复合型极地科学技术人才的培养和引进，切实增强我国在极地科学前沿研究领域的核心竞争力，为"认识极地、保护极地、利用极地"贡献中国智慧。

参加本书编写工作的有：

第1章：孙波、效存德、唐学远、李荣兴、王泽民、程晓、李熙晨、丁明虎、史贵涛、张通、范晓鹏、王显威、杨元德、王叶堂、赵励耘、李大玮、张旭、郑雷；第2章：雷瑞波、陈建芳、杨清华、舒启、刘骥平、武炳义、谢周清、丁明虎、白有成、钟文理、梁曦、乐凡阁、张若楠、闵超、梁钰；第3章：陈大可、魏泽勋、周朦、王召民、史久新、杨清华、刘骥平、李熙晨、张召儒、高立宝、李颖、孙永明、刘成彦、罗昊、聂亚飞；第4章：刘晓春、王汝建、赵越、刘焱光、安美建、高亮、肖文申、叶黎明、武力、董林森、郭井学、傅磊、陈志华、葛淑兰、唐正、董江、王家凯、李青苗、张涛、沈中延、李霖、纪飞；第5章：何剑锋、林龙山、张光涛、俞勇、谢周清、陈敏、李海、王芮、曹叔楠、廖丽、姚轶峰、牟剑锋；第6章：商朝晖、刘建军、周旭、杨惠根、张辉、张清和、韩德胜、马斌、胡义、杨栩、林镇辉、王睿。

衷心感谢参加本书编写工作的上述同仁，大家的辛苦付出使我们能够系统地梳理新时代最近10年里我国极地自然科学基础研究优先领域取得的主要成果，也为关心极地工作的读者朋友们提供了一个认识和了解我国极地考察成就与科学研究进展的窗口。极地系统极为复杂，极地科学属于地域性科学，涵盖的学科领域较多，书中有关我国极地自然科学研究的主要成果梳理难免存在遗漏之处，诚望同行专家指正。

陈大可　中国科学院院士
2024年3月

第1章　极地冰盖不稳定性及其对全球变化的响应

第2章　北极海–冰–气相互作用及其气候环境效应

第1章
极地冰盖不稳定性及其对全球变化的响应

极地冰盖作为气-冰-陆-海强烈相互作用区具有全球效应，其脆弱的稳定性使其对全球环境具有极其重要的影响。冰盖消融将改变全球陆-海地理格局，危害我国的海洋权益和国民经济。因此，开展极地冰盖研究获得新的科学认知对于应对气候变化、倡导生态文明和建设海洋强国等具有重大意义。极地冰盖已成为突破地球系统科学诸多重大问题的新切入点。确定并揭示极地冰盖变化的关键过程和临界阈值是理解未来全球环境变化的关键，然而目前对冰盖演化、稳定性与关键过程及其机制，以及两极冰盖如何对气候变化做出响应，尚不明晰。近10年来，我国学者针对极地冰盖不稳定性及其对全球变化的响应涉及的核心科学问题，在冰盖圈层相互作用及其演变机制、冰流系统与物质平衡、冰盖变化全球效应、冰盖数值模拟与海平面变化预估、构建极地冰盖综合观测系统等方面取得了重要研究进展。这些最新研究进展有助于揭示极地冰冻圈演化与历史海平面变化及全球气候演变的关联机制，并为认识气候变暖背景下极地冰盖变化的全球效应以及我国应对气候变化提供科学支撑。

1.1 极地冰盖/冰架系统圈层相互作用及其演变机制

1.1.1 冰盖表面大气过程

鉴于南极冰盖在气候系统中起到的重要作用及其对全球海平面变化的巨大潜在影响，自21世纪以来，南极气候变化研究取得了显著进展。然而，在南极气候变化预估和天气预报的可靠性方面仍存在诸多争议。南极冰盖大气过程与此密切相关，是制约南极气候变化预估、提升极地天气预报能力的关键瓶颈。近10年来，我国学者通过科学试验、长期自动观测、卫星遥感和模拟等手段对南极大气热力学和动力学过程进行了深入研究，取得了长足进步。

依托南极科学考察，我国在东南极沿海至冰穹A区域的长期气象观测站由2013年的3个站点增加到2023年的11个站点，并开展了多次无线电探空仪观测、大气成分样品采集等科学试验，获取了丰富的观测数据，为开展南极大气过程研究提供了有力的数据支撑（Bian et al., 2016; Ding et al., 2017, 2022）。Ding等（2022）依托PANDA自动气象站观测网，研制了覆盖从东南极沿海到内陆冰穹A区域的观测数据集（图1-1），该数据集已被用于南极气候变化预估、极端天气事件诊断和天气预报等多方面研究。Huai等（2019）基于现场观测资料，开展了南极大气边界层再分析数据、卫星数据的适用性评估，为多源数据产品在南极的广泛应用和改进提供了定量证据（Liu et al., 2019; Ding et al., 2020a, 2020b, 2020c; 张雷等，2020; Fan et al., 2023）。为提升极地天气预报能力，我国众多专家学者加强了东南极边界层参数化方案、数值模式及其产品适用性研究。Sun等（2020）实施了无人机观测、无线电探空仪观测等低空廓线科学试验，开展了同化试验，提升了极地数值天气预报模式（Polar version of the Weather Research and Forecasting model, Polar WRF）在极地的预报能力。

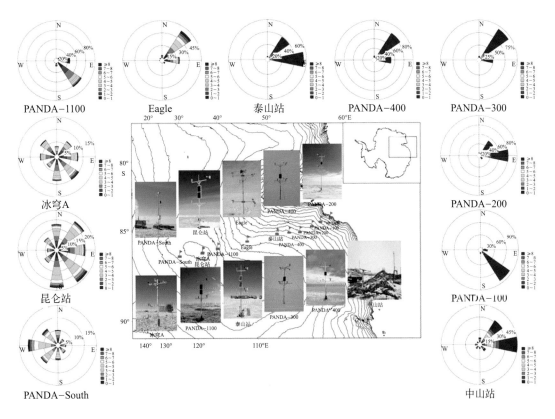

图1-1 我国南极PANDA自动气象站观测网分布及风向玫瑰图（单位：m/s）（Ding et al., 2022）

随着气候变暖加剧，南极半岛周边的冰川稳定性减弱，进而更容易受到极端事件的影响。Wang等（2022a）通过气候统计等方法阐明了南极半岛极端液态降水发生的物理过程与动力机制，发现新西兰东南侧反气旋的发生是南极半岛极端液态降水发生的重要前兆信号。Wang等（2023b）统计了过去43年冰穹C地区的爆发性增温，发现约60%的增温事件是由位于威尔克斯地的阻塞高压驱动温暖潮湿的气团输入冰盖内部所致，揭示了阻塞高压对南极破纪录爆发性增温事件的重要驱动作用（图1-2）。Wang等（2022b）基于观测和模式数据量化了不同尺度大气环流对南极半岛极端温度事件的贡献，发现季节内振荡对冷、暖事件的形成起主导作用。这为开展次季节预报提供了理论支撑，有助于实现对南极半岛极端天气事件的预报和预警。

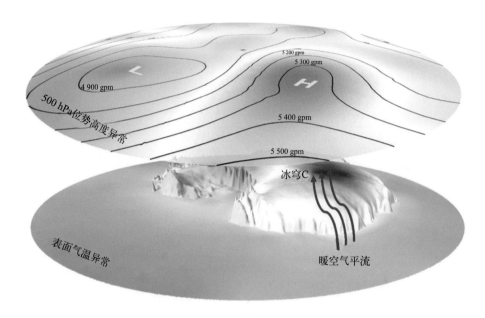

图1-2　阻塞高压驱动爆发性增温示意图（改自Wang et al., 2023b）

南极气候变化还会显著影响圈层间能量物质交换等物理过程。Ding等（2020a）基于气象站及涡动相关观测数据，提出了基于傅里叶方法的冰热通量传输算法和基于迭代方法的湍流算法，改进了能量物质平衡参数化方案，并将其应用于冰盖强下降风区域等冰−气相互作用较强的地区，为该区域冰/雪−气的相互作用提供了重要的新认识。Yang等（2023）利用穷举迭代法研究发现有效热扩散系数会受到短波渗透、近地面大气湍流和辐射传输量的影响，系统呈现了东南极PANDA断面的冰雪热传导分布变化并揭示了其有效热扩散系数的变化机理。作为地表能量平衡中最重要的组成部分，南极冰盖高质量辐射观测站布设稀少。为此，我国众多学者尝试利用机器学习等方法获取太阳辐射。Zeng等（2021，2022）通过结合站点观测资料发现机器学习法总体上优于经验公式法，并构建了高精度的太阳辐射估算模型，建立了长城站和中山站太阳辐射长时间序列数据集，发现长城站太阳辐射呈显著增加趋势。该工作有助于加深对南极地表辐射平衡的理解，并为解释南极半岛气候变暖的原因提供参考。

南极气候变化使大气环流产生异常，影响着近地表气温变化，从而导致天气现象受到显著影响。站点观测结果表明，2001年前后南极半岛夏季降水相态趋势发生明显变化。Ding 等（2020b）基于长城站降水观测数据和再分析产品，结合大气环流变化发现，阿蒙森海低压（Amundsen Sea Low，ASL）西进导致南极半岛固/液态降水趋势发生变化，为南极半岛气候变化指出了补充因子，同时也提出了近年来南极半岛冰盖系统不稳定性降低的潜在机制。此外，研究指出大气环流异常可通过调控气温影响南极半岛北部夏季固/液态降水的变率（Wang et al., 2021a）。目前，包括南极半岛在内的部分冰冻圈覆盖区域，自动气象站无法观测降水类型，考虑到降水相态对冰盖物质累积及表面能量平衡的影响，传统的经验判别法已不可行。上述研究为降水相态参数化方案的进一步发展提供了参考和新的视角。

除大气物理过程外，南极冰盖的大气化学过程也受到南极气候变化的影响。Tian等（2022）基于中国南极中山站2008—2020年臭氧观测数据，分析了臭氧浓度的季节和昼夜变化特征以及特定大气过程对近地面臭氧浓度变化的影响，发现中山站近地面臭氧增强事件主要受东南极沿岸较高臭氧浓度气团传输影响，不仅为南极中山站提供了珍贵的观测数据，还加深了对南极近地面臭氧爆发事件的认识。Ding等（2020c）则通过在中国南极昆仑站的臭氧观测，结合平流层–对流层通量交换模型（Stratosphere-to-Troposphere Exchange Flux，STE-FLUX）进行定量分析，发现平流层–对流层输送并非冰穹地区臭氧的主要来源，推翻了前人的猜想。

总的来说，过去10年来，通过提升我国在南极的气象观测能力，聚焦南极冰盖圈层间能量物质交换链条，我国科学家在南极气候变化、极地天气预报、冰–气相互作用等方面取得的创新性成果，得到了国内外同行广泛认可。未来的研究将继续保持地面观测优势，并结合卫星遥感，推进南极更广泛区域的数据产品研制，应用于极地天气气候预报和多学科研究。另外，应加强近地面到中层大气的协同变化过程研究，从多圈层角度改进区域气候模式和地球系统模式，最终加深我们对南极气候快速变化的理解。

1.1.2　冰盖表面雪冰现代过程与环境效应

雪冰作为冰冻圈最核心的环境要素，对全球气候变化的响应非常敏感，是气候变化的指示器。近年来，由于遥感、自动气象站等现代探测技术的广泛应用，南极雪冰观测技术取得了显著进步，但这些观测手段持续时间短或具有一定的空间局限性，无法从更长时间尺度上提供极地气候环境变化的信息。冰芯记录具有信息量大、保真度好、时间分辨率高、记录时间长等特点，在研究气候环境变化中具有独特的优势。雪冰的现代环境过程直接影响气候环境信息的保存，是准确解读冰芯气候环境记录的基础。近10年来，我国学者依托中国南极科学考察，通过现场观测、同位素和化学分析及模型模拟等综合手段，在主要化学组分的大气传输、雪−气界面影响和冰芯记录等方面开展了系统的过程与重建研究，揭示了雪冰主要化学组分的来源，明确了雪冰中新指标的气候环境信息，为深入理解南极气候环境变化奠定了科学基础。

大气传输是影响南极雪冰化学组分的主要环境过程。最近我国学者通过大尺度空间观测、稳定同位素示踪、后向轨迹和模型模拟等手段，揭示了主要无机化学组分从中低纬度向南极的主要输运过程。研究发现，对流层长距离大气传输对南极大气中主要无机化学组分（如硝酸盐和高氯酸盐等含氧阴离子）的贡献相对较少，主要源于局地的二次气溶胶生成（Jiang et al., 2021; Shi et al., 2021）。通过单颗粒分析，证实了大颗粒物（>20 μm）在向极地传输过程中的传输效率与其化学成分无关，主要受其形态特征的影响，相比球状颗粒，纤维状颗粒具有更高的大气传输效率（Chen et al., 2023a）。对南极考察站点的多年连续现场观测证实了雪冰中主要无机化学组分的来源存在显著的季节差异，区域大气氧化过程和平流层沉降是硝酸盐和高氯酸盐等离子的主要来源（Jiang et al., 2023; Shi et al., 2022a）。

在极地雪冰−大气中存在非常显著的界面过程，直接影响着区域大气环境。在雪冰多种化学组分中，硝酸盐的雪−气界面过程最为显著，特别是在南极内陆低雪积累率区域，硝酸盐在表层雪中的光解循环过程非常强烈，显著影响了边界层大气氧化环境（Shi et al., 2018）。Shi等（2023）根据观测的光解同位素分馏，构建了包含氮氧稳定同位素的雪冰硝酸盐光解模型，成功实现了对硝酸盐光解同位素分馏过程的模拟。研究发现，在南极冰盖近地表强烈的下降风影响下，内陆硝酸盐光解产物可显著促进大气二次气溶胶的生成（Jiang et al., 2023; Wu et al., 2024）。上述结果是定量认识硝酸盐雪−气界面影响同位素分馏的主要依据（图1-3），也是定量解读冰芯硝酸盐稳定同位素的基础。

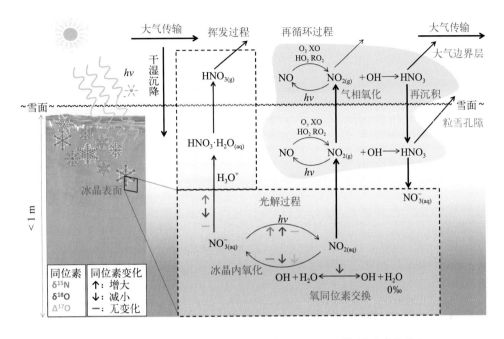

图1-3　南极雪冰中硝酸盐（NO_3^-）的雪-气界面过程及其同位素分馏效应，
其中 g 表示气相，aq 表示液相。不同颜色符号表示不同的同位素

　　近年来，随着分析技术手段的进步，构建了一批新的冰芯气候环境记录代用指标。我国学者依托中国南极中山站至冰穹A断面获取的冰芯，利用新指标在历史时期南极气候环境变化方面取得了一系列新认识。

　　目前对南极平流层臭氧自然变率的认识非常有限，主要原因是缺乏有效的代用指标。通过对南极冰芯硝酸盐同位素与臭氧变化序列的分析，研究发现在年代际时间尺度上两者存在密切关联，并定量了两者的关系，为利用冰芯硝酸盐同位素研究近地表平流层臭氧变化提供了科学依据（Shi et al., 2022a）。通过冰穹A冰芯记录发现了在小冰期（约1450—1850年）时期，硝酸盐含量呈显著下降趋势；结合前期研究推测这一时期大气中NO_x来源发生了变化，其氧同位素（$\delta^{18}O$和$\Delta^{17}O$）的变化指示了大气中氧化剂O_3/OH丰度比的波动（Jiang et al., 2019）。借助冰穹A冰芯氧同位素记录（$\delta^{18}O$），重建了该地区公元1—2000年的温度变化历史，填补了该地区高分辨率气候记录的空白，发现该地区的温度变化无显著的长期趋势，但存在显著的年代际-百年尺度波动。在1900年之前，气候波动（特别是寒冷气候）主要受控于太阳活动和火山强迫；而近百年来的升温，主要与温室气体浓度升高、太阳活动增强以及火山活动减弱有关，轨道参数和土地覆盖变化则可能对增暖起到小幅的抑制作用（An et al., 2021）。

经过近10年的发展，我国已在南极构建了系统的雪冰现代环境过程观测体系。基于这些观测和研究结果，揭示了极地雪冰及大气中各化学组分来源的时空差异特征，阐释了主要化学组分的雪-气界面过程等。这些工作是深入认识雪-气界面过程、准确解读冰芯气候记录的基础。冰芯记录了降水、温度、大气氧化环境等丰富的气候环境信息。已开展的冰芯记录研究揭示了过去2 000年来大气环境的变化特征及其对特定气候环境事件的响应，这对认识南极气候环境变化过程和机制、揭示大气化学与气候变化的耦合关系有重要意义。

1.1.3　冰盖的底部过程与水热循环

冰盖被认为是对全球气候变化响应最为敏感的区域，对其动态变化的认识与预测是全球变化研究的前沿。然而，目前对冰盖内部结构和底部过程的探测仍非常有限，导致有关极地冰盖对全球海平面变化的定量评估存在显著的不确定性。冰盖内部温度场和水文状况等水热环境要素会显著影响冰盖的动力学行为，进而引发冰盖物质平衡突变和冰盖的不稳定性。冰下环境信息缺乏的主要原因是对冰盖系统性观测的不完善和基于数值模式的精确量化不足。目前，在观测、理论和数值模拟层面都对此缺乏深入系统的研究。

我国在极地冰盖的冰下探测主要是利用地面/航空地球物理调查实现，目前研究区域仍限于东南极。中国的冰下探测始于第21次南极科学考察（2004/2005年）沿中山站至冰穹A断面的冰雷达测量。从2015/2016年中国第32次南极科学考察开始，我国已开展了多次机载航空地球物理调查。自2014年以来，我国学者利用所获取的雷达数据建立了三维冰盖数值模式的底部冰层边界条件，模拟了冰穹A区域中国昆仑站深冰芯钻探点的年代-深度关系和温度场分布，结果显示冰底可能存在超过70万年的老冰（Sun et al., 2014）；通过中国自主研制的冰盖深部探测雷达，在中山站至冰穹A断面上探测到了底部再冻结冰层存在的证据，验证了东南极冰盖可能存在广泛的底部复结冰现象（Tang et al., 2015）。发现中山站至冰穹A断面内部冰层的几何褶皱模式与底部地形保持一致，且相对平坦的底部地形和冰层连续性随着深度的增加而显著降低，为先前卫星遥感无法识别的快速冰流区域提供了证据；冰穹A的冰盖内部连续冰层记录了过去16万年以来的冰流历史和物质平衡的时空变化（Luo et al., 2020；Tang et al., 2020a, 2022）。昆仑站冰芯钻探点周边存在受到基岩地形控制的连续融化点；在冰表面以下1 640 m处冰体的年代被确定为约160 400年，相应历史阶段的冰雪积累率较低，基本与当今冰穹A地区的情况相当（Tang et al., 2020c）。Tang等（2020b）通过绘制泰山站冰下地形、冰厚和内部等时层结构图，证实站址所在区域的冰流在较长历史时期都保持稳定。

中国于2015—2024年期间通过多次航空调查在东南极地区收集了超过20×10^4 km的地球物理测线数据，面积超过100×10^4 km²，覆盖了东南极包括伊丽莎白公主地、格罗夫山和埃默里冰架等许多关键区域（图1-4）（Tang et al., 2021）。获取的高质量航空冰雷达、航空重力和航空地磁数据，为揭示东南极冰下的三维结构、冰下水热环境演化进程以及冰盖稳定性提供了重要数据支撑。基于这些数据，构建了南极伊丽莎白公主地面积达90×10^4 km²、分辨率500 m的冰厚与冰下地形数字高程模型，揭示了该区域大量过去未知的冰下地貌特征。该模型已被纳入新一代国际南极冰厚/冰下地形数据库——Bedmap3（Cui et al., 2020）。中国学者还使用航空地磁数据反演了伊丽莎白公主地的冰下地热通量与等温居里面深度，并已被纳入南极研究科学委员会（Scientific Committee on Antarctic Research，SCAR）的南极数字磁异常项目（Antarctic Digital Magnetic Anomaly Project，ADMAP）（Li et al., 2021a）。使用冰雷达和重力数据反演得到了埃默里冰架7.3×10^4 km²的海底地形数字高程模型（Yang et al., 2021）。最近一个自动提取冰层的深度学习模型——EisNet被发展用于快速提取冰下基岩与冰层信息（Dong et al., 2021）（图1-5）。Luo 等（2022）通过雷达显示的深部冰层结构，揭示了10万年以来东南极冰盖存在持续的风蚀活动，该地区风冲刷区域不同位置出现的早前侵蚀活动可能与南极地区末次冰期的剧烈气候变化有关。研究表明，伊丽莎白公主地兰伯特冰川上游大量断裂且弯曲的冰层结构与历史上具有快速/增强的冰流相联系，而冰盖中心区域（如冰穹A）具有超过冰厚90%的清晰且连续的内部层可能记录了远超过16万年前的中更新世晚期的冰流历史，这为解析东南极冰盖内部演化机制和古冰流活动提供了新的约束信息（Tang et al., 2016, 2022）。研究还发现，该区域底部存在大范围的连续融化点，融化状况展现出受基岩地形与基底温度的双重控制，模拟结果也证实了这一结论（Wang et al., 2023a）。底部大范围的融化与该区域大量存在的冰下湖相一致。最近在兰伯特冰川上游发现的一个大型冰下湖（麒麟湖），该湖长达48 km，宽14 km，湖水平均深度198 m，湖面埋深达到3 500 m（Yan et al., 2022）。重力反演表明该湖周围和底部有一层未固结的水饱和沉积物，有潜力提供伊丽莎白公主地古环境变化和东南极冰盖演化（3 400万年）的完整历史。目前，我国已着手准备对该湖进行冰下钻探与取样。冰下湖钻探可用来厘清南极气候演变、生命起源以及宇宙中其他地外天体是否存在生命等引人瞩目的问题。

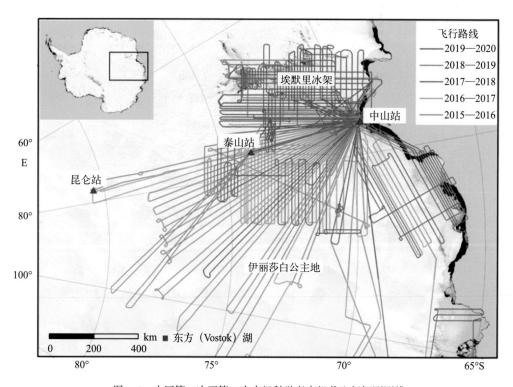

图1-4 中国第32次至第36次南极科学考察机载飞行探测测线

对冰盖底部过程和水热环境的研究旨在揭示南极冰盖的冰下环境特征，学者依托我国在南极冰盖获得的历次地球物理探测数据，开展了较为系统的冰下环境和底部过程研究，获取了冰盖内部冰层结构蕴含的动力学信息并厘清了冰下地热通量异常区域和融水分布，诊断出了触发冰盖不稳定性阈值的潜在区域，这为解译反映南极冰盖稳定性与海平面变化等最基本的地球科学问题提供了新的认知。在实践应用层面，研究成果有助于提升我国对南极气候和全球海平面变化的预测能力，并服务于我国在全球变化领域诸如冰下湖、深冰芯钻探等涉及国家极地战略的重大需求。

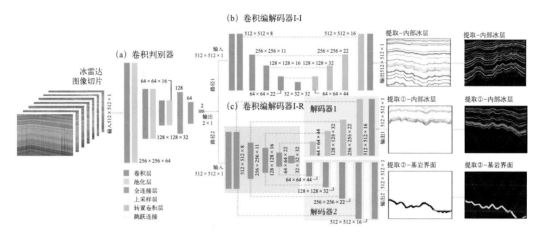

EisNet：深度学习自动提取冰层与基岩界面模型网络结构图

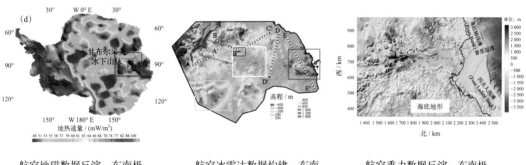

航空地磁数据反演：东南极　　航空冰雷达数据构建：东南　　航空重力数据反演：东南极
伊丽莎白公主地地热通量　　极伊丽莎白公主地冰下地形　　埃默里冰架海底地形

图1-5　东南极冰盖伊丽莎白公主地和埃默里冰架冰下结构

1.1.4　冰架与海洋相互作用及其快速变化

冰架是大陆冰盖在海洋中的延伸，一般具有较大的流速，在末端会发生崩解，形成冰山。虽然冰架的质量变化并不直接引起海平面变化，但冰架具有一个很重要的作用，即阻挡上游冰盖的冰流进入海洋的支撑效应，它能减缓大陆冰盖质量的损失。在不同的冰架处，支撑效应和冰流动力的影响各有不同，通常在距离接地线更近、冰架峡湾更狭窄、冰隆附近的地区，支撑效应会更大一些。随着海洋升温加速，冰架底部融化加剧，冰架快速减薄、后退，这会导致冰架大范围支撑效应的减弱并增加冰盖崩塌的风险。不仅如此，Zhang等（2020）还发现，冰架还存在另一种效应：海洋升温会引发冰架底部融化、产生扰动，引起冰架支撑效应的空间分布发生变化，并进一步引起上游大陆冰盖质量产生相应变化。但这一系列连锁反应并不是线性的。冰架的存在会放大海洋强迫扰动，导致上游冰盖质量变化响应更难以预测，因此加强冰架在整个冰盖-海洋耦合系统中的作用的相关研究显得尤为必要。

在冰架与海洋相互作用及其快速变化研究方面，我国仍处于起步阶段。在我国传统优势的埃默里冰架考察区域，国内学者已经详细估算了埃默里冰架底部融化的空间分布特征，发现底部融化量占到了冰架总体物质损失量的一半左右（Wen et al.，2010）。近期还发现冰架底部融水有助于形成由较暖、较咸和静止源水组成的两层分层冰架-海洋边界流，并研究了埃默里冰架下的冰架水-高盐度陆架水（High Salinity Shelf Water，HSSW）边界流，确定了调节局部温度的两个主要垂直热过程：湍流扩散和剪切不稳定引起的对流（即垂直平流）；导出了受到混合引起的热通量的解析表达式（Cheng et al.，2022）。针对冰架底部情况，Wang等（2023c）分析了1990—2019年埃默里冰架复杂的基底通道系统的时空分布特征，发现通道形状在深部呈倒V形，在侵蚀方向发展时逐渐转变为倒U形，这有可能会导致埃默里冰架的不稳定（如纵向断裂和冰山崩解）。我国学者还利用南极数字高程模型数据、冰桥（Ice Bridge）观测数据和埃默里冰架厚度数据，精确地识别出南极冰架基底通道的分布位置，并分析了不同海域基底通道的主要形成机制，发现识别基底通道的准确率超过90%，为研究不同海域冰架稳定性提供了科学参考数据（Liu et al.，2023）。在数值模拟解析冰架-海洋相互作用方面，一个重要进展是Liu等（2017）依据耦合区域海洋-海冰-冰架模型，确定了变性绕极深层水（modified Circumpolar Deep Water，mCDW）侵入东南极普里兹湾大陆架内的位置，并确定了变性绕极深层水被输送到埃默里冰架冰崩前沿的路径，推进了东南极海洋-冰架相互作用的科学认知。

1.2 冰盖的冰流系统与物质平衡变化

1.2.1 南极冰盖的表面物质平衡变化

表面物质平衡是影响南极冰盖不稳定性的关键过程之一，是冰盖物质的唯一输入量，起到调节冰架/溢出冰川崩解及底部消融等物质输出的作用。物质输出在南极物质平衡年代际尺度变化上起重要作用，但在年际尺度上主要是由表面物质平衡变化控制。自1996/1997年中国第13次南极科学考察至今，中国南极考察队（Chinese National Antarctic Research Expedition，CHINARE）经过坚持不懈地努力先后在中山站—冰穹A沿线断面上进行了20余次考察，以花杆及其网阵为基础，辅以雪坑、浅冰芯和冰雷达等时层反演，结合自动气象站实时观测，并与日本国立极地研究所合作，将观测范围拓展到昭和站—冰穹F沿线断面。基于观测结果，探明了从东南极冰盖边缘到冰盖顶点不同地带表面物质平衡的季节、年际及年代际变化规律（Ding et al., 2011；Wang et al., 2015; Guo et al., 2020）。研究发现，南极冰盖边缘以春秋两季降水造成表面物质平衡两次升高为特点；冰盖中部地带以冬季持续缓慢增加为特征；冰盖顶点以凝华降水为主要形式，表面物质平衡异常低且无明显季节变化特征。尽管冰盖表面物质平衡年际变化大，但是研究发现，在过去30年来全球显著变暖的背景下，冰盖断面边缘、冰盖中部地带及冰盖顶点表面物质平衡均无显著变化。特别是在冰穹A区域更稳定，没有出现显著变化这一特征可延伸至过去700年。南极内陆表面物质平衡的变化主要与晴空降水相联系，而晴空降水受水汽过饱和度控制，其过饱和程度主要取决于表面温度，东南极内陆特别是冰穹A表面物质平衡稳定主要与过去数百年到数十年温度并没有显著变化有关。南极冰盖边缘表面物质平衡变化主要与阻塞反气旋活动、气旋活动等天气尺度天气系统变化引起的大洋水汽向内陆输送的强度有关。观测结果阐释了不同空间尺度上风吹雪过程对南极冰盖表面物质平衡变化的影响不同，即对局地（<10 km）尺度表面物质平衡影响大，但是对断面区域（>10 km）尺度影响不明显。

Wang等（2021b）广泛收集了冰芯、雪坑、花杆矩阵等观测资料，在核查、对比等分析基础上，建立了南极冰盖表面物质平衡实测数据质量控制标尺，经此标尺质控后，建立了包括268 913个测点位置的多年平均、183个年分辨率和32个日分辨率表面物质平衡观测数据库（图1-6）。利用该数据库的冰芯资料，结合再分析资料（ERA5、MERRA2等）和区域气候模式（RACMO、MAR），借鉴多模式集合评估思想，改进了重建算法，重建了过去300年南极冰盖表面物质平衡时空格局。发现过去300年南极冰盖表面物质平衡整体呈显著增加趋势，在20世纪累积抑制了大约14 mm的全球海平面上升（Wang et al., 2023d）。在百年尺度上，南极冰盖表面物质平衡变化趋势空间差异大，特别在西南极呈现了东-西反相变化"跷跷板"型空间

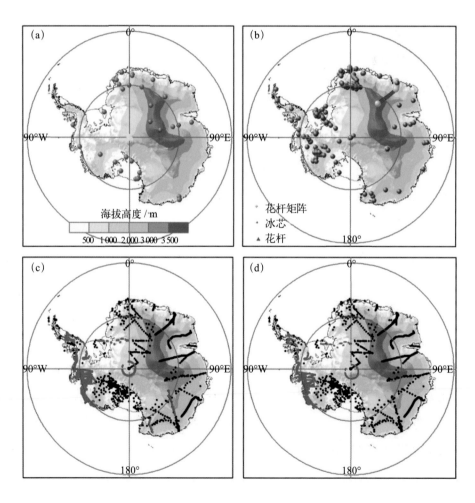

图1-6 南极冰盖表面物质平衡观测数据库站点空间分布。（a）：日分辨率观测点；（b）：年分辨率观测点；（c）：多年平均观测点；（d）：多年平均（时间跨度在20世纪内）观测点（Wang et al., 2021b）

模态（Wang et al., 2017; Wang et al., 2019; Wang et al., 2023d），即18世纪西南极冰盖东部区域（包括南极半岛）表面物质平衡在显著减少，而西南极冰盖西部区域表面物质平衡在显著增加；19世纪，两区域的变化情况刚好相反，而20世纪又与18世纪的情况一致。在百年尺度上，南极冰盖表面物质平衡变化的"跷跷板"型空间模态的形成主要与阿蒙森海低压系统变化有关，当南半球环状模（Southern Hemisphere Annular Mode，SAM）正相位和厄尔尼诺–南方涛动（El Niño-Southern Oscillation，ENSO）负相位时，两者的影响呈现协同正效应，使阿蒙森海低压系统处于持续加强状态，这一大气环流驱动更多的海洋暖湿气流输送到南极半岛和西南极冰盖东部区域，致使其降水和表面物质平衡增加，同时也增强了在西南极冰盖西部区域从陆地吹向海洋的离岸寒流，不利于海洋暖湿气流进入该区域，从而使该区域的降水减少，相应的表面物质平衡降低。当SAM负相位和ENSO正相位时，两者的影响呈现协同负效应，南极冰盖表面物质平衡变化情况刚好相反。

研究建立的经质量控制的南极冰盖表面物质平衡观测数据库是国际上最为完善的数据库，已被同行广泛应用到气候模式评估、粒雪过程模拟及物质平衡计算中。研究阐明了百年尺度上西南极冰盖表面物质平衡变化的时空特征及其主要驱动机制，对明晰西南极冰盖变化与大气环流的关系具有重要意义，特别为进一步认识热带海温异常–极地冰盖变化关联奠定了基础，同样也为理解冰盖区域不稳定性提供了重要支撑。

1.2.2　冰流系统及其对海平面的贡献

冰流速是反映冰盖表面冰物质流失量的最直接和最基本的指标之一，也是估算极地冰盖不稳定性及其对全球海平面变化贡献量的关键参数。早期极地冰盖表面冰流速的测量主要依靠现场观测，通过监测不同时间冰盖表面特征的位置变化来估算冰流速，观测工具有花杆、雪桩、经纬仪或全球定位系统接收机等。然而，极地冰盖范围广阔，实地测量耗时且空间覆盖度低，再加上极地环境恶劣，很多地方甚至无法进行实地测量，因而现场观测方法受到了极大限制。随着卫星遥感技术的不断发展，通过卫星遥感影像获取大范围冰盖表面冰流速的方法取得了较大进展。雷达影像和光学影像是获得南极冰盖表面冰流速的主要卫星遥感数据源。基于雷达影像冰流速的提取始于20世纪90年代欧洲遥感卫星ERS-1/2和RADARSAT-1的发射，以及之后发射的Envisat、Sentinel-1卫星等获取的雷达数据均可被用于南极冰盖表面冰流速的提取。最早被用于极地冰盖表面冰流速提取的光学卫星影像可追溯到20世纪60年代的ARGON卫星，之后陆续发射的Landsat、SPOT、MODIS、Sentinel-2、ASTER、WorldView、"资源三号"等系列卫星影像均可被用于极地冰盖表面冰流速的提取（李荣兴等，2022，2023）。

冰物质排放量即经接地线流出极地冰盖的冰物质，是基于输入输出法估算物质平衡的输出量，由冰流速、冰厚和接地线等数据计算获得。准确度量冰物质排放量，对全球海平面变化分析至关重要。Rignot等（2019）应用多源数据的流速图对1979—2017年南极冰盖的表面冰物质排放量进行了评估，发现近40年来，南极冰盖表面冰物质流失加剧；Shen等（2018）基于Landsat-8与InSAR重建的流速图，发现东南极的威尔克斯地受暖水入侵的影响，冰物质排放量增加。目前，虽然对于极地冰盖表面冰物质排放量计算已取得较大进展，但其仍具有较高的不确定性，提高冰流速与冰厚的测量精度是降低冰物质排放估算不确定性的重要途径。

为了对极地冰盖进行早期的物质平衡估算，我国学者在利用20世纪60年代胶片卫星ARGON光学影像进行冰流速提取的基础上，提出了解析立体像对的视差分解方法，构建了历史冰流速度场（Li et al., 2017）。综合利用20世纪60—80年代的ARGON与Landsat历史遥感影像，生成极地冰盖的历史冰流速。但由于历史影像质量差以及冰盖表面特征经数年演变造成特征跟踪困难等问题，研究提出了极地冰盖历史影像的多层控制匹配策略（Feng et al., 2023）。由于历史影像相互之间的时间间隔一般较长（如3~5年），加上冰流路径的加速度，因此存在流速估计的过估现象。针对这个问题，研究提出了一种基于拉格朗日框架的冰流速过估改正定理，用以改正过估量（Li et al., 2022）。基于以上方法，研制了国际首幅南极冰盖20世纪60—80年代冰流速产品（图1-7左）；同时对国际冰流速产品在该时间段存在的空缺进行填补，形成了格陵兰冰盖20世纪60—80年代冰流速产品（图1-7右）。

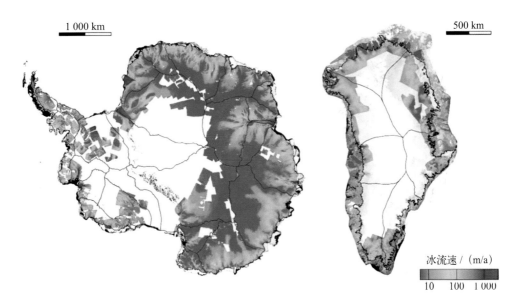

图1-7 南北极冰盖历史（20世纪60—80年代）冰流速产品

2000年以来，Landsat卫星系列为极地冰盖的冰流速提取提供了丰富的光学影像。但南极冰盖地物单一、冰雪反射率高、云层覆盖严重，在冰流速信号提取技术上，需要克服低信噪比及各种误差的干扰。我国学者研发了一套利用光学卫星影像精确测定冰川、冰盖运动速度的方法（Shen et al., 2018），研制出全南极和格陵兰冰盖高分辨率冰流速产品（图1-8），分辨率达到100 m，是国际上该类产品中分辨率最高的产品之一（Shen et al., 2020；刘岩等，2021）。

基于2008—2015年南极冰流动态分析和冰川物质变化估计结果，研究首次发现东南极的威尔克斯地存在广泛的冰川加速，在7年间该区域冰川物质消融速度增加了（53±14）Gt/a，温暖的南极绕极流可能是导致冰川加速消融的主要原因（Shen et al., 2018）。Li 等（2023a）进一步利用ARGON卫星和Landsat卫星早期数据重建的20世纪60—80年代冰流速图，以及托滕冰架区域的三期历史冰流速图，与近期的冰流产品结合形成了近60年的长时间冰流速序列。研究发现，托滕冰架的冰流加速和高位冰物质排放在1963年就已经开始，该结果将之前发现的现象向前推了约30年。1963—2018年，持续的冰架底部融化是驱动接地线附近冰流加速和冰通量持续增加的主要因素，使托滕冰川成为东南极冰川中对全球海平面上升的最大贡献者。该研究更新了国际上对托滕冰川区域及东南极冰盖的早期流速和物质平衡的认知。

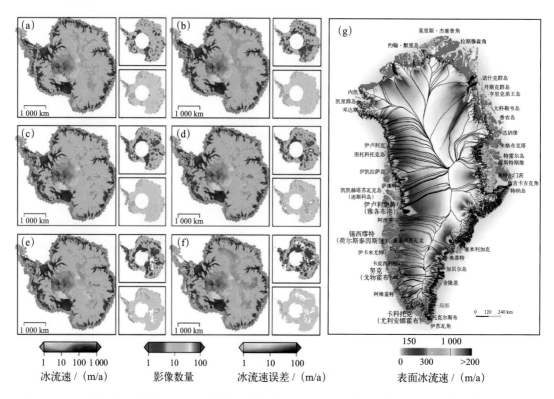

图1-8　（a）至（f）：基于Landsat-8研制的南极冰盖2003—2019年冰流速图，两幅小图分别对应该流速所使用的形变测量数量（上图）和速度标准偏差（下图），背景来自AMM RAMP南极影像（Shen et al., 2020）；（g）：格陵兰冰盖精细流域图（刘岩等, 2021）

　　针对国内多家研究机构应用3种物质平衡估算方法（输入输出法、卫星测高法和卫星重力法）获得的16个估算结果，Li等（2024）提出了一种改进的物质平衡综合评估法，并构建了南极冰盖1996—2021年物质平衡变化序列，在此基础上对输入数据进行最优拟合，获得综合评估结果。图1-9（a）为利用综合评估法获得的南极冰盖总体物质平衡累计量综合计算结果，1996—2021年南极冰盖累计物质损失约为3 247 Gt，对应对全球海平面上升的贡献量约为9 mm。其中，1996—2006年物质损失率为89.2 Gt/a；然后呈明显的加速流失，2006—2014年和2014—2021年物质损失率分别为131.1 Gt/a和161.7 Gt/a。图1-9（b）进一步给出了格陵兰冰盖及其子区

域2001—2020年的累积海平面贡献量。期间，格陵兰冰盖的物质损失量累计约为
4 739 Gt，约相当于13.1 mm的全球海平面上升贡献量。

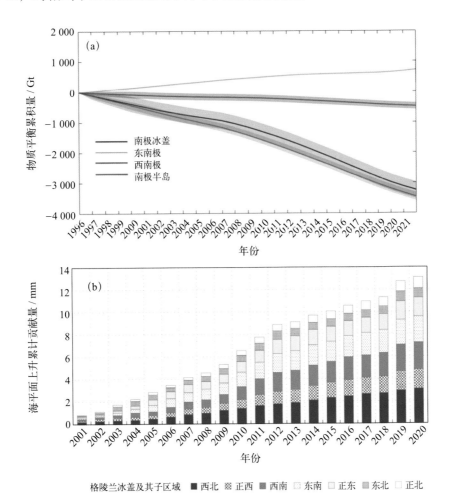

图1-9 （a）：1996—2021年，南极冰盖及其子区域总体物质平衡累计量综合计算结果；（b）：2001—
2020年，格陵兰冰盖及其子区域物质损失量累计对全球海平面上升的贡献量（Li et al., 2024）

　　极地冰盖是全球气候变化研究中最为敏感和关键的区域之一，对全球海平面变
化、水循环、大气热动力循环等关键过程有显著影响。极地冰盖作为全球海平面上
升最大的物质来源，量化其物质平衡结果对降低海平面上升预测的不确定性具有重
要意义，并可为全球气候变化研究和相关政策的制定提供有力的科学支撑。

1.3 极地冰盖的气候变化响应及其全球效应

1.3.1 中低纬度−极地遥相关在南极气候变化过程中的作用及其气候效应

最近发表的一系列研究结果表明，热带和中纬度气候变率可能在年际、年代际及更长的时间尺度上对南极气候变化起到促进作用（Chen et al., 2022; Li et al., 2021b; Wang et al., 2022a; Zhang et al., 2021a）。连接南极气候变化和低纬度地区的物理途径非常复杂（Dou et al., 2023; Yang et al., 2020; Zhang et al., 2021b），尽管这些远距离联系大多是通过大气桥，特别是三圈环流、急流系统和定常罗斯贝波的调整实现的（Li et al., 2021b; Zhang et al., 2021a, 2021b）。在本节中，我们将回顾中低纬度地区的气候变率如何影响南半球高纬度地区的大气环流调整，以及这些大尺度环流变化如何通过一系列大气−冰川−海洋相互作用进一步促进南极非对称气候变化。

在年际时间尺度上，厄尔尼诺−南方涛动对南半球高纬度地区的气候变率起着主导作用。在厄尔尼诺现象期间，热带太平洋中东部海面温度的暖异常可以激发异常的大气对流活动，进而在中对流层产生异常的非绝热加热，加速局地的哈得来环流（Hadley cell）（Li et al., 2023b）；在下沉支形成异常的辐合，扰动副热带急流，并在副热带对流层上层产生异常的罗斯贝波源（Li et al., 2021b）。热带太平洋中东部的暖海温异常引发的这些波源会引发从热带太平洋到南美洲地区的罗斯贝波列，通常表现为新西兰东面的低压异常中心、阿蒙森海附近的高压异常中心以及南美洲和南大西洋上空的低压异常中心（Li et al., 2021b; Zhang et al., 2021b）。其中，阿蒙森海附近的低压异常中心会引起阿蒙森海低压的减弱，阿蒙森海低压的变化通过引起风异常和温度平流进一步影响南极表面气温和海冰（Li et al., 2020; Zhang et al., 2021a, 2021b）。而对于拉尼娜现象，除了激发相反的高压−低压中心，其引起的热带深对流也偏西30°~50°，造成罗斯贝波列相对于厄尔尼诺现象的相应西移（Li et al., 2021b）。根据第六次国际耦合模式比较计划（Coupled Model Intercomparison Project Phase 6，CMIP6）模拟结果，预计21世纪南大洋的变暖幅度与厄尔尼诺−南方涛动事件的振幅变化密切相关（Wang et al., 2022c）。同时，在温室气体引起全球变暖的情况下，南极偶极子的振幅预计会减小，这主要归因于厄尔尼诺−南方涛动变率增大和南半球环状模变率减小的反向作用（Li et al., 2020）。该机制也适用于来自其他洋盆的热带与极地的联系（Chen et al., 2022; Li et al., 2014; Yang et al., 2020）。此外，这些机制可以在不同的时间尺度上作用。从印度洋到南大洋的异常波列引发了南太平洋涛动指数在南半球秋季的负趋势，这在一定程度上导致别林斯高晋海的海冰密集度下降和罗斯海的海冰密集度上升（Yu et al., 2021）。在季节内时间尺度上，马登-朱利安涛动激发的罗斯贝波列传播到南半球高纬度地区，可在短短数天到一周内影响温度和海冰（Wang et al., 2022a, 2022b）。

我国学者还发现，在年代际或更长的时间尺度上，太平洋年代际振荡（Interdecadal Pacific Oscillation，IPO）和大西洋多年代际振荡（Atlantic Multidecadal Oscillation，AMO）（Li et al., 2014, 2021b）通过类似的机制激发定常罗斯贝波列，在驱动南极上空大气的年代际变化中发挥了关键作用。研究发现，20世纪90年代至2015年，IPO处在负相位期间，热带太平洋中东部的异常冷海温引发罗斯贝波列，从而引起阿蒙森海低压的增强；相对于厄尔尼诺-南方涛动现象，IPO引起的气压异常模态，在南太平洋上表现出更强的经向梯度和更强的纬向不对称性。AMO处于正相位时，海温异常可以引起定常罗斯贝波列，在副热带急流的引导下环绕南大洋，最终影响南极洲周围的大气环流，加剧南半球环状模，加深阿蒙森海低压（图1-10）。20世纪70年代以来，AMO由负相位转为正相位，贡献了阿蒙森海低压从1979年到2012年期间50%的变化。值得注意的是，这些年际和年代际遥相关并不是相互独立的，而是密切地相互作用。自20世纪90年代以来，AMO正相位可能加剧了观测到的IPO负相位，其中响应大西洋增暖的异常大气对流和沃克环流引起表面风异常，通过风-蒸发-海温效应冷却热带太平洋东部，通过皮叶克尼斯（Bjerknes）反馈进一步加强了IPO的负相位，同时IPO的负相位也可能有利于热带北大西洋的冷信号。

我国学者的研究还发现，中纬度气候变率也可能影响南极气候（Wen et al., 2021）。Zhang 等（2021b）的研究表明，南半球春季南大西洋西部的暖海温异常与夏季风暴路径活动之间的相互作用调节了南半球大气环流，从而通过热强迫和风强迫改变南极夏季海冰密集度。南极底层水的长期变化不仅会受到局地强迫的作用，还会受到亚洲高原地区，即青藏高原地形变化的遥相关强迫和罗斯贝波动力学的影响（Wen et al., 2021）。北半球人为气溶胶浓度的增加也会引起南半球大气环流的变化，减弱南半球冬季的副热带和副极地急流（Wang et al., 2020）。

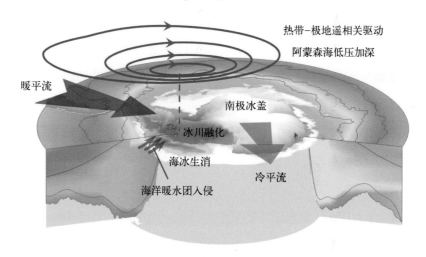

图1-10　遥相关引起的南极气候变化。阿蒙森海低压变化示意及对南极气候的影响，包括温度平流、
海冰重新分布、暖水入侵和冰盖融化（Li et al., 2021b）

1.3.2　格陵兰冰盖对气候变化的响应及其敏感性

1）格陵兰冰盖气候变化

在"北极放大"效应背景下，格陵兰冰盖气温和降水模态正在发生变化。我国学者发现格陵兰冰盖气温拐点大约出现在20世纪90年代中期，自20世纪90年代中期以来，格陵兰岛北大西洋涛动（North Atlantic Oscillation，NAO）指数由正向负［格陵兰阻塞指数（Greenland blocking Index，GBI）由负向正］的转变对格陵兰岛的突然变暖至关重要（Zhang et al., 2022）。格陵兰岛降水量在1958—2020年呈显著上升趋势，增加速率大于40 mm /（10 a），季节性降雨高峰已从7月转移到8月（Huai et al., 2022）。近地表气温的变暖影响了降水中雨雪所占比例，通过对降雨分数和近地表温度的分析表明，局部变暖率可以很好地预测近期降雨变化（Huai et al., 2021）。2021年，在海拔3 216 m的格陵兰冰盖顶峰（Summit）站首次观测到了降雨，来自西南方向的暖湿气流向该站流动，随着地形的抬升，暖湿气流冷却饱和，水蒸气成云致雨（Xu et al., 2022）。

目前，北极地区气温仍以高于全球平均水平的速度增暖，如果未来温室气体排放仍不受限制，格陵兰冰盖将面临更加严峻的增温形势。在中高排放情景下，CMIP5和

CMIP6的多模式集合平均表明，格陵兰气温未来均呈现明显的上升趋势且CMIP6的输出温度比CMIP5高，降水也呈现相同的趋势。21世纪末（2071—2100年），在非常高排放情景RCP8.5［SSP5-8.5（Shared Socioeconomic Pathway，SSP）］下，地面2 m处气温稳定增加5.2（5.7）℃，年降水量预计将比1986—2005年的气候平均值增加277.9（281.3）Gt，约为低排放情景RCP4.5（SSP2-4.5）下的2倍（Zhang et al.，2024）。

对格陵兰地区未来的气候变化预测需要更多的实测数据支撑。目前，格陵兰冰盖有3个气象观测网在运行，分别是丹麦气象研究所（Danish Meteorological Institute，DMI）网络、格陵兰气候网络（Greeland Climate Network，GC-NET）和格陵兰冰盖监测计划（Programme for Monitoring the Greeland Ice Sheet，PROMICE）。2019年8月，我国在格陵兰岛西部的Sermeq Avannarleq（SAg）冰川布设了两个自动气象站（图1 11），分别命名为基岩站（BS_SAg）和冰川站（GS_SAg）（Chen et al.，2023），填补了我国在格陵兰冰盖连续实地观测的空白。

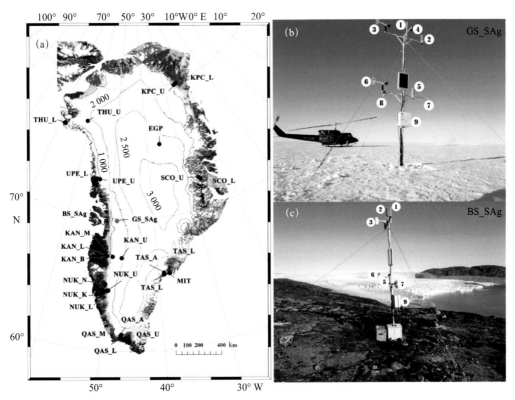

图1-11　我国在格陵兰岛布设的自动气象站（红色点为我国的自动气象站）。（a）：格陵兰岛现有的自动气象站；（b）（c）：我国在格陵兰岛冰面与基岩处布设的自动气象站，图中数字表示自动气象站搭载的不同传感器编号

2）格陵兰冰盖物质变化

目前，格陵兰冰盖夏季以损失为主、冬季以降水积累为主，从沿海到内陆、从南到北依次递减，区域差异明显，冰盖西侧中部表现为强消融，东南部则表现出高积累特征。1958—1978年，格陵兰冰盖极端消融事件的强度和频率呈下降趋势；而1979—2000年，以融化为主的极端消融事件强度在大多数地区呈上升趋势，进入21世纪后，极端消融主导事件比前期更强、更频繁（Wei et al., 2022）。GRACE卫星观测结果表明，格陵兰冰盖损失的拐点约在2012年6月，与2002—2012年相比，2012—2021年格陵兰岛东部的冰盖损失有所减缓。格陵兰岛的冰盖损失率总体上下降约20%，这主要是因为在该时段北大西洋涛动为持续的正相位，增强的西风和格陵兰岛东南部的低压异常促使暖湿气流流向格陵兰岛东部，从而产生更多的降水（Wang et al., 2023）。

3）格陵兰冰盖水文过程

近期，冰盖表面过程在格陵兰冰盖物质损失中占主导地位。卫星遥感监测结果表明，2012年7月中旬存在极端消融事件，由于异常变暖，整个冰盖几乎都发生了消融（Zheng et al., 2022）。在海拔高于1 600 m的区域，21%的冰面湖和28%的冰面河流入锅穴，这表明即使在低于平均水平的融化季节，也存在高海拔的地表–河床融水连接（Yang et al., 2019）。近期，有研究发现大量的冰面湖在冬季不会完全冻结，而是掩埋在雪层或冰层下以液态水的形式存在，形成冰盖次表面湖，主要分布在格陵兰冰盖中西部、西南和东北盆地，大部分出现在海拔800～1 700 m处。总体而言，格陵兰冰盖上大约13%的夏季冰面湖可以持续到冬季，成为对海平面变化影响的重要缓冲区（Zheng et al., 2023）。

1.4 极地冰盖数值模拟及其对海平面变化贡献的预估

1.4.1 地球系统模式中冰盖数值模式的发展

长期以来，极地冰盖动力数值模式是气候模式中的重点发展方向。早期的冰盖模式采用简化数值方案（比如浅冰近似），可大致刻画南极冰盖和北极格陵兰冰盖的动力学特征。但因为冰盖变化的时间尺度与大气、海洋不匹配以及冰盖模式本身不成熟，最初的气候模式并不包括冰盖模式。早期简化的冰盖模式牺牲了模式的准确性，对某些冰盖关键区域（如接地线附近）的动力学特征刻画不佳，且缺乏重要的物理过程（如海洋性冰盖不稳定性）模拟能力。

21世纪初，气候模式开始尝试耦合冰盖模式。著名的通用地球系统模式（Community Earth System Model，CESM），在2010年前后开始测试大气模式对冰盖模式单向耦合方案，即冰盖模式从大气模式中接收气温、降水等气候强迫因子，来驱动冰盖变化，但遇到了诸多困难。首先，需要对大气模式与冰盖模式的计算网格进行空间尺度匹配；其次，还需考虑冰盖表面高程空间变化对气候的反馈。CESM基于冰盖表面的高程带对气候状态进行参数化处理。气候-冰盖的双向耦合难度更大，目前还在发展之中。

另一难点是与海洋模式的耦合。冰架漂浮在海洋之上，其下方是冰腔（cavity），这部分区域在传统的海洋模式中并不作考虑，即海洋模式的边界为冰架前缘末端，从而忽略了冰腔的存在。这会导致海洋模拟的不准确，也无法为冰盖模式提供可靠的冰架底部融化参数，是影响气候模拟可靠性的主要限制因素之一。

目前，美国能源部E级能源地球系统模式（Energy Exascale Earth System Model，E3SM）对冰盖-海洋模式耦合的发展较为先进。在E3SM中，海洋模式已包括了冰腔区域，从而提高了海洋-冰盖耦合模拟水平。这首先得益于E3SM的变网格能力，E3SM的海洋-冰盖耦合模式使用一致的变多边形网格，有利于在冰架-冰盖边缘等复杂地形区域进行局部加密。其次，克服了冰盖运动过程中冰腔区域改变的问题，冰盖变化会导致接地线运动和冰腔区域调整，从而使冰盖-海洋耦合模拟困难。

过去20余年，冰盖模式已历经多次国际比较计划，发展迅速（图1-12）。我国在2010年前后开始自主冰盖动力模式的研发，时至今日已有长足进步。基于自主三维有限元平台，我们已经构建了一个斯托克斯（Stokes）大陆冰盖模式动力框架（Leng et al.，2012）。随后，Zhang等（2017a）在其中加入了冰盖-接地线-冰架耦合部分，实现了对海洋性冰盖动力过程的数值模拟。Yan等（2022）在该模式框架中补充了高阶近似动力核心，进一步提升了自主冰盖模式框架的模拟能力。这些工作

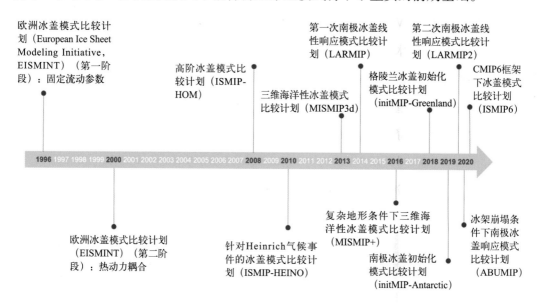

为下一步在国产地球系统模式中耦合自主冰盖模式打下了坚实的前期基础。

图1-12　过去历次冰盖模式比较计划

1.4.2　极地冰盖动力过程模拟

过去40年里，我国南极科学考察以中山站、昆仑站和泰山站等为支撑平台，在东南极伊丽莎白公主地和冰穹A地区逐步实施了冰芯钻探和强化观测，沿中山站—冰穹A断面已逐步建设了星-空-地一体化的业务监测空间网络。我国北极科学考察以黄河站为支撑平台，开展了北极冰川的长期观测。近10年来，随着冰盖模式模拟能力的不断提高和观测数据的大幅度增加，冰盖模式被越来越多地应用于真实冰盖状态的诊断模拟。基于极地考察区域的观测优势，我国学者在南北极典型冰流区域开展了观测和模拟相结合的研究工作。

中国南极昆仑站附近的冰穹A地区位于东南极冰盖分冰岭的中心，具有许多独特的环境特征，很可能是开展深冰芯钻探和获取古老冰芯记录的理想地点（Xiao et al., 2008; 唐学远等，2012）。我国学者针对冰穹A地区的深层冰温和冰龄的空间分布进行诊断模拟，发现昆仑站可提供过去60万至70万年垂直钻探的高分辨率记录（Sun et al., 2014; Wang et al., 2018；Zhao et al., 2018）；结合冰雷达探测获取的冰盖内部等时层信息和东方（Vostok）冰芯年代资料，得到了冰穹A地区6条等时层位上的深度-

年代关系，揭示了冰穹A地区和昆仑站深冰钻探点16万年以来6个不同历史时期的古积累率的时空变化（Wang et al., 2016; Tang et al., 2020c）。Wang等（2018）通过极化雷达测量，发现了冰穹A地区的冰晶组构呈现随深度交替的现象，冰晶组构单元与冰期-间冰期旋回相关。以此观测数据为基础，Zhao等（2018）改进了各向异性冰晶组构的参数化方案，重新模拟了冰穹A地区的冰温和冰龄空间分布，并以雷达等时层的年代信息作为约束条件，估算了昆仑站冰芯位置的底部融化速率，模拟估算出冰穹A地区的冰龄值范围为65万至83万年，并预测超过100万年的古老冰有望在距离昆仑站5～6 km以内、距冰底200 m的深度处找到（图1-13）。

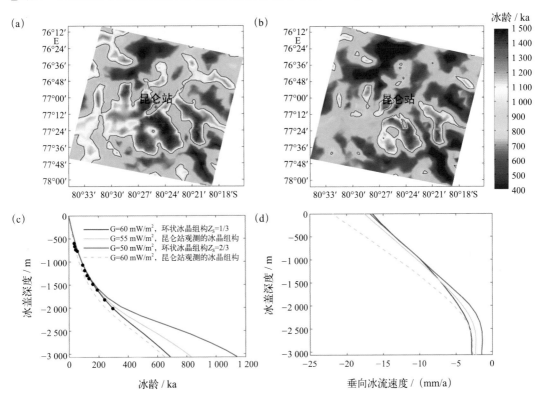

图1-13　（a）（b）：在冰穹A地区分别采用55 mW/m²和60 mW/m²的地热通量值模拟得到的冰底以上200 m处的冰龄分布图，"+"表示昆仑站位置；（c）（d）：基于不同地热通量数值和冰晶组构模拟的昆仑站垂向冰龄廓线和冰流速度廓线（改自Zhao et al., 2018）

我国学者还对泰山站的冰川与气象条件开展了综合分析，并采用一维垂向模型模拟了该地区的冰龄和冰底温度，发现泰山站的冰流速比较稳定，底部可能存在未受干扰的古老冰（Tang et al., 2020b），论证了泰山站是一个潜在的钻探点和理想的后勤保障地点。在北极地区，我国学者依托黄河站对北极斯瓦尔巴群岛的Austre Lovénbreen冰川开展了实地观测和数值模拟相结合的研究，发现该冰川除了以前观测到的快速冰流区，还有另一个速度更快的冰流区域，并通过高精度GPS加密测量得到证实（Ai et al., 2019）。

1.4.3　未来南极冰盖变化模拟预估及其不确定性

南极冰盖与格陵兰冰盖是全球气候变化中最为敏感和关键的区域。2023年，联合国政府间气候变化专门委员会发布的第六次评估报告《综合报告》指出，在20世纪，格陵兰冰盖贡献了全球海平面变化的29%，南极冰盖的贡献很小；2006—2018年，全球海平面上升速率达到了3.7 mm/a，且呈现不可逆的加速趋势。在低排放情景（SSP1-1.9）和非常高排放情景（SSP5-8.5）下，到2050年，预估全球平均海平面（Global Mean Sea Level，GMSL）将分别上升0.15 ~ 0.23 m和0.20 ~ 0.30 m；到2100年，预估全球平均海平面将分别上升0.28 ~ 0.55 m 和0.63 ~ 1.02 m。显然，南极冰盖不稳定性是影响预估未来全球海平面上升的最大不确定性来源之一（张通等，2022）。

冰盖预估的不确定性一方面来自冰盖数值模式，目前对多种冰盖物理过程的认识尚不充分，相关的关键参数范围仍不精确；另一方面来自为冰盖数值模式提供大气–海洋气候边界场的气候模式，在给定的温室气体浓度变化下，模拟的全球增温幅度在各气候模式间存在显著差异。国际上已有的冰盖模式比较计划大多只关注若干目前认识不够深入的冰盖物理过程，对气候模式提供的气候边界条件考虑较少，从而对源自气候模式的冰盖变化不确定性重视不够。最新一代的气候模式之间的气候敏感度差异显著，只有充分考虑气候模式间的差异，才能对南极冰盖预估的不确定性进行合理评估。

我国学者利用三维冰盖数值模式及来自CMIP6的36个气候模式在历史和未来SSP5-8.5情景下的气候场，模拟了南极冰盖在各模式提供的气候场下的平衡态和历史–未来演变，系统探讨了源自气候模式的未来南极冰盖变化预估不确定范围（Li et al., 2023c）。研究显示，在未经校正的工业革命前气候场的驱动下，模拟的南极冰盖准平衡态之间差异巨大，在一些气候模式的暖偏差下西南极冰盖可部分或全部瓦解，引起数米的海平面上升。即使应用由现代气候观测数据校正的气候场、在相同的 CO_2 排放路径下，CMIP6气候模式之间的差异所引起的南极冰盖变化预估的不确定范围，仍可与源自冰盖模式的不确定性相当。在非常高排放情景下（SSP5-8.5），模拟的南极冰盖消融引起的21世纪末海平面上升幅度为−0.1～1.1 m。如此大的不确定性范围无疑不利于准确预估未来海平面上升带来的社会经济影响，并妨碍有效地制定相关应对政策。该项工作为IPCC第六次评估报告对南极冰盖的预估结论提供了重要补充。

研究还利用冰盖数值模式探讨了海洋冰崖不稳定性机制对南极冰盖未来预估的影响。结果表明，在冰盖模式中引入冰崖不稳定性过程将大大增加南极冰盖对大气升温的敏感性。对于气候敏感度较高的气候模式，南极周边的冰架将在21世纪内发生大范围崩解，从而影响上游冰盖的稳定性。过去关于西南极海洋性冰盖稳定性的研究大多只关注海洋升温的影响，且一般认为大气升温有利于带来更多的降雪，从而使冰盖表面物质平衡向净积累发展。然而该研究表明，若新型的冰崖不稳定性机制成立，极区大气升温可能促使海洋性冰盖发生不稳定崩解、引起海平面的大幅度快速上升，建议将来加强这方面的研究。

1.4.4 长期冰盖演化及其在地球系统中的作用

大陆冰盖的形成与演化对海平面和气候变化有显著影响。南极冰盖于始新世和渐新世交界时（距今约34 Ma）形成，北极冰盖于上新世与更新世交界时（距今3.1 Ma至2.7 Ma）形成，标志着地球进入双冰盖时期。两极冰盖影响地表反照率并改变大气和海洋环流，从而影响区域和全球气候，是新生代气候变化的重要驱动力（Ao et al., 2016）。由于两极冰盖演化的直接证据较少，因此数值模拟方法被广泛应用于两极冰盖演化的研究中。近10年来，我国学者通过气候和冰盖模式的模拟研究，在揭示两极冰盖在气候系统中的作用方面取得了重要进展。

格陵兰冰盖是目前北半球唯一的冰盖，其融化会增加北大西洋淡水流量，扰乱温盐环流，影响全球气候。Yan等（2014）基于SICOPOLIS（Simulation Code for Polythermal Ice Sheets）冰盖模式，对格陵兰冰盖的高度与范围进行模拟发现，在中上新世，该冰盖范围大幅缩小，在格陵兰东海岸几乎没有冰盖覆盖，导致全球海平面升高7.8 ~ 8.1 m。张仲石等（2017）基于通用大气模式CAM4（Community Atmosphere Model version 4）发现，北半球冰盖在冰期扩张，冬季时在北美–欧亚冰盖南侧形成一个气旋式环流异常，导致我国西北内陆和黄土高原地区西风或西北风加强，加剧了我国北方的干旱程度。

满凯等（2023）基于ISSM（Ice Sheet System Model）冰盖模式，模拟了新生代南极冰盖的演化过程。使用 CESM 和 NorESM-L（Norwegian Earth System Model）气候模式模拟的气候场驱动ISSM，发现两者模拟的冰盖演化过程存在显著差异。CESM在30 Ma时模拟出东南极冰盖，并且持续存在于20 Ma和10 Ma，但始终都没有形成显著的西南极冰盖。而NorESM-L在10 Ma之前都不能形成冰盖，但在10 Ma时形成包括西南极冰盖在内的大冰盖。模式中大气CO_2浓度固定时，太阳常数变化不会显著影响冰盖，但深海沉积物中碳酸钙含量的记录显示轨道参数变化可能对南极冰盖的形成起到重要作用。此外，Ao等（2016）利用通用大气模式CAM3和通用陆面模式CLM3（Community Land Model version 3）耦合发现，晚中新世至上新世，南极冰盖的扩张导致澳大利亚上空形成高压中心，东亚上空形成低压中心，增强跨赤道的压力梯度和海表温度梯度，使得东亚夏季风增强，降水增加。

自新生代以来，地球气候从暖室期向冰室期转变。研究两极冰盖的形成、演化及其对气候的影响对于预测全球变暖下两极冰盖的响应至关重要。近年来，我国学者通过冰盖模式和气候模式对典型历史阶段的两极冰盖进行模拟，初步探索其对气候变化的作用，但相较国际前沿研究仍有差距。未来需针对两极冰盖演变机制及气候效应开展自上而下与自下而上相结合的机制模拟研究。

1.5　极地冰盖勘测和观测关键技术

1.5.1　极地冰盖–冰架观测技术

得益于卫星观测技术的发展，目前极地冰盖表面地形、形态等信息已经得到了较精确的测量，但是冰盖底部的基岩地形、冰盖厚度等信息仍非常缺乏，这给精确计算极地冰盖的冰物质储备、研究极地冰盖的演化历史和机制等带来严重挑战。此外，虽然极地冰盖高程变化可以准确获得，但是冰盖从表面到底部的密度垂向分布信息仍获取困难，冰层内部垂向形变观测少，这对正确计算极地冰盖表面的冰物质损失等造成严重影响。对于冰架而言，通过表面观测难以准确获取发生在冰架底部的冰体融化以及冰川后退导致的接地线变化，这限制了对冰盖、冰架与海洋相互作用机制以及冰盖稳定性冰川机制的研究。

近10年来，中国极地冰盖和冰架观测技术最引人注目的进展是在南极地区发展的航空地球物理探测系统（图1-14）。国际上发起了一系列大型南极冰盖国际航空调查项目计划，如PolarGap、ICECAP（通过航空方式进行冰冻圈国际合作探测）和OIB（冰桥行动）等项目主要侧重于测量冰盖的几何形状和冰厚、冰下地形和大陆的地质结构。根据航空测量数据，已编制并更新了3个重要数据集：南极基岩测绘（Bedmap）、南极数字磁异常项目（ADMAP）及南极重力和大地水准面（AntGG），这些数据为了解南极冰层厚度、基岩地形和地质环境提供了基础信息。我国于2015年加入国际南极航空地球物理调查计划ICECAP项目，利用"雪鹰601"BT-67固定翼飞机科学调查平台对南极伊丽莎白公主地及东南极其他关键区域（包括埃默里冰架、冰脊B、西冰架、沙克尔顿冰架和乔治五世地等）展开航空地球物理调查。中国极地研究中心利用"雪鹰601"聚焦东南极冰盖，2015—2024年，开展了7个季度航空地球物理探测。"雪鹰601"在南极冰盖的飞行路线覆盖了东南极很多关键数据空缺区域，包括伊丽莎白公主地、格罗夫山、埃默里冰架、查尔斯王子山脉等。采集的数据主要包括甚高频（VHF）雷达数据、重力数据（GT2A）、磁测数据、激光测高数据、摄像数据及GPS数据等。目前，我国已经获得超过 $20 \times 10^4 \, \mathrm{km}$ 测线数据，覆盖了以东南极伊丽莎白公主地为主超过 $100 \times 10^4 \, \mathrm{km}^2$ 的区域，并成功提取该地区的冰厚、冰下基岩地形信息（Cui et al., 2020）。这填补了东南极冰厚、基岩数据的最大空白区，使我国的航空地球物理探测能力突飞猛进，已跻身世界先进行列。

近期，我国基于调频连续波的自动相敏雷达技术得到快速发展。通过该技术能对相邻时刻不同冰层的后向散射电磁波相位进行差分处理，得到冰层垂向上的变化信息，这为精确计算冰盖冰物质损失提供了数据，提高了冰盖冰物质平衡的评估能力（Wang et al., 2023f）。该技术增强了冰架底部融化的现场调查能力，增强了协同利用自动相敏雷达和冰底潜标进行冰底融化监测与分析能力，提升了我国冰川底部融化过程研究能力。另外，无人机激光雷达、地基雷达干涉仪被综合应用于极地冰川末端的快速变化研究中，发现了在变化海洋影响之下的冰流速、冰面高程及接地线的快速变化特征（Wang et al., 2022d），以期揭示冰架–海洋相互作用机制，这极大地提升了冰川快速变化监测与研究能力，为揭示冰川末端变化、冰川–海洋相互作用机制提供了新的研究手段。

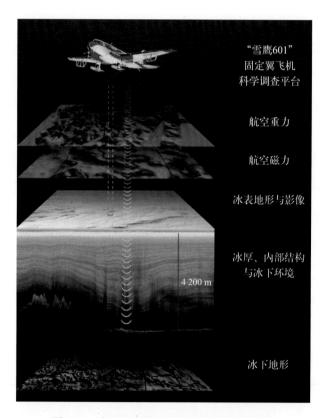

图1-14　中国极地冰盖航空地球物理探测系统

近10年来，极地冰盖和冰架的快速变化特征及机制研究等驱动多种地面观测技术的进步与发展，机载冰雷达的使用极大地增强了大范围冰厚与基岩探测能力；自动相敏雷达的使用大大增强了冰层垂向形变和冰底融化监测能力；地基雷达干涉仪的使用提高了大范围冰川高频变化监测能力。这些技术为精确计算极地冰盖和冰架冰物质平衡，准确揭示极地冰川和冰盖高频变化机制提供了重要保证。

1.5.2　极地雪冰环境观测与分析技术

雪冰是极地最主要的环境要素，雪冰的快速变化直接影响全球气候环境。因此，极地雪冰环境观测、采样和分析是开展极地环境研究的前提和基础，技术的发展和进步则是关键环节。近年来，随着传感器技术的迅速发展，传感器更小、更精确、更节能，同时提高了雪冰环境观测的精度和可靠性。同时，雪冰环境观测不再局限于单一参数，而是越来越关注多环境参数的协同观测，有助于全面了解雪冰环境系统的状态和演化规律。此外，随着卫星通信技术的发展，雪冰环境观测数据可以通过无线网络进行实时数据传输，这为雪冰环境实时观测和远程观测提供了可能。随着自动化技术的发展，雪冰环境观测、采样和分析系统也向着智能化、自动化和精细化方向发展。近10年来，我国学者在雪冰环境观测、采样和分析等方面取得了一系列进展。

目前，受限于观测条件，南极绝大多数雪冰环境观测依赖于科学考察站，因此南极雪冰环境观测数据严重不足。根据南极低温、强风、极夜等极端环境特点，同时考虑中国极地科学观测需求，我国学者研发建造了一套适用于南极地区的无人智能化雪冰科学观测平台。该平台可实现在无人值守情况下的自主供电、自主观测、远程监测、远程控制、数据存储与传输、智能管理、机器人自主巡检等功能，以及开展冰川气象、雪冰物理和边界层大气环境的实时观测。该平台目前已在南极开展了应用示范，为未来在南极开展大范围的雪冰无人化观测提供了条件。雪冰采样技术也向着无人化方向发展，通过采用无人值守、自动、连续地样品采集，获取了中山站的降雪和气溶胶样品。此外，我国自主研发的冰川环境综合观测系统（气象站）也成功在中山站—冰穹A断面上开展了观测应用，实现了冰川气象、冰川运动等方面的综合观测（Ding et al., 2022; Zhang et al., 2017b）。

在雪冰样品处理方面，我国学者发展了连续流（Continuous Flow Analysis，CFA）冰芯处理技术，实现了极地冰芯的无污染快速分样，极大地提升了冰芯处理效率。针对极地雪冰中化学组分如离子等含量极低的特殊环境，近年来我国学者在发展痕量样品稳定同位素分析方面取得了重要进展。构建了分析雪冰中痕量硝酸盐等化学离子稳定同位素分析测试平台，如利用反硝化细菌法，基于低温冷阱富集–催化裂解-稳定同位素质谱分析（Gasbench-GC-IRMS），构建了硝酸盐氮氧稳定同位素分析平台（专利CN201911163549.1），可实现痕量硝酸盐高精度分析$\delta^{15}N$、$\delta^{18}O$和$\Delta^{17}O$（Shi et al., 2022b）。此外，冰芯物理特征的分析一直是冰芯研究的薄弱环节，针对冰芯物理特征，我国学者自主研制了冰芯光学特性重构仪和冰芯介电剖面测试仪等，实现了冰芯高分辨率全景图的重构，可对冰芯微物理结构特征进行高精度观测，为冰芯物理分析提供了重要基础（安春雷等，2017）。

1.5.3　深冰钻探：深冰芯、冰下基岩、冰下湖

极地冰层和冰下地质钻探技术是开展极地冰盖及冰下科学研究不可或缺的技术手段。钻探获取的冰样和冰下地质体样品是破解极地重大科学问题最直接的途径之一。在20世纪90年代之前，我国并不具备冰芯钻探技术，均是采用国外冰芯钻具进行钻探；而后自主发展的浅冰芯钻具主要用于山地冰川钻探，针对冰下地质钻探技术则基本处于空白状态。由于极地恶劣的地表条件和复杂的冰下环境，常规地质钻探技术与装备无法满足实际需求，亟须研发适用于极地特殊工况的钻探装备。近10年来，我国科研人员先后研发了深冰芯钻机、冰架热水钻机、极地大深度冰下基岩无钻杆取芯钻机、可回收式冰下湖热融探测器等极地深冰钻探装备，并实施了南极深冰芯科学钻探工程，填补了我国在极地深冰钻探领域的空白，极大地提升了我国极地地球系统科学的研究水平。

（1）在深冰芯钻探领域。2011年，中国极地研究中心与日本GEO TECS公司联合研制了我国第一台深冰芯钻探系统，该系统包括地表钻塔、铠装电缆电动机械取芯钻具和控制系统三大部分，最大钻进能力为4 000 m，成孔直径为135 mm，取芯直径为95 mm，最大取芯长度为3.9 m，井下钻具转速为0～50 r/min（Zhang et al., 2014）。我国于2012年1月使用该钻机在南极冰盖最高点冰穹A地区（中国南极昆仑站所在地）正式开展了中国南极昆仑站深冰芯科学钻探工程（图1-15），截至2024年3月，已成功进行了6个南极工作季的钻探，孔深达到803.54 m（范晓鹏等，2021）。该工程是我国第一个深冰芯科学钻探工程（张楠等，2020），也是国际上第一个在冰穹A地区开展的深冰芯钻探项目，为我国极地钻探技术的发展培养了大量人才。

图1-15　中国南极昆仑站深冰芯科学钻探工程

（2）在极地大深度冰下基岩无钻杆取芯钻探装备领域。在南极钻取深冰下的基岩样品，其重要性不言而喻。然而，由于南极恶劣的自然环境条件和复杂的冰下环境，其钻探取样难度不亚于月球取样，截至目前尚无任何国家在南极内陆成功地钻取冰下基岩样品。为此，我国自主研发了首套深冰下基岩无钻杆取芯钻探装备（Talalay et al., 2020），突破了可移动式集成化工作舱、模块化铠装电缆式电动机械钻具、冰岩夹层钻进用高效PDC钻头、小钻压低扭矩金刚石钻头及超低温测井等关键技术，可实现粒雪层、冰层、冰岩夹层及冰下基岩多工艺取芯钻探和多参数高精度测井（Talalay et al., 2021）。2019年，该钻探装备已在南极达尔克冰川进行了现场应用，实现了冰盖透底钻探和冰下基岩钻探，获得了198 m连续冰芯和6 cm岩芯。此次钻探获得的冰下基岩是我国首次钻取南极冰下基岩岩芯样品，这也标志着我国成为继俄罗斯（苏联）、美国之后第三个有能力在南极冰盖钻取冰下基岩样品的国家。

（3）在可回收式冰下湖热融探测领域。开展南极冰下湖科学钻进取样和探测对探索南极冰下湖的形成和演化过程、了解地球早期的生命形式和进化具有重要意义。然而由于受到极地极端气候、厚冰层等多种因素影响，获取冰下湖水样极具挑战性。目前，国际上仅有俄罗斯和美国成功获取了南极冰下湖水样品。然而，由于其采用的钻探方式存在钻进速度慢或钻进过程污染冰下湖等局限，如何快速洁净地获取冰下湖水样品仍是一个国际难题（孙友宏等，2017）。为此，Talalay等（2014）提出了采用"前面热融钻进、后面冻结闭合"的热融钻探方式进行冰下湖无污染探测取样，并研发了可回收式冰下湖热融探测器。该探测器可在钻进中隔绝冰下湖与外界环境，切断冰下湖污染来源。当探测器钻入冰下湖后，所搭载的多参数传感系统可对湖水理化参数进行测量，同时开展湖水采样。2022年，可回收式冰下湖热融探测器工程样机在南极达尔克冰川完成了向下钻进和向上返回试验，钻孔最深200.3 m，并获取了约1 800 mL的冰川融水样品（Sun et al., 2023），验证了该探测器的性能。

1.5.4 极地冰盖空天遥感技术

极地冰盖在全球变暖背景下发生着快速变化。冰盖融化导致冰盖不稳定性增加和全球海平面上升，是当前全球变化研究的热点和前沿问题。极地冰盖的高纬度、高海拔且低温极寒特点给现场原位观测带来严峻挑战，我国极地科学研究人员利用国内外卫星和地面观测数据，不断完善"天-空-地"基遥感数据处理体系，包括激光、雷达、可见光、重力等遥感传感器数据，为极地冰盖的关键参数监测和多时空尺度测绘遥感数据产品的研制提供了有力支撑。

2000年，我国学者开始利用国际卫星遥感数据开展基于干涉合成孔径雷达的冰盖流速监测（Feng et al., 2023）；研制了我国南北极图集，包括《南极洲高分辨率遥感影像图》（Hui et al., 2013）、《南极洲地表覆盖图》（程晓，2011）和《格陵兰遥感影像全图》（陈卓奇，2018）；获得了基于MODIS和Landsat卫星数据的南极蓝冰分布（Hui et al., 2014）及格陵兰冰盖次表面湖数据集（Zheng et al., 2023）；利用雷达和测高数据揭示了南极冰山受海洋强烈作用的机制（Li et al., 2018）。亮点成果包括发表于PNAS（Liu et al., 2015）的论文，揭示了全南极冰架崩解和底部消融的时空分布，提出了海洋驱动冰架底部消融增加、引发冰架崩解加剧的新机制，受到国际同行高度关注（图1-16）。

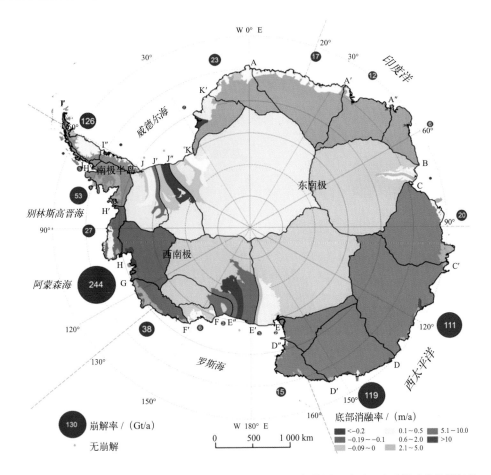

图1-16 南极冰架崩解率和底部消融率的空间分布。图中红色饼图显示了26个流域系统的崩解率，字母A～K标识了不同流域系统（Liu et al., 2015）

我国学者设计并实施了第二代冰、云和陆地高程卫星（Ice，Cloud，Land Elevation Satellite，ICESat-2）的激光测高精度验证（图1-17a），基于多传感器（车载GNSS、光子棱镜阵列、反射靶标和无人机），通过沿中山站至昆仑站中国南极考察队520 km测线上的协同观测证明了该卫星2～4 cm的测高精度（Li et al., 2021c; Hao et al., 2022）。相对于卫星任务团队的验证工作，该成果采用更多传感器，并覆盖了东南极中低纬度内陆和沿海关键区域，为后续ICESat-2物质平衡新模型和估算结果提供了重要支撑。

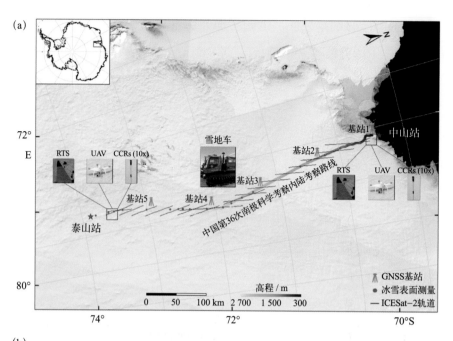

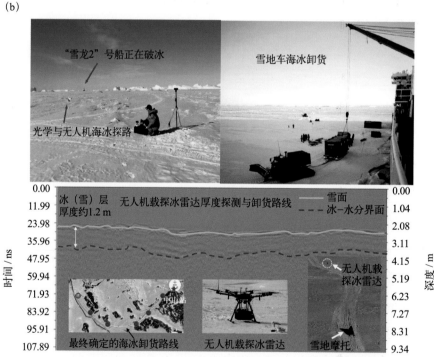

图1-17 （a）：中国第36次南极科学考察内陆考察路线及中山站、泰山站关键区域多传感器协同的ICESat-2地面高程验证框架（Li et al., 2021c）；（b）：通过光学与无人机载探冰雷达进行海冰探路，确定卸货及运输路线

在卫星测高数据处理算法方面，我国学者提出了确定冰盖表面高程变化的固定全矩阵法（FFM），用于计算卫星高度计地面轨迹交叉处的高度变化，提高了估算精度（Yang et al., 2014）；基于 ERS-1/2和ICESat的数字高程模型数据，获得了南极冰盖1994—2004年高程变化（Gu et al., 2014）；Xie 等（2016）利用ICESat和GRACE数据对2004—2008年兰伯特冰川区域进行了质量变化对比研究，发现两种方法估计结果相近，该区域呈现稳定趋势。GRACE和大气观测数据分析结果表明，2021—2022年，南极地区出现异常降水，进而造成了南极冰盖质量累积（Wang et al., 2023e）。对2003—2017年南极冰盖的年际冰物质变化分析显示，3年左右的振荡可由厄尔尼诺-南方涛动对南极冰盖质量变化的年际调控很好地解释（Zhang et al., 2021c）。

我国首颗极地遥感观测小卫星"京师一号"（又称"冰路卫星"）圆满完成了3次南极和两次北极格陵兰观测任务，累计成像超过12 000幅，编制了《冰路卫星遥感影像图集》（程晓等，2023）；实施了与格陵兰冰盖自动气象站的同步试验（Chen et al., 2023b）；对埃默里冰架的监测，记录了2019年发生的大型冰架崩解及其产生的$3\,150 \times 10^8$ t冰山（Li et al., 2018）。

我国遥感技术在南极科学考察站物资补给与冰面运输保障方面获得关键进展。在"雪龙"号和"雪龙2"号停泊处至中山站之间，成功应用商用和自主研发的"极鹰"无人机平台系统确定科考物资卸货及运输路线，使用了包括光学、激光和冰雷达等传感器探测海冰厚度、固定冰边界、冰裂缝等特征，生成的实时冰情数据产品为安全卸货及物资运输提供了数据支持（图1-17b）。

在全球气候变化背景下，极地冰盖空天遥感技术为深入研究海平面上升、冰盖不稳定性、多圈层相互作用等重要科学问题提供了关键数据支持，对理解冰盖物质变化关键过程和探索其机理，以及预测全球海平面变化至关重要。通过极地科学考察获取现场实测数据为遥感观测提供校准和验证，可为关键参数的多尺度观测提供精度保障，对降低遥感反演结果的不确定性具有重要意义。

1.6 总结与展望

近10年来，我国学者在极地冰盖不稳定性及其对全球变化的响应研究领域取得了一系列重要进展。构建了南极PANDA断面、站点自动气象站观测网和数据集，揭示了南极雪冰中主要无机化学组分从中低纬向南极的主要输运过程。解析了东南极伊丽莎白公主地的冰层结构，评估了冰体年龄和地热通量等环境要素，验证了底部复结冰现象。发展深度学习EisNet等神经网络，有效地解决了冰层和基岩、冰盖表面融水、冰下湖等自动提取问题。识别出了冰下干湿区、冰下古风蚀区，诊断了触发冰盖不稳定性阈值的潜在区域。阐释了百年尺度上西南极冰盖表面物质平衡变化的时空特征及其主要驱动机制；构建了极地冰盖高分辨率流速与历史冰流速数据集，更新了国际上对南极冰盖早期流速和物质平衡的认识。发现了中低纬度−极地遥相关对南极气候变化及其气候效应有重要影响；建立了格陵兰冰盖基础气象要素数据集，解析了冰盖表面消融的时空差异与融水动态迁移。自主构建了三维大陆冰盖模式，为国产地球系统模式中耦合自主冰盖模式打下了坚实基础；在冰穹A冰底年龄估计、冰盖底部融化诊断等冰盖动力过程模拟方面取得新进展；模拟揭示出预估冰盖准平衡态之间存在巨大不确定性。建立了南极航空地球物理综合探测与数据处理平台，获得了占南极冰盖面积7.5%的伊丽莎白公主地的冰下环境基础数据集，填补了数据空白；研发了多套极地深冰钻探装备（深冰芯钻机、冰架热水钻机、极地大深度冰下基岩无钻杆取芯钻机、可回收式冰下湖热融探测器），成功实施了中国南极昆仑站深冰芯科学钻探工程，填补了我国在该领域的空白。

然而，从时空多维度厘清冰盖快速变化及其全球效应方面来看，我国的原创性成果仍不多，这主要受制于我国在极地冰盖的综合探测能力和认知水平不足。目前，我国的极区卫星与航空资源、探测设备设施相对落后，亟待发展如南极航空网等快速高效抵达基础设施，升级两极地区的常年考察站、建设南极雪冰机场、建立极区航空与卫星遥感观测平台；亟待突破极地低温材料、绿色能源、冰盖交通、无人考察站等关键工程技术装备瓶颈。在观测方面，亟待创新试验设计、升级现有技术的新应用，尽快实现无人值守观测，突破两极高海拔冰区、冰盖深部、冰架下方、极区深海等极端环境的综合探测瓶颈。推进研发极区卫星载荷和遥感反演技术、无人化空–地观测和海–冰–气组网观测技术；研发自主的冰盖与地球系统数值模型；筹划以我国为主的极地冰盖国际合作大科学计划。从极地的视角，创新极区冰盖不稳定性及其对全球变化响应的理论框架和评估方案，揭示极地冰冻圈演化与全球气候演变的关联机制。

参 考 文 献

安春雷, 马红梅, 李院生, 等, 2017. 一种冰芯光学特性重构仪及方法：CN201710904800. X[P]. 2017–9–28.

陈卓奇, 2018. 格陵兰Landsat-8影像图(2014—2015)[Z]. 时空三极环境大数据平台. DOI: 10.11888/Hydro.tpdc.270276.

程晓, 2011. 南极洲地表覆盖图：GS(2011)1752号[CM]. 北京：中国地图出版社.

程晓, 陈卓奇, 等, 2023. 冰路卫星遥感影像图集：GS(2021)7176[CM]. 哈尔滨：哈尔滨地图出版社.

范晓鹏, 张楠, 胡正毅, 等, 2021. 中国南极昆仑站深冰芯科学钻探工程进展[J]. 钻探工程, 48(9): 1–9. DOI: 10.12143/j.ztgc.2021.09.001.

李荣兴, 李国君, 冯甜甜, 等, 2022. 基于光学遥感卫星影像的南极冰流速产品和方法研究综述[J]. 测绘学报, 51(6): 953–963.

李荣兴, 何美茜, 葛绍仓, 等, 2023. 东南极历史冰流速过估改正[J]. 武汉大学学报(信息科学版), 48(10): 1661–1669.

刘岩, 赵励耘, 杨元德, 等, 2021. 格陵兰冰盖冰流特征和物质平衡图集[M]. 哈尔滨：哈尔滨地图出版社: 18.

满凯, 魏强, 谭宁, 等, 2013. 新生代南极冰盖演化的模拟研究——气候场不确定性的影响[J]. 第四纪研究, 43(4): 911–924.

史贵涛, 王丹赫, 赵茜, 等, 2019. 一种高度集成化的气体吹扫装置: CN201911163549.1[P]. 2019–11–25.

孙友宏, 李冰, 范晓鹏, 等, 2017. 南极冰下湖钻进与采样技术研究进展[C]//中国地质学会探矿工程专业委员会. 第十九届全国探矿工程（岩土钻掘工程）学术交流年会论文集. 乌鲁木齐：中国地质学会探矿工程专业委员会: 16–22.

唐学远, 孙波, 李院生, 等. 2012. 冰穹A冰川学研究进展及深冰芯计划展望[J]. 极地研究, 24(1): 77–86.

张雷, 丁明虎, 卞林根, 等, 2020. AIRS卫星温度和臭氧廓线在南极的验证分析[J]. 地球物理学报, 63(4): 1318–1331. https://doi.org/10.6038/cjg2020M0698. DOI: 10.6038/cjg2020M0698.

张楠, 王亮, Pavel T, 等, 2020. 极地冰钻关键技术研究进展[J].探矿工程（岩土钻掘工程）, 47(2):1–16. DOI: CNKI:SUN:TKGC.0.2020-02-001.

张通, 俞永强, 效存德, 等, 2022. IPCC AR6 解读：全球和区域海平面变化的监测和预估[J]. 气候变化研究进展, 18 (1): 12–18.

张仲石, 燕青, 张冉, 等, 2017. 第四纪北半球冰盖发育与东亚气候的遥相关[J]. 第四纪研究, 37(5): 1009–1016.

AI S, DING X, AN J, et al., 2019. Discovery of the fastest ice flow along the central flow line of Austre Lovénbreen, a poly-thermal valley glacier in Svalbard[J]. Remote Sensing, 11(12): 1488. https://doi.org/10.3390/rs1112.1488.

AN C, HOU S, JIANG S, et al., 2021. The long term cooling trend in East Antarctic Plateau over the past 2000 years is only robust between 550 and 1550 CE[J]. Geophysical Research Letters, 48(7): e2021GL092923. https://doi.org/10.1029/2021GL092923. DOI: 10.1029/2021GL092923.

AO H, ROBERTS A P, DEKKERS M J, et al., 2016. Late Miocene-Pliocene Asian monsoon intensification linked to Antarctic ice-sheet growth[J]. Earth and Planetary Science Letters, 444: 75–87.

BIAN L, IAN A, XIAO C, et al., 2016. Climate and meteorological processes of the East Antarctic ice sheet between Zhongshan and Dome A[J]. Advances in Polar Science, 27(2): 90–101. https://hdl.handle.net/102.100.100/567296. DOI: 10.13679/j.advps.2016.2.00090.

CHENG C, WANG Z, SHEN L, et al., 2022. Modeling the thermal processes within the ice shelf–ocean boundary current underlain by strong pycnocline underneath a cold-water ice shelf using a 2.5-dimensional vertical slice model[J]. Ocean Modelling, 177: 102079. https://doi.org/10.1016/j.oce-mod.2022.102079.

CHEN Q, SHI G, REVELL L E, et al., 2023a. Long-range atmospheric transport of microplastics across the southern hemisphere[J]. Nature Communications, 14(1): 78–98. https://doi.org/10.1038/s41467-023-43695-0. DOI: 10.1038/s41467-023-43695-0.

CHEN Z, ZHENG L, ZHANG B, et al., 2023b. The first Chinese automatic weather station on the Greenland ice sheet[J]. Science Bulletin, 68(5): 452–455. https://doi.org/10.1016/j.scib.2023.02.012.

CHEN J, CHEN J X, HU X M, et al., 2022. Influence of convective heating over the maritime continent on the West Antarctic climate[J]. Geophysical Research Letters, 49(9): c2021GL097322.

CUI X, JEOFRY H, GREENBAUM J S, et al., 2020. Bed topography of Princess Elizabeth Land in East Antarctica[J]. Earth System Science Data, 12(4): 2765–2774. https://doi.org/10.5194/essd-12-2765-2020.

DING M, ZHANG T, XIAO C, et al., 2017. Snowdrift effect on snow deposition: Insights from a comparison of a snow pit profile and meteorological observations in east Antarctica[J]. Science China Earth Sciences, 60(4): 672–685. https://doi.org/10.1007/s11430-016-0008-4. DOI: 10.1007/s11430-016-0008-4.

DING M, YANG D, VAN DEN BROEKE M R, et al., 2020a. The surface energy balance at Panda 1 Station, Princess Elizabeth Land: a typical katabatic wind region in East Antarctica[J]. Journal of Geophysical Research: Atmospheres, 125(3): e2019JD030378. https://doi.org/10.1029/2019JD030378. DOI: 10.1029/2019JD030378.

DING M, HAN W, ZHANG T, et al., 2020b. Towards more snow days in summer since 2001 at the Great Wall Station, Antarctic Peninsula: The role of the Amundsen Sea low[J]. Advances in Atmospheric Sciences, 37(5): 494–504. https://doi.org/10.1007/s00376-019-9196-5. DOI: 10.1007/s00376-019-9196-5.

DING M, TIAN B, ASHLEY M C, et al., 2020c. Year-round record of near-surface ozone and "O_3 enhancement events" (OEEs) at Dome A, East Antarctica[J]. Earth System

Science Data, 12(4): 3529–3544. https://doi.org/10.5194/essd-12-3529-2020. DOI: 10.5194/essd-12-3529-2020.

DING M, ZOU X, SUN Q, et al., 2022. The PANDA automatic weather station network between the coast and Dome A, East Antarctica[J]. Earth System Science Data, 14(11): 5019–5035. https://doi.org/10.5194/essd-14-5019-2022. DOI: 10.5194/essd-14-5019-2022.

DING M, XIAO C, LI Y., et al., 2011. Spatial variability of surface mass balance along a traverse route from Zhongshan station to Dome A, Antarctica[J]. Journal of Glaciology, 57: 658–666.

DONG X, WANG Y, HOU S, et al., 2020. Robustness of the recent global atmospheric reanalyses for Antarctic near-surface wind speed climatology[J]. Journal of Climate, 33(10): 4027–4043. https://doi.org/10.1175/JCLI-D-19-0648.1. DOI: 10.1175/JCLI-D-19-0648.1.

DONG S, TANG X Y, GUO X J, et al., 2021. Extracting bedrock and internal layers from radiostratigraphy of ice sheets with machine learning[J]. IEEE Transactions on Geoscience and Remote Sensing, 60: 1–12. DOI: 10.1109/TGRS.2021.3136648.

DOU J, ZHANG R, 2023. Weakened relationship between ENSO and Antarctic sea ice in recent decades[J]. Climate Dynamics, 60(5–6): 1313–1327.

FAN R, ZENG Z, WANG X, et al., 2023. Comprehensive evaluation and comparison of AIRS, VASS, and VIRR water vapor products over Antarctica[J]. Journal of Geophysical Research: Atmospheres, 128(23): e2023JD039221. https://doi.org/10.1029/2023JD039221. DOI: 10.1029/2023JD039221.

FENG X, CHEN Z, LI G, et al., 2023. Improving the capability of D-InSAR combined with offset-tracking for monitoring glacier velocity[J]. Remote Sensing of Environment, 285: 113394. https://doi.org/10.1016/j.rse.2022.113394.

GUO J, YANG W, DOU Y, et al., 2020. Historical surface mass balance from a frequency modulated continuous-wave (FMCW) radar survey from Zhongshan station to Dome A[J]. Journal of Glaciology, 66(260): 965–977. https://doi.org/10.1017/jog.2020.58.

GU Z, FENG T, SCAIONI M, et al., 2014. Experimental results of elevation change analysis in the Antarctic ice sheet using DEMs from ERS and ICESat data[J]. Annals of Glaciology, 55(66): 198–204. https://doi.org/10.3189/2014AoG66A124.

HAO T, CUI H, HAI G, et al., 2022. Impact of slopes on ICESat-2 elevation accuracy along the CHINARE route in East Antarctica[J]. IEEE Journal of Selected Topics in Applied Earth Observations and Remote Sensing, 15: 5636–5643. https://doi.org/10.1109/jstars.2022.3189042.

HUAI B, WANG Y, DING M, et al., 2019. An assessment of recent global atmospheric reanalyses for Antarctic near surface air temperature[J]. Atmospheric Research, 226: 181–191. https://doi.org/10.1016/j.atmosres.2019.04.029.

HUAI B, VAN DEN BROEKE M R, REIJMER C M, et al., 2021. Quantifying rainfall in Greenland: a combined observational and modeling approach[J]. Journal of Applied Meteorology and Climatology, 60: 1171–1188.

HUAI B, VAN DEN BROEKE M R, REIJMER C M, et al., 2022. A daily 1-km resolution greenland rainfall climatology (1958–2020) from statistical downscaling of a regional atmospheric climate model[J]. Journal of Geophysical Research: Atmospheres, 127(17): e2022JD036688. https://doi.org/10.1029/2022JD036688.

HUI F, CHENG X, LIU Y, et al., 2013. An improved landsat image Mosaic of Antarctica[J]. Science China Earth Sciences, 56(1): 1–12. https://doi.org/10.1007/s11430-012-4481-5.

HUI F, CI T, CHENG X, et al., 2014. Mapping blue ice areas in Antarctica using ETM+ and MODIS data[J]. Annals of Glaciology, 55(66): 129–137. https://doi.org/10.3189/2014AoG66A069.

JIANG S, SHI G, COLE-DAI J, et al., 2021. Occurrence, latitudinal gradient and potential sources of perchlorate in the atmosphere across the hemispheres (31°N to 80°S)[J]. Environment International, 156: 106611. https://doi.org/10.1016/j.envint.2021.106611. DOI: 10.1016/j.envint.2021.106611.

JIANG S, SHI G, COLE-DAI J, et al., 2019. Nitrate preservation in snow at Dome A, East Antarctica from ice core concentration and isotope records[J]. Atmospheric Environment,

213(15): 405–412. https://doi.org/10.1016/j.atmosenv.2019.06.031. DOI: 10.1016/j.atmosenv.2019.06.031.

JIANG S, SHI G, COLE-DAI J, et al., 2023. Perchlorate in year-round Antarctic precipitation[J]. Geophysical Research Letters, 50(19): e2023GL104399. https://doi.org/10.1029/2023gl104399. DOI: 10.1029/2023gl104399.

LENG W, JU L, GUNZBURGER M, et al., 2012. A parallel high-order accurate finite element nonlinear Stokes ice sheet model and benchmark experiments[J]. Journal of Geophysical Research: Earth Surface, 117(F11001). https://doi.org/10.1029/2011JF001962.

LI L, TANG X, GUO J, et al., 2021a. Inversion of geothermal heat flux under the ice sheet of princess Elizabeth Land, East Antarctica[J]. Remote Sensing, 13: 2760. https://doi.org/10.3390/rs13142760.

LI X, CAI W J, MEEHL G A, et al., 2021b. Tropical teleconnection impacts on Antarctic climate changes[J]. Nature Reviews Earth & Environment, 2(10): 680–698.

LI R, LI H, HAO T, et al., 2021c. Assessment of ICESat-2 ice surface elevations over the Chinese Antarctic Research Expedition (CHINARE) route, East Antarctica, based on coordinated multi-sensor observations[J]. The Cryosphere, 15(7): 3083–3099. https://doi.org/10.5194/tc-15-3083-2021.

LI R, YE W, QIAO G, et al., 2017. A New analytical method for estimating Antarctic ice flow in 1960s from historical optical satellite imagery[J]. IEEE Transactions on Geoscience and Remote Sensing, 55(5): 2771–2785. https://doi.org/10.1109/tgrs.2017.2654484.

LI R, CHENG Y, CUI H, et al., 2022. Overestimation and adjustment of Antarctic ice flow velocity fields reconstructed from historical satellite imagery[J]. The Cryosphere, 16(2): 737–760. https://doi.org/10.5194/tc-16-737-2022.

LI R, CHENG Y, CHANG T, et al., 2023a. Satellite record reveals 1960s acceleration of Totten Ice Shelf in East Antarctica[J]. Nature Communications, 14(1): 1–9. https://doi.org/10.1038/s41467-023-39588-x.

LI Y, XIE S P, LIAN T, et al., 2023b. Interannual variability of regional Hadley circulation and El Niño interaction[J]. Geophysical Research Letters, 50(4): e2022GL102016.

LI D, DECONTO R M, POLLARD D, 2023c. Climate model differences contribute deep uncertainty in future Antarctic ice loss[J]. Science Advances, 9(7): add7082. DOI: 10.1126/sciadv.add7082.

LI R, LI G, HAI G, et al., 2024. Reconciled estimation of Antarctic ice sheet mass balance and contribution to global sea level change from 1996 to 2021[J]. Science China Earth Sciences, In press.

LI T, SHOKR M, LIU Y, et al., 2018. Monitoring the tabular icebergs C28A and C28B calved from the Mertz Ice Tongue using radar remote sensing data[J]. Remote Sensing of Environment, 216: 615–625. https://doi.org/10.1016/j.rse.2018.07.028.

LI S, CAI W, WU L, 2020. Attenuated interannual variability of austral winter Antarctic sea ice over recent decades[J]. Geophysical Research Letters, 47(22): e2020GL090590.

LI X, DAVID M H, EDWIN P G, et al., 2014. Impacts of the north and tropical Atlantic ocean on the Antarctic peninsula and sea ice[J].Nature, 505(7484): 538–542.

LIU M, WANG Z, ZHANG B, et al., 2023. Extraction and analysis of the Antarctic ice shelf basal channel[J]. IEEE Geoscience and Remote Sensing Letters, 20: 2000605. DOI: 10.1109/LGRS.2023.3304350.

LIU C, WANG Z, CHENG C, et al., 2017.Modeling modified circumpolar deep water intrusions onto the Prydz Bay continental shelf, East Antarctica[J]. Journal of Geophysical Research: Oceans, 122: 5198–5217. DOI: 10.1002/2016JC012336.

LIU Y, LI F, HAO W, et al., 2019. Evaluation of synoptic snowfall on the Antarctic ice sheet based on CloudSat, in-situ observations and atmospheric reanalysis datasets[J]. Remote Sensing, 11(14): 1686. https://doi.org/10.3390/rs11141686. DOI: 10.3390/rs11141686.

LIU Y, MOORE J C, CHENG X, et al., 2015. Ocean-driven thinning enhances iceberg calving and retreat of Antarctic ice shelves[J]. Proceedings of the National Academy of Sciences, 112(11): 3263–3268. https://doi.org/10.1073/pnas.1415137112.

LUO K, LIU S, GUO J, et al., 2020. Radar-derived internal structure and basal roughness characterization along a traverse from Zhongshan Station to Dome A, East

Antarctica[J]. Remote Sensing, 12(7): 1079. https://doi.org/10.3390/rs12071079.

LUO K, TANG X, LIU S, et al., 2022. Deep radiostratigraphy constraints support the presence of persistent wind scouring behavior for more than 100 ka in the East Antarctic ice sheet[J]. IEEE Transactions on Geoscience and Remote Sensing, 60: 4306213. DOI: 10.1109/TGRS.2022.3209543.

RIGNOT E, MOUGINOT J, SCHEUCHL B, et al., 2019. Four decades of Antarctic ice sheet mass balance from 1979–2017[J]. Proceedings of the National Academy of Sciences of the United States of America, 116(4): 1095–1103. https://doi.org/10.1073/pnas.1812883116.

SHEN Q, WANG H, SHUM C K, et al., 2018. Recent high-resolution Antarctic ice velocity maps reveal increased mass loss in wilkes land, east antarctica[J]. Scientific Reports, 8: 4477. https://doi.org/10.1038/s41598-018-22765-0.

SHEN Q, WANG H, SHUM C K, et al., 2020. Improved geometric modeling of 1960s satellite images for regional antarctica applications[J]. International Journal of Digital Earth, 14(7): 597–618. https://doi.org/10.14358/pers.83.7.477.

SHI, G, BUFFEN A M, HU Y, et al., 2023. Modeling the complete nitrogen and oxygen isotopic imprint of nitrate photolysis in snow[J]. Geophysical Research Letters, 50(12): e2023GL103778. https://doi.org/10.1029/2023gl103778. DOI: 10.1029/2023gl103778.

SHI G, BUFFEN A M, MA H, et al., 2018. Distinguishing summertime atmospheric production of nitrate across the East Antarctic ice sheet[J]. Geochimicaet Cosmochimica Acta, 231: 1–14. https://doi.org/10.1016/j.gca.2018.03.025. DOI: 10.1016/j.gca.2018.03.025.

SHI G, HU Y, MA H, et al., 2022a. Snow nitrate isotopes in central Antarctica record the prolonged period of stratospheric ozone depletion from ~1960 to 2000[J]. Geophysical Research Letters, 49(13): e2022GL098986. https://doi.org/10.1029/2022GL098986. DOI: 10.1029/2022GL098986.

SHI G, LI C, LI Y, et al., 2022b. Isotopic constraints on sources, production, and phase partitioning for nitrate in the atmosphere and snowfall in coastal East Antarctica[J]. Earth and Planetary Science Letters, 578: 117300. https://doi.org/10.1016/j.epsl.2021.117300. DOI: 10.1016/j.epsl.2021.117300.

SHI G, MA H, ZHU Z, et al., 2021. Using stable isotopes to distinguish atmospheric nitrate production and its contribution to the surface ocean across hemispheres[J]. Earth and Planetary Science Letters, 564: 116914. https://doi.org/10.1016/j.epsl.2021.116914. DOI: 10.1016/j.epsl.2021.116914.

SUN Q, VIHMA T, JONASSEN M, et al., 2020. Impact of assimilation of radiosonde and UAV observations from the southern ocean in the polar WRF model[J]. Advances in Atmospheric Sciences, 37: 441–454. https://doi.org/10.1007/s00376-020-9213-8. DOI: 10.1007/s00376-020-9213-8.

SUN B, MOORE J C, ZWINGER T, et al., 2014. How old is the ice beneath Dome A, Antarctica?[J]. The Cryosphere, 8: 1121–1128. DOI: 10.5194/tc-8-1121-2014.

SUN Y, LI B, FAN X, et al., 2023. Brief communication: new sonde to unravel the mystery of polar subglacial lakes[J]. The Cryosphere, 17: 1089–1095. https://doi.org/10.5194/tc-17-1089-2023. DOI: 10.5194/tc-17-1089-2023.

TALALAY P, SUN Y, FAN X, et al., 2020. Antarctic subglacial drilling rig: Part I . General concept and drilling shelter structure[J]. Annals of Glaciology, 62(84): 1–11. https://doi. org/10.1017/aog.2020.37. DOI: 10.1017/aog.2020.37.

TALALAY P, ZAGORODNOV V, MARKOV A, et al., 2014. Recoverable autonomous sonde (RECAS) for environmental exploration of Antarctic subglacial lakes: general concept[J]. Annals of Glaciology, 55(65): 23–30. https://doi.org/10.3189/2014AoG65A003. DOI: 10.3189/2014AoG65A003.

TALALAY P, LI X, ZHANG N, et al., 2021. Antarctic subglacial drilling rig: Part II. ice and bedrock electromechanical drill (IBED)[J]. Annals of Glaciology, 62(84): 12–22. https://doi.org/10.1017/aog.2020.38. DOI: 10.1017/aog.2020.38.

TANG X, SUN B, GUO J, et al., 2015. A freeze-on ice zone along the Zhongshan–Kunlun ice sheet profile, East Antarctica, by a new ground-based ice-penetrating radar[J]. Science Bulletin, 60(5): 574–576.

TANG X Y, GUO J X, SUN B, et al., 2016. Ice thickness, internal layers, and surface and subglacial topography in the vicinity of Chinese Antarctic Taishan station in Princess Elizabeth Land, East Antarctica[J]. Applied Geophysics, 13(1): 203–208. DOI: 10.1007/s11770-016-0540-6.

TANG X, SUN B, WANG T, 2020a. Internal layering structure and subglacial conditions along a traverse line from Zhongshan Station to Dome A, East Antarctica, revealed by ground-based radar sounding[J]. Applied Geophysics, 17(4):870–878.

TANG X, GUO J, DOU Y, et al., 2020b. Glaciological and meteorological conditions at Chinese Taishan Station, East Antarctica[J]. Frontiers in Earth Science, 8:250. DOI: 10.3389/feart.2020.00250.

TANG X, SUN B, WANG T, 2020c. Radar isochronic layer dating for a deep ice core at Kunlun Station, Antarctica[J]. Science China-earth Sciences, 63(2): 303–308.

TANG X, SUN B, 2021.Towards an integrated study of subglacial conditions in princess elizabeth land, East Antarctica[J]. Advances in Polar Science, 32(2): 75–77. DOI: 10.13679/j.advps.2021.0002.

TANG X, LUO K, DONG S, et al., 2022. Quantifying basal roughness and internal layer continuity index of ice sheets by an integrated means with radar data and deep learning[J]. Remote Sensing, 14(18): 4507. https://doi.org/ 10.3390/rs14184507.

TIAN B, DING M, PUTERO D, et al., 2022. Multi-year variation of near-surface ozone at Zhongshan Station, Antarctica[J]. Environmental Research Letters, 17(4): 044003. https://doi.org/10.1088/1748-9326/ac583c. DOI: 10.1088/1748-9326/ac583c.

WANG H, TANG X, XIAO E, et al., 2023a. Basal melt patterns around the deep ice core drilling site in the Dome A region from ice-penetrating radar measurements[J]. Remote Sensing, 15(7): 1726. https://doi.org/10.3390/rs15071726.

WANG S, DING M, LIU G, et al., 2023b. New record of explosive warmings in East Antarctica[J]. Science Bulletin, 68(2): 129–132.

WANG T, ZHOU C, QIAN Y, et al., 2023c. Basal channel system and polynya effect on a regional air-ice-ocean-biology environment system in the Prydz Bay, East Antarctica[J].

Journal of Geophysical Research: Earth Surface, 128(9): e2023JF007286.

WANG Y, XIAO C, 2023d. An increase in the Antarctic surface mass balance during the past three centuries, dampening global sea level rise[J]. Journal of Climate, 36: 8127–8138.

WANG Z, ZHANG B, YAO Y, et al., 2023e. GRACE and mass budget method reveal decelerated ice loss in east Greenland in the past decade[J]. Remote Sensing of Environment, 286: 113450.

WANG X, NICHOLLS K, LEE W S, et al., 2023f. Antarctic Surface Water Intrusion Triggering Seasonal Rapid Basal Melting of Drygalski Ice Tongue, East Antarctica[C]// IUGG 2023 (Abstract Reference Number: IUGG23-1619). Berlin, Germany, in July 2023 (Oral Presentation).

WANG S, LIU G, DING M, et al., 2021a. Potential mechanisms governing the variation in rain/snow frequency over the northern Antarctic peninsula during austral summer[J]. Atmospheric Research, 263(11): 105811. https://doi.org/10.1016/j.atmosres.2021.105811. DOI: 10.1016/j.atmosres.2021.105811.

WANG Y, DING M, REIJMER C, et al., 2021b. The AntSMB dataset: a comprehensive compilation of surface mass balance field observations over the Antarctic ice sheet[J]. Earth System Science Data, 13: 3057–3074.

WANG S, DING M, LIU G, et al., 2022a. Processes and mechanisms of persistent extreme rainfall events in the Antarctic peninsula during austral summer[J]. Journal of Climate, 35(12): 3643–3657. https://doi.org/10.1175/JCLI-D-21-0834.1. DOI: 10.1175/JCLI-D-21-0834.1.

WANG S, DING M, LIU G, et al., 2022b. On the drivers of temperature extremes on the Antarctic Peninsula during austral summer[J]. Climate Dynamics, 59(7–8): 2275–2291. https://doi.org/10.1007/s00382-022-06209-0. DOI: 10.1007/s00382-022-06209-0.

WANG G, CAI W J, SANTOSO A, et al., 2022c. Future Southern Ocean warming linked to projected ENSO variability[J]. Nature Climate Change, 12(7): 649.

WANG X, VOYTENKO D, HOLLAND D M, 2022d. Accuracy evaluation of digital elevation model derived from terrestrial radar interferometer over helheim glacier, greenland[J]. Remote Sensing of Environment, 268: 112759.

WANG Y, HUAI B, THOMAS E, et al., 2019. A new 200-year spatial reconstruction of West Antarctic surface mass balance[J]. Journal of Geophysical Research: Atmospheres, 124(10): 5282–5295.

WANG Y, HOU S, SUN W, et al., 2015. Recent surface mass balance from Syowa Station to Dome F, East Antarctica: comparison of field observations, atmospheric reanalyses, and a regional atmospheric climate model[J]. Climate Dynamics, 45(19): 2885–2899.

WANG Y, THOMAS E, HOU S, et al., 2017. Snow accumulation variability over the West Antarctic ice sheet since 1900: A comparison of ice core records with ERA-20C reanalysis[J]. Geophysical Research Letters, 44(22): 11482–11490.

WANG H, XIE S P, ZHENG X J, et al., 2020. Dynamics of southern hemisphere atmospheric circulation response to anthropogenic aerosol forcing[J]. Geophysical Research Letters, 47(19): e2020GL089919.

WANG T, SUN B, TANG X, et al., 2016. Spatio-temporal variability of past accumulation rates inferred from isochronous layers at Dome A, East Antarctica[J]. Annals of Glaciology, 57(73): 87–93.

WANG B, SUN B, MARTIN C, et al., 2018. Summit of the East Antarctic Ice Sheet underlain by thick ice-crystal fabric layers linked to glacial-interglacial environmental change[J]. Geological Society, London, Special Publications, 461(1): 131–143.

WEI T, NOËL B, DING M, et al., 2022. Spatiotemporal variations of extreme events in surface mass balance over Greenland during 1958–2019[J]. International Journal of Climatology, 42: 8008–8023.

WEN J, WANG Y, WANG W, et al., 2010. Basal melting and freezing under the Amery ice shelf, East Antarctica[J]. Journal of Glaciology, 56(195): 81–90.

WEN Q, ZHU C, HAN Z, et al., 2021. Can the topography of Tibetan Plateau affect the Antarctic bottom water?[J]. Geophysical Research Letters, 48: e2021GL092488. https://doi.org/10.1029/2021GL092488.

WU G, HU Y, GONG C, et al., 2024. Spatial distribution, sources, and direct radiative effect of carbonaceous aerosol along a transect from the Arctic Ocean to Antarctica[J]. Science of the Total Environment, 916: 170136. https://doi.org/10.1016/j.scitotenv.2024.170136. DOI: 10.1016/j.scitotenv.2024.170136.

XIAO C, LI Y, HOU S, et al., 2008. Preliminary evidence indicating Dome A (Antarctic) satisfying preconditions for drilling the oldest ice core[J]. Chinese Science Bulletin, 53:102–106.

XIE H, LI R, TONG X, et al., 2016. A comparative study of changes in the Lambert Glacier/Amery Ice Shelf system, East Antarctica, during 2004–2008 using gravity and surface elevation observations[J]. Journal of Glaciology, 62(235): 888–904. https://doi.org/10.1017/jog.2016.76.

XU M, YANG Q, HU X, et al., 2022. Record-breaking rain falls at Greenland summit controlled by warm moist-air intrusion[J]. Environmental Research Letter, 17: 044061.

YAN Q, ZHANG Z S, WANG H J, et al., 2014. Simulation of Greenland ice sheet during the mid-Pliocene warm period[J]. Chinese Science Bulletin, 59: 201–211.

YAN Z, LENG W, WANG Y, et al., 2023. A comparison between three-dimensional, transient, thermomechanically coupled first-order and Stokes ice flow models[J]. Journal of Glaciology, 69(275): 513–524.

YANG D, DING M, ALLISON I, et al., 2023. Subsurface heat conduction along the CHINARE traverse route, East Antarctica[J]. Journal of Glaciology, 69(276): 762–772. https://doi.org/10.1017/jog.2022.97. DOI: 10.1017/jog.2022.97.

YANG C Y, SMITH A K, LI T, et al., 2020. Can the Madden-Julian Oscillation affect the Antarctic total column ozone?[J] Geophysical Research Letters, 47(15): e2020GL08886. https://doi.org/10.1029/2020GL08886.

YANG K Y, SMITH A K, LI T, et al., 2019 Surface meltwater runoff on the Greenland ice sheet estimated from remotely sensed supraglacial lake infilling rate[J]. Remote Sensing of Environment, 234: 111459.

YANG Y, E D, WANG H, et al., 2021. Sea ice concentration over the Antarctic Ocean from satellite pulse altimetry[J]. Science China Earth Sciences, 54(1): 113–118. https://doi.org/10.1007/s11430-010-4108-7.

YANG Y, HWANG C, E D, 2014. A fixed full-matrix method for determining ice sheet height change from satellite altimeter: an ENVISAT case study in East Antarctica with backscatter analysis[J]. Journal of Geodesy, 88(9): 901-914. https://doi.org/10.1007/s00190-014-0730-z.

YU L, ZHONG S Y, TLMO V, et al., 2021. Sea ice changes in the Pacific sector of the southern ocean in austral autumn closely associated with the negative polarity of the south pacific oscillation[J]. Geophysical Research Letters, 48(7): e2021GL092409.

ZENG Z, WANG Z, DING M, et al., 2021. Estimation and long-term trend analysis of surface solar radiation in Antarctica: a case study of Zhongshan Station[J]. Advances in Atmospheric Sciences, 38(9): 1497–1509. https://doi.org/10.1007/s00376-021-0386-6. DOI: 10.1007/s00376-021-0386-6.

ZENG Z, WANG X, WANG Z, et al., 2022. A 35-year daily global solar radiation dataset reconstruction at the Great Wall Station, Antarctica: first results and comparison with ERA5, CRA40 reanalysis, and ICDR (AVHRR) satellite products[J]. Frontiers in Earth Science, 10: 961799. https://doi.org/10.3389/feart.2022.961799. DOI: 10.3389/feart.2022.961799.

ZHANG L, GAN B, LI X C, et al., 2021a. Remote influence of the midlatitude south Atlantic variability in spring on Antarctic summer sea ice[J]. Geophysical Research Letters, 48(1): 2020GL090810.

ZHANG C, LI T, LI S L, 2021b. Impacts of CP- and EP-El Niño events on the Antarctic sea ice in austral spring[J]. Journal of Climate, 34(23): 9327–9348.

ZHANG B, YAO Y, LIU L, et al., 2021c. Interannual ice mass variations over the Antarctic ice sheet from 2003 to 2017 were linked to El Niño-Southern Oscillation[J]. Earth and Planetary Science Letters, 560: 116796. https://doi.org/10.1016/j.epsl.2021.116796.

ZHANG Q, HUAI B J, VAN DEN BR-OEKE M R, et al., 2022. Temporal and spatial variability in contemporary greenland warming (1958–2020)[J]. Journal of Climate, 35:

2755–2767.

ZHANG Q, HUAI B J, QING M H, et al., 2024. Projections of Greenland climate change from CMIP5 and CMIP6[J]. Global and Planetary Change, 232: 104340.

ZHANG T, PRICE S, JU L, et al., 2017a. A comparison of two Stokes ice sheet models applied to the marine ice sheet model intercomparison project for plan view models (MISMIP3d)[J]. The Cryosphere, 11(1): 179–190.

ZHANG S, E D, WANG Z, et al., 2017b. Ice velocity from static GPS observations along the transect from Zhongshan Station to Dome A, East Antarctica[J]. Annals Glaciology, 48: 113–118. https://doi.org/10.3189/172756408784700716. DOI: 10.3189/172756408784700716.

ZHANG T, PRICE S F, HOFFMAN M J, et al., 2020. Diagnosing the sensitivity of grounding-line flux to changes in sub-ice-shelf melting[J]. The Cryosphere, 14: 3407–3424. https://doi.org/10.5194/tc-14-3407-2020.

ZHANG N, AN C, Fan X, et al., 2014. Chinese first deep ice-core drilling project DK-1 at Dome A (2011–2013)[J]. Annals of Glaciology, 55(68): 88–98. https://doi.org/10.3189/2014AoG68A006. DOI: 10.3189/2014AoG68A006.

ZHAO L, MOORE J, SUN B, et al., 2018. Where is the 1-million-year-old ice at Dome A?[J]. The Cryosphere, 12(5): 1651–1663.

ZHENG L, CHENG X, SHANG X Y, et al., 2022. Greenland ice sheet daily surface melt flux observed from space[J]. Geophysical Research Letters, 49: e2021GL096690.

ZHENG L, LI L, CHEN Z, et al., 2023. Multi-sensor imaging of winter buried lakes in the Greenland Ice Sheet[J]. Remote Sensing of Environment, 295: 113688. https://doi.org/10.1016/j.rse.2023.113688.

陈　超/摄

第2章
北极海-冰-气相互作用及其气候环境效应

在全球气候系统中，北极气候系统相对独立，但并不孤立。中低纬度热量通过洋流和大气环流向北极输送，对维持北极的能量平衡具有重要作用，同时北极冰雪融化所产生的反照率正反馈等机制使得北极气候变暖加剧。北极气候系统变化对域内和域外的人类可持续发展都具有突出影响。提高北极气候系统及其关键要素的可预测性已经成为国际科学界亟须解决的科学难题。我国积极加大北极科学考察和研究力度，2017年，围绕北极航道适航性，开展实船观测试验，2023年首次依托我国科学考察船实现了北极点区域的综合调查。围绕北极气候系统持续变化如何影响局地和大尺度的物质及能量循环以及这些变化会产生怎样的气候环境效应等前沿科学问题，我国科学家在北极海-冰-气相互作用及其演变机制、海洋和大气能量输入对北极气候系统的影响、海冰数值模拟、海冰与航道适航性预测、北极生物地球化学循环过程以及北极海冰消退对中纬度天气气候的影响机制等方面开展研究并取得了重要进展，研究成果在北极航道适航性评估和航道利用保障以及我国灾害性天气预警预报等方面得到了广泛应用。

2.1 北极海–冰–气相互作用及其演变机制

近40年来，北极气候变暖是全球平均水平的2～4倍，主要体现在近地面和秋冬季；海冰范围明显退缩，海冰损失的冰量达到10×10^6 t，消耗的地球热量约为3×10^{21} J，冰下海洋的升温速度明显大于全球大洋的平均水平。一方面，北极海冰融化和北冰洋吸收热量的增多会减缓全球尺度的气候变暖；另一方面，夏季北极海冰减少会加强秋冬季海–气相互作用，加快海洋热量向大气释放，促进近地面大气增暖。近10年来，聚焦北极海–冰–气相互作用及其演变机制，我国在西北极等重点区域开展了8次北冰洋考察，围绕北极航道适航性调查将考察区域拓展到了东北、西北和中央航道区域，利用浮标和潜标等技术手段将夏季的观测延伸到冬季，并通过国际合作依托国际气候研究多学科漂流冰站观测计划实施了全年多圈层耦合观测。基于观测数据，对北极气候变暖放大和海冰快速减少背景下的海冰热力学、动力学特征及其与大气和海洋的耦合机理，近地面大气逆温结构及其对下垫面变化的响应，波弗特流涡区域淡水、热含量和海–冰热通量的变化及其调控机制进行了系统研究，为北极海–冰–气耦合系统的未来变化预测提供了重要参考，为评估北极气候和海洋环境变化及其影响与反馈提供了关键依据。

2.1.1 北极海冰快速变化及其物理机制

近40年来，北极海冰呈现快速减少的趋势，夏季海冰范围缩小了约3×10^6 km^2。相应地，北极海冰不同尺度的物理性质和过程都发生了显著的变化，如多年冰逐渐被一年冰取代、海冰变薄、夏季融冰期加长、海冰运动及动力形变对大气和海洋的强迫响应加强等。北极海冰减少不但会通过增强海–气物质能量交换调节北极气候和海洋系统，成为影响北极气候变暖放大以及上层海洋增暖的主要因素，还会通过影响西风急流对我国天气气候产生重要影响。对北极海冰热力学和动力学过程及其与大气和海洋耦合机理认知的不足限制了海冰数值模式的发展和海冰预测预报能力的提升，不利于准确认识和评估海冰–海洋系统对气候变化的调节作用。近10年来，我国学者通过卫星遥感、走航观测、冰站现场观测以及冰下无人潜水器和冰基浮标观测等方式对北极海冰热力学和动力学多尺度过程进行系统观测，揭示了当前海冰新的物理机制，为完善参数化方案奠定了基础。

基于我国自主的海洋和风云系列卫星以及国际共享的被动微波、主动微波、可见光、热红外和高度计等卫星遥感数据，发展了海冰多参数的反演算法，研制了北极海冰密集度（Feng et al., 2023; Chen et al., 2023b; Wang et al., 2021b）、厚度（Dong et al., 2023）、冰间水道（Qu et al., 2021）、海冰运动速度（Qiu et al., 2022）和冰面融池（Wang et al., 2020b）等多参数卫星遥感产品，为开展北极海冰时空变化趋势分析以及海冰物质平衡、动力形变和海-气相互作用研究，海冰数值模式模拟结果验证以及北极航道适航性评估提供了重要的数据基础。通过攻克高纬冰下定位导航和集成多参数协同观测技术，研发了适用于北极冰下海洋环境探测的北极混合式潜水器（Autonomous & Remotely operated Vehicle，ARV），为观测冰底形态及冰下物理和生态环境提供了重要装备（Lei et al., 2017）。通过研发柔性温度链和冰内多光谱观测技术以及集成冰面气象站和冰下海洋温盐链，构建了适用于北极布放的"海-冰-气无人冰站"观测系统（图2-1），解决了大气-积雪-海冰-海洋多介质物质能量交换无人值守观测的难题（Lei et al., 2022）。

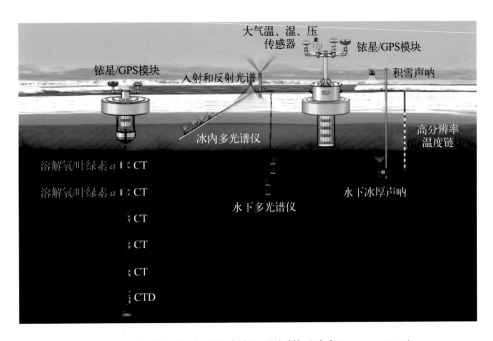

图2-1 北极"海-冰-气无人冰站"观测系统（改自 Lei et al., 2022）

研究利用我国北极考察获取的冰芯观测数据，获得了当前北极海冰的物理结构和孔隙率，解释了海冰晶体、温盐结构和纬度对海冰内部孔隙率以及融化程度的影响，揭示了2008—2018年西北极夏季海冰内部融化程度的变化趋势，阐释了海冰内部相变对渗透率的影响机制（Wang et al., 2021c）。结合观测和辐射传输数值模拟，揭示了融池深度、融池表面冻结状态、池下冰厚度对融池反照率和光谱特征以及短波辐射垂向分配和透射率的影响（Lu et al., 2018a, 2018b）。利用海冰物质平衡浮标观测数据，计算得到了海冰内部和底部的能量平衡，量化了罗蒙诺索夫海脊浅水地形对海洋向上混合、冰底海洋热通量和海冰生长的影响（Lei et al., 2014），揭示了夏季融冰和上层海洋热吸收对秋冬季海冰底部生长的跨季节影响机理（Lei et al., 2018），获得了冰底生长开始时间的时空变化特征及其与海冰厚度和冰下海洋热含量之间的统计关系（Lin et al., 2022），基于完整冰季的海冰物质平衡过程（图2-2）阐明了夏季冰下淡水层和假冰底的形成过程及影响因素（Lei et al., 2022）。利用浮标阵列，获得了海冰冰场形变的时空尺度效应，揭示了夏季冰情和气旋活动对秋冬季冰场固结度和形变强度的影响机制，指出随着海冰减少，海冰冰场形变的季节变化会被放大，冰场形变的局地化和瞬时性特征都会增强，冰场呈现离散化趋势，随之黏性增大、弹性减小，从而改变海冰的流变学机制（Lei et al., 2020a, 2020b,

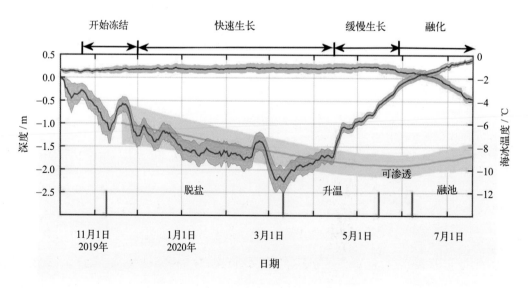

图2-2　基于MOSAiC计划获得的海冰物质平衡过程，包括积雪厚度（亮蓝色）、海冰厚度（浅蓝色）和海冰温度（红色）变化（改自 Lei et al., 2022）

2021）。北极海冰变薄增强了海冰对风应力的响应，海冰运动速度呈现增大的趋势，配合增强的北极偶极子，北极海冰向格陵兰海和巴伦支海的输出增多，在这样的背景下，结合浮标和卫星遥感数据产品，揭示了北极海冰输出对大气环流的响应机制以及对下游格陵兰海与巴伦支海冰情和海洋环境的跨季节影响（Zhang et al.，2023a）。

近10年来，北冰洋海冰呈现融化减缓、变化波动增强、动力增强、积雪–海冰厚度比增大以及海冰边缘区向北拓展等趋势，在这样的背景下，海冰诸多特征呈现"南极化"，这给海冰预报预测数值模式的发展以及海冰关键参数卫星遥感反演算法优化带来了诸多挑战。面向北极海冰和冰下海洋环境精细观测需求，我国已自主研发了一系列可应用于北极现场的冰基浮标和冰下无人潜水器，这一方面有利于我们获得自主观测数据，服务了海冰物理新特征的精细刻画，促进创新成果产出；另一方面，也促进观测装备的技术迭代、成熟度提高和谱系化发展。基于国际多源卫星观测产品发展的海冰多参数反演算法为我国后续构筑和发展自主卫星的北极观测能力奠定了基础。现场和卫星遥感立体观测数据支撑了对海冰热力学和动力学过程认知的提高，观测数据支撑了海冰模式参数化方案优化和模拟结果验证、卫星遥感产品地面验证以及北极航道适航性评估。经过近25年的北极考察，尤其是随着"雪龙2"号投入使用，我国已经具备覆盖北冰洋夏季全域的调查能力，在西北极形成了区域海洋环境认知优势。针对西北极海冰的变化，现场观测数据已经具备对变化趋势的评估能力，观测能力的提高和认识水平的进步也支撑了国际合作的开展，提升了国际影响力。

2.1.2　气候快速变化下的北极近地面大气物理过程

作为北极气候系统的重要组成部分，北冰洋近地面大气物理过程与北极变暖和海冰快速减少等过程都密切关联，是提升北极天气和海冰预报能力的关键过程。因此，加强对北极大气边界层过程物理机制的观测研究显得尤为关键。2014年以来，我国依托北极考察以及在北极斯瓦尔巴群岛新奥尔松地区依托黄河站实施了持续的陆基和冰基大气边界层过程监测，开展了包括涡动试验、浮冰漂流气象观测、低空探空、系留汽艇等在内的大量科学试验，结合卫星数据、再分析资料和模式技术等，重点研究了气候快速变化背景下北极大气边界层的结构特征、逆温层变化和冰-气物质能量交换等物理过程。

Bian 等（2016）分析了下垫面海冰变化对大气结构的影响，发现北极变暖造成的海冰快速减少可以反馈于边界层气温升高，并促使对流天气明显增加。Wang 等（2020a）结合大气探空、卫星遥感和再分析等数据，发现云量与大气逆温结构有着紧密的联系。对比影响大气逆温结构的各种影响因子（图2-3），天气过程对大气逆温结构特征的影响比局部反馈更为显著，沉降过程也可以加强和扩展已经存在的逆温，暖空气平流则有利于加强逆温结构，然而海冰密集度增加会抑制该影响机制（Zhang et al., 2021a）。

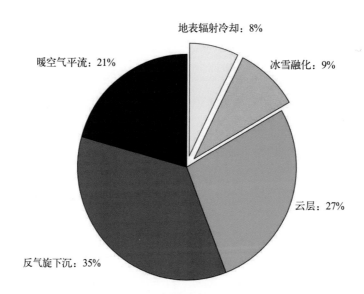

图2-3 反气旋下沉、暖空气平流、云层、冰雪融化和地表辐射冷却等因素关联的
大气低层逆温概率（改自 Zhang et al., 2021a）

大气低层结构的变化，特别是冻结层高度的上升可以显著影响北极天气现象。在过去50余年里，北极大部分地区春季降水呈现由固态向液态转变的趋势，加速了北极海冰的提前消融（Dou et al., 2021）。Huai 等（2021）基于观测进一步揭示了格陵兰冰盖液态降水已从沿海延伸到内陆，并呈现频率增高和降雨量增加等趋势，指出以往忽略降雨潜热的能量平衡模型可能不适用于冰盖表面消融过程的模拟，从而

为后续优化大气-冰盖表面物质能量交换的数值模拟提供了重要观测依据。

北极气候快速变化还会通过圈层能量物质交换进一步影响下垫面,特别是冰川、冰盖和海冰等冰冻圈表面。Zou 等(2023b)基于新奥尔松地区Austre Lovénbreen冰川上的观测资料开展研究,发现受到气候变暖影响,向极水汽输送增强,进而通过调制长波辐射和湍流通量导致北极冰川加速消融。Huai 等(2020,2022)定量刻画了边界层过程(特别是降水固/液态机制)对格陵兰冰盖的影响,将裸冰和积雪反照率方案耦合至雪/冰-气能量交换过程中,并改进粗糙冰面上的湍流热交换方案,最终应用到千米级分辨率的区域气候模式中,揭示了格陵兰阻塞异常所诱发的天气过程对格陵兰冰盖消融具有重要驱动作用。

近10年来,随着北极观测能力的提高,可信的资料产品也逐渐增多,多源数据均揭示了北极增温更加剧烈,同时也进一步证实了北极海-冰-气相互作用的复杂性,表明圈层耦合过程仍然是制约北极气候变化评估和天气预报等关键问题的薄弱环节。基于持续的观测,我们对北极大气逆温层结构有了进一步的认识,定量刻画了其演化过程和调制机制。下一步应在气候和天气两个尺度上加强对流层至平流层的科学观测试验,研究近地面到中层大气的协同变化过程,最终提高我们对北极近地面气候与大气垂直结构互馈机制的理解,深入理解对流层-平流层耦合对极涡结构的影响。

2.1.3 北冰洋波弗特流涡变化特征及其影响因素

北冰洋上层海洋环流系统是以大尺度环流——波弗特流涡与穿极流为主体,同时包含太平洋入流水系和大西洋入流水系的复杂系统。北半球海洋当中最大的"淡水库"就位于波弗特流涡内(图2-4),该淡水库不仅在调控北冰洋水文和生态环境变化方面发挥着重要作用,而且其向北大西洋释放的淡水还会影响到北大西洋深层水的形成,进而影响着大西洋经向翻转环流和气候变化。因而对波弗特流涡的持续监测,并探究其变异的可能机制及影响因素至关重要,这是解决当前北极能量收支和淡水分配的关键科学问题,也是揭示北极快速变化内部变率对全球气候反馈的重要基础。

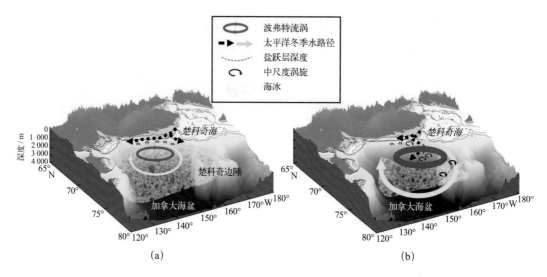

图2-4　波弗特流涡演变。（a）：早期情形；（b）：北极海冰退缩，波弗特流涡范围扩张且自旋加速，
上层海洋盐跃层加深的情形

　　太平洋入流水、入海径流水、降水以及海冰融化淡水在不同深度层次上贡献于波弗特流涡淡水库，在垂向上形成的盐跃层强烈地制约着垂向混合强度。在北极穿极流的上游，我国学者通过中-俄国际合作，在东西伯利亚海的观测揭示了局地风场对北冰洋陆架淡水输运的调控机理，指出东西伯利亚海陆架淡水离岸输运对海盆内淡水收支和盐跃层的贡献（Wang et al., 2021a）。同时，研究指出波弗特流涡淡水库中另外一支重要淡水源——太平洋冬季水在波弗特流涡自旋加速时期显著增加（Zhong et al., 2019a），而近年来由于其显著淡化致使太平洋冬季水可供给深海盆盐跃层通风的总量大幅度降低（Lin et al., 2023）。此外，波弗特流涡的空间结构不仅在一定程度上调制着双扩散阶梯结构的空间分布（Lu et al., 2022），进而影响着北极大西洋水向上释放热量的空间分布（Li et al., 2020），还与近年新发现的楚科奇陆坡流有着密切的相互作用关系（Li et al., 2019; Leng et al., 2022）。

　　波弗特流涡系统淡水库收支平衡的调控机制是北极气候变暖和海冰快速退缩背景下北冰洋水文环境变化的关键科学问题之一，也是国际上的研究热点问题。针对这一科学问题，Zhong 等（2018）的研究发现，淡水增加背景下地转流的增强改变了冰-水界面应力，进而对风生埃克曼泵压起到调制作用，制约了波弗特流涡辐聚淡水的能力；并从大尺度海洋环流角度揭示出波弗特流涡内淡水总量阶梯式变化与表面应力输入海洋中能量的关系，为淡水库变化的短期预报提供了重要依据（Zhong et al.，2019b）。波弗特流涡内淡水总量的未来变化一直是研究焦点，最新的观测显示波弗特流涡在经历了淡水库高值平稳期之后，出现了潜在释放淡水的迹象（Lin et al.，2023）。由于冰-海耦合作用过程的复杂性，目前关于波弗特流涡淡水收支变化的研究尚存在诸多细节上的不确定性，这对观测和数值模拟都提出了更高的要求。

在未来海冰减退趋势及波弗特流涡潜在淡水释放背景下，垂向混合的加强会促进次表层、中层的暖水释放热量，并反过来促进海冰融化。从这个角度来说，波弗特流涡系统亦是研究海冰与海洋相互作用的关键区域。研究发现，海冰厚度变薄和冰底形态变化还影响着内孤立波的生成与发展（Zhang et al.，2022b），进而对垂向热交换有着重要影响。观测揭示，波弗特流涡南部是冰-海热通量的高值区，且在2006—2018年冬季冰-海热通量存在增加趋势，这与混合层底部更强的卷携过程将更暖的夏季太平洋水热量向上卷携释放有着密切关系（Zhong et al.，2022）。

波弗特流涡系统所在区域在物理海洋动力学方面与低纬度海区相比存在诸多差异，对数值模式研究中尺度和亚中尺度过程提出了更高要求。北冰洋上层为冷而淡的水体，而中层为暖而咸的大西洋水，这种独特的垂直结构产生了较强的盐跃层，盐跃层的强度影响着中层暖水热量的释放。在研究波弗特流涡系统的发展变化及其与北冰洋其他区域之间的联系时，抓住其在动力学与热力学上的特性有助于理解和揭示其本质上的调控机制及可能的发展变化趋势。目前，我国北极观测重点区域以西北冰洋区域为主，积累了一些重复断面的观测数据，围绕该海区海洋环流动力过程及其变化机理的研究已经初具体系。然而，仍缺乏系统的观测体系，许多关键数据仍依赖国际公开共享数据，从而制约了引领性科研成果的产生。随着我国研究队伍的壮大和科考资源的加大投入，尤其是北冰洋海洋环境观测网的构建以及重点区域浮标和潜标观测阵列持续观测的实施，未来有望对观测和研究体系进行优化提升，以满足我国对北极航道利用、北冰洋生态和渔业资源治理等对海洋基础学科良性提升的迫切需求。

2.2 海洋和大气能量输入对北极气候系统的影响

太阳辐射在地球表面分布不均匀，导致低纬度地区能量过剩，而高纬度地区能量亏损。因此，海洋和大气由低纬度向高纬度的能量输送对维持两极的能量平衡具有重要作用。在全球气候变化背景下，海洋和大气向北极的能量输入发生了显著变化。这些变化会对北极气候系统产生重要影响，但影响路径、机制、程度和范围尚不清楚。近10年来，我国学者聚焦全球变暖背景下大西洋和太平洋入流对北极海洋环境的影响、大气向北极的能量和水汽输送变化及其对北极极端降水事件、表面能量收支和海冰物质平衡的影响等方面并开展了深入研究，取得了系列成果。

2.2.1 大西洋和太平洋入流对北极海洋环境的影响

北冰洋为半封闭海洋，一侧通过白令海峡与太平洋相连，另一侧通过格陵兰岛两侧海域与大西洋相连。北冰洋与大西洋和太平洋间的物质能量交换对北极气候和海洋生态系统具有重要作用。全球变暖背景下，大西洋和太平洋入流所携带的热量不断增加，对北极产生了显著影响，使北极部分海域的海水性质越来越接近大西洋和太平洋海水的性质，这被学界称为北极的"大西洋化"和"太平洋化"。由于缺少长期连续观测数据，目前对大西洋和太平洋入流的变化特征及其对北冰洋和北极气候影响的认识还远远不够。

利用数值模拟方法，我国学者对大西洋和太平洋入流的长期变化特征、未来变化趋势及其对北冰洋海洋环境的影响进行了深入研究，给出了大西洋和太平洋入流的淡水通量和热通量的长期变化趋势，发现北冰洋增暖幅度明显高于全球大洋平均水平，提出了"北冰洋放大"现象，并揭示了海洋向极热输送增加在北冰洋快速升温中的核心作用（Shu et al., 2018, 2021b, 2022; Wang et al., 2022; Pan et al., 2023）。研究发现，在全球变暖背景下，由于较低纬度海洋的升温，通过巴伦支海、弗拉姆海峡和白令海峡进入北冰洋的大西洋和太平洋水所携带的热量显著增加，其中大西洋水巴伦支海分支向极热输送增加导致了巴伦支海和喀拉海的快速升温及冬季海冰的退缩。同时，该海域冰区和开阔海域海–冰–气相互作用出现了相反的变化趋势，开阔海域海洋层结增强、海洋热释放减弱，使大西洋水冬季释放到大气中的热量减小，更多的热量保留在海洋中并随暖流进入北冰洋（图2-5），最终导致了该海域快速增暖和"大西洋化"现象的产生（Shu et al., 2021b）。气候模式模拟显示，由于海洋向极热输送的持续增加，未来北冰洋的"大西洋化"和"太平洋化"将继续向北冰洋中央区推进，这会导致北冰洋中央区快速升温，在高温室气体排放情景下，到21世纪末北冰洋将升温1.34℃，约是全球海洋平均升温的3倍，与北极近地面大气增暖放大的现象类似，因此该现象被命名为"北冰洋放大"现象（Shu et al., 2022）。海水热收支诊断研究进一步显示，与大气中"北极放大"现象成因不同，导致"北冰洋放大"现象的主要原因是来自低纬度海洋热输送的增加，而非局地的海-冰-气相互作用的加强。反之，局地海-冰-气相互作用的增强可促使北冰洋释放更多的热量到大气，从而减缓海洋增暖和有助于大气中"北极放大"现象的发生。从另一个角度来看，来自较低纬度的海洋向极热输送，对北极大气增暖放大有着特别重要的贡献。

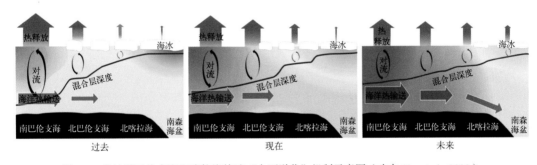

图2-5　北冰洋巴伦支海和喀拉海快速"大西洋化"机制示意图（改自 Shu et al., 2022）

　　全球变暖背景下，大西洋和太平洋入流除了影响北冰洋内部的热量平衡外，还会对北冰洋的淡水循环产生显著影响。气候模拟结果显示，由于气候变暖导致的全球水循环加快，降水、海冰融化和径流增多将使北冰洋呈现淡化趋势。在高温室气体排放情景下，到21世纪末北冰洋的淡水含量将比现在升高60%（Wang et al., 2022），而北冰洋海表盐度将下降1.5 psu。在北冰洋的诸多淡水源中，来自低纬度的入海径流以及太平洋和大西洋入流水中淡水含量的增加起到了重要作用（Shu et al., 2018）。其中，来自低纬度的入海径流量将增加40%，另外巴伦支海入流会出现淡水输入转捩现象（Wang et al., 2022）。也就是说，巴伦支海入流在当前气候背景下盐度较高，是北冰洋的一个淡水汇，但随着盐度的持续降低，该入流将在21世纪后半叶逐步转变为北冰洋的淡水源，这一淡水通量的转换过程对北冰洋的淡化趋势具有重要影响。

北冰洋的观测数据相比中低纬度海洋更少，导致人类对北冰洋气候变化的认识不足。上述研究利用数值模拟方法，预测了气候变暖背景下北冰洋的快速变暖和显著变淡趋势，揭示了"北冰洋放大"现象，并对北冰洋变暖和变淡开展了归因分析，揭示了大西洋和太平洋入流在北极海洋环境变化中的关键作用。这不仅加深了对北极气候变化的认识，为应对气候变化提供了新的科学依据，也对加强北冰洋关键区域的持续监测提出了科学需求。

2.2.2 大气能量及水汽输入对北极气候和海冰的影响

北极地区大气水分和热量的一个重要来源是来自较低纬度的大气输入，大气穿过北极边界向极输送的水汽和能量能直接影响北极局地的气候，并通过降水改变下垫面特性影响地表的物质能量交换。由于低纬度向北极的水汽和热量输送由空气湿度和温度的南北梯度驱动，并受到大尺度环流和气旋活动的影响。因此，一方面北极气候快速变化可影响向极的大气水汽和热量传输，另一方面大气热量和水汽输入的变化也将反过来影响北极气候系统。全球气候变化背景下，大气能量和水汽输入对北极气候和海冰产生的影响以及物理机制等关键科学问题一直是北极气候变化研究的前沿。我国学者对全球气候变化背景下大气向极能量和水汽输送的时空特征进行了系统研究，给出了大气向极能量和水汽输送的长期变化趋势，揭示了其对北极海冰年际变率、长期趋势以及北极极端降水事件的重要作用。

研究显示，从平均态看，冬季大气能量进入北极的通道主要位于白令海峡附近海域、北大西洋海域的拉布拉多海向东延伸至格陵兰海以及东西伯利亚海，而夏季大气能量进入北极的通道主要位于波弗特海、巴芬湾和北欧海。从长期变化来看，进入北极的大气能量和水汽长期趋势在冬季和夏季均存在空间异质性：冬季大气总能量输送通量和水汽输送通量在北太平洋呈现显著向北增强的变化趋势，夏季从欧亚大陆进入北极的能量和水汽逐年增多（Liang et al., 2023；图2-6）。进入北极的暖湿气团会增加云量和下行长波辐射，在春夏季节可以促进海冰融化（Liang et al., 2022）。利用观测和气候模式，Liu 等（2021）进一步研究证实，全球变暖背景下大气向北极的热量和水汽输入变化对北极夏季海冰的年际变率和长期变化趋势均起到重要作用。在夏季，北极海冰消融存在巨大的年际变率和空间差异，最快的消融发生在西北冰洋地区，太平洋–北美遥相关型作为西北冰洋海冰消融的一个重要驱动因素，解释了西北冰洋25%以上的海冰年际变化。在全球变暖背景下，太平洋–北美遥相关型指数持续增强，并通过加剧向西北冰洋地区大气的热量和水汽输送，使该地区的大气温度、湿度和下行长波辐射显著增加，从而加速了该地区海冰消融。此外，大气热量和水汽输送的持续增加主导了北极大西洋扇区冬季海冰消融，也是引起巴伦支海和喀拉海海冰年际变化的主要原因（Liu et al., 2022b）。

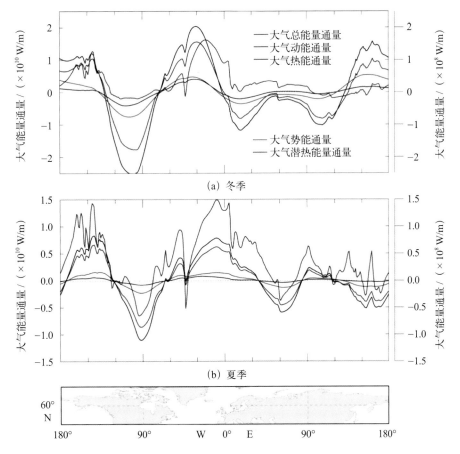

图2-6　1979—2021 年多年平均的冬季和夏季跨越 60°N 的经向大气整层能量通量以及不同分量的纬向分布图。图中左侧纵坐标轴适用于总能量通量、热能通量和势能通量；右侧纵坐标轴适用于动能通量和潜热能量通量（改自 Liang et al., 2023）

大气向极能量和水汽输送的变化除了影响北极海冰变化，还导致了近期北极格陵兰地区极端高温和极端降水事件（Xu et al., 2022）。2021年8月14日，在北极格陵兰冰盖顶峰站首次观测到了液态降水，同时也观测到了0℃以上的高温事件。进一步研究发现，导致此次极端降水事件的关键原因是格陵兰岛东侧的高压脊和西侧的低压槽配置致使来自低纬度的暖湿气流携带大量水汽到达该地，并由于地形抬升、降温导致大气水汽饱和、水汽凝结成云，最终形成了此次液态降水事件，液态降水从冰盖边缘延伸到内陆能有效促进冰盖表面融化和物质流失（Xu et al., 2022）。

上述研究厘清了低纬度大气向极能量和水汽输送对北极海冰消融和极端天气事件的关键作用，不仅有助于理解当前北极气候快速变化的机制和极端天气事件的成因，也为未来北极气候变化预测预估以及冰冻圈物质平衡过程预测提供了新的思路。

未来需要继续加强大气能量和水汽输入对北极气候及冰冻圈影响的研究，比如低纬度大气向极能量和水汽输送对冬季海冰与冰盖物质平衡以及春夏季反照率正反馈的影响，大气暖平流与北极近地面大气结构、海冰或冰盖物质平衡的耦合作用以及暖平流可能伴随的气旋和风暴作用对海冰形变与海洋失热的潜在影响等，都是亟须加强的研究领域。

2.3　北极海冰数值模拟与预报预测

如何提高北极海冰的模拟和预测水平，是国际上的研究热点和极具挑战性的课题，也是保障北极航道利用的关键。首先，现有海冰模式的一些关键物理过程参数化方案无法准确反映北极海冰的多尺度变化；其次，海冰模式的初始条件仍存在很大的不确定性；最后，仍缺少针对北极海冰与航道适航性变化的科学合理预估，这为北极航道利用长期规划带来了挑战。我国学者在该领域开展了针对性研究，在适应北极快速变化的高分辨率海冰数值模式研发、海冰资料同化及预报预测系统研制、北极航道可通航性评估预估等方面取得了系列成果，为服务北极"冰上丝绸之路"建设提供了坚实基础。

2.3.1 适应北极快速变化的海冰模式发展

海冰数值模式在极地大气–海冰–海洋相互作用、海冰物质能量收支等关键物理过程研究，以及海冰短期、季节预测和长期变化预估中得到了广泛应用。尽管在过去的数十年里，大气–海冰–海洋的复杂相互作用和冰内物理过程的表征在海冰模式中取得了重大进展，但海冰模式对某些关键的热力和动力过程的描述仍很不完善。近年来，北极气候系统发生了显著变化，特别是海冰热力学和动力学过程及其与大气和海洋耦合机制的变化使得海冰模式的一些关键物理过程参数化方案不适用于准确刻画北极海冰当前的物理状态，难以给出海冰多尺度变化的精确模拟。

为了在海冰模式中准确地刻画全球气候变化背景下北极海冰与大气、海洋界面及其内部的关键热力学过程，我国学者（刘骥平等，2021；Yu et al., 2022；Zhang et al., 2021d；Shi et al., 2021；Xu et al., 2021；Zhang et al., 2023d）结合相关变量的最新观测数据，深入研究了北极海冰快速减少背景下海冰表面、内部、底部和侧向的关键热力学过程及其对海冰生长、消融、能量和物质平衡的影响，研发了适用于北极海冰多尺度变化的海冰热力学参数化方案，并加入改进的三极点网格海冰模式，实现了高分辨率海冰模式的模拟，其在北极平均分辨率达3.41 km，能够更好地模拟出北极多尺度变化的海冰分布。同时将新研发的海冰热力学参数化方案加入北极区域耦合模式，开展了北极海冰季节预测，预测能力得到显著提升。

在高分辨率海冰模式中，新研制并已开展应用的海冰物理过程参数化方案包括：①基于一维柱模式改进了融池反照率参数化，发展了利用海冰融池分布函数方程计算融池体积的参数化方案和海冰融池尺度分布参数化方案；②引入了全新的最大熵产生模型来计算大气–海冰湍流热通量和能量收支，这一新的方案与过去数十年模式中一直使用的总体公式方案有本质区别，新的最大熵产生模型参数化方案中湍流通量的计算满足能量守恒，并且不需要使用温度和湿度梯度变量、风速、表面粗糙度以及计算传输系数所用到的其他经验参数；③确定了海冰辐射传输参数化中的关键参数，分析了盐度在一年冰和多年冰中的演变及其对孔隙率和热力效应的影响，在此基础上发展了基于海冰气泡、卤水及颗粒物等微结构参数的动态海冰固有光学性质的辐射吸收和穿透参数化方案；④提出了新的侧向融化参数化方案，发展了海冰尺度分布参数化方案，给出了合理的浮冰尺寸空间分布，并将其加入北极区域耦合模式，实现了真正意义上的海冰-海浪相互作用数值模拟；⑤从混合层热量收支角度分析了北冰洋冰底海洋热通量变化，发展了新的海冰-海洋薄过渡层热量和盐度通量交换参数化方案，该方案应用于自然资源部第一海洋研究所的地球系统模式（First Institute of Oceanography-Earth System Model，FIO-ESM）中，降低了海冰模拟偏差（图2-7）；⑥设计并实现了海冰模式拉格朗日跟踪方案，支持模式开展浮冰漂流过程中的热力学与动力学诊断，并支持海冰多尺度动力和形变过程分析，提高了海冰模式对线性动力学结构的模拟能力。

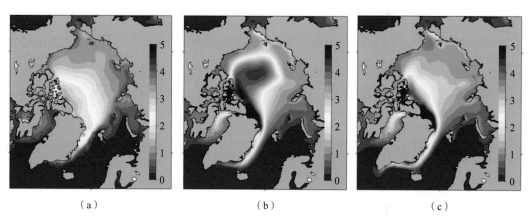

（a）　　　　　　　　　　（b）　　　　　　　　　　（c）

图2-7　北极海冰厚度空间分布（单位：m）。（a）：观测结果；（b）：原模式模拟结果；
（c）：采用新参数化方案的模拟结果

目前，新研发的海冰模式参数化方案已分别应用于中国科学院和南京信息工程大学的地球系统模式中，对模拟结果的分析显示，模式模拟的海冰时空变化规律及量级与观测更为吻合，同时耦合新海冰模式的两个地球系统模式模拟的主要海冰变量不确定性显著降低，如模拟的1980—2014年3月和9月北极平均海冰厚度的不确定性降低40%以上。然而，模式模拟的海冰密集度、海冰厚度等变量在空间分布及时间变化上与观测相比仍存在一定偏差。因此，还需要通过对模式模拟数据的评估，以及对模式模拟偏差的原因深入分析，同时依赖最新的北极观测数据（特别是MOSAiC计划），发展新的适用于北极海冰多尺度变化的参数化方案，以进一步提高对北极海冰的模拟和预测能力。

2.3.2 北极海冰同化预报技术及其应用

北极海冰快速变化对地球系统产生了深刻的影响，也提升了北极航道的适航性。为满足日益增加的北极科学考察、商业航运活动等对海冰冰情预报保障的需求，迫切需要通过结合现有观测和数值模式可靠地模拟和预测北极海冰状况。资料同化可通过同化观测信息来改进模式状态估计，并且可以在模式积分过程中通过不断同化新的观测信息来约束模式状态，故而可有效改进海冰模拟和预测精度。然而，长期以来，受制于有限的海冰厚度观测数据，国际上的海冰资料同化研究主要集中在海冰密集度领域，而对海冰厚度的模拟和预测精度严重不足。我国学者利用集合卡尔曼滤波方法，通过同化多源海冰−海洋卫星遥感观测数据，显著提高了对北极海冰的模拟和预测能力。

在海冰模拟方面，Yang等（2014）利用局地奇异值演化插值卡尔曼滤波方法将国际上新近发布的土壤湿度和海洋盐度卫星（Soil Moisture and Ocean Salinity，SMOS）北极卫星遥感冰厚逐日数据同化到麻省理工学院全球气候模式（Global Climate Model of Massachusetts Institute of Technology，MITgcm）中，显著改进了对北极冷季海冰厚度的模拟。针对夏季海冰厚度卫星遥感资料欠缺的情况，Yang等（2015）开展了旨在改进夏季海冰厚度模拟的海冰密集度资料同化研究，通过利用夏季海冰密集度与厚度之间的热力学正相关关系，以及通过真实的集合大气强迫方案动态考虑大气模式的不确定性及其演变，改进了对夏季北极海冰厚度的模拟。在此基础上，Mu等（2018a，2018b）实现了对专用传感器微波成像仪/探测仪（Special Sensor Microwave Imager/Sounder，SSMI/S）海冰密集度与第二代冰冻圈卫星（CRYOsphere SATellite-2，CryoSat-2）和SMOS卫星冰厚数据的协同资料同化，并发展了具有较高精度水平、覆盖海冰冻结期和融化期的北极海冰再分析数据集（Combined Model and Satellite Thickness，CMST）。Lyu等（2021，2023）利用MITgcm海冰−海洋耦合模式及其伴随模型，通过四维变分协同同化北极海洋−海冰观测数据，较好地重建了北极海洋及海冰的时空变化。

在以上海冰集合资料同化研究基础上，研制了北极海冰短期预报系统（Arctic

Ice Ocean Prediction System，ArcIOPS），所发布的海冰预报产品为我国2017年夏季北极考察"雪龙"号成功穿越中央航道提供了可靠的海冰预报服务（Mu et al.,2019）。Liang等（2019）进一步改进了海表面温度观测数据的同化方案，提高了该系统对上层海洋温度、边缘冰区海冰密集度和厚度的模拟能力，形成了升级版的ArcIOPS v1.1。为满足更长时间尺度的北极海冰预测需求，Yang等（2019）设计并发展了基于时间滞后方法的海冰中长期预测系统（Sea Ice Seasonal Prediction System，SISPS），合理考虑了初始场和大气强迫的不确定性，后报试验的预测精度高于美国国家环境预报中心（National Center for Environmental Prediction，NCEP）的第二代气候预报系统（Climate Forecast System Version 2，CFSv2）海冰业务预测产品（图2-8）。

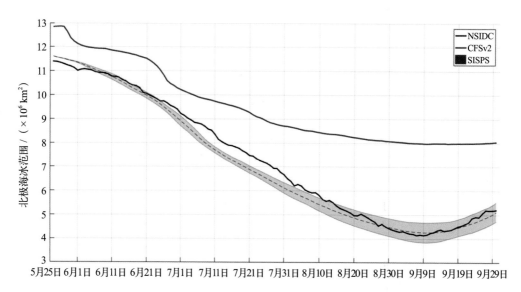

图2-8　2016年5月25日至9月30日，基于美国国家冰雪数据中心（NSIDC）卫星观测、CFSv2预测及SISPS预测的北极海冰范围演变（改自Yang et al., 2019）

由于缺乏可靠的夏季海冰厚度卫星遥感数据，以上研究都未同化夏季冰厚卫星数据。随着CryoSat-2的2022年度全季节海冰厚度卫星遥感数据的发布，北极海冰厚度资料同化和数值预测研究也迎来了重要机遇。Min等（2023a）使用集合资料同化系统和分析增量更新（Incremental Analysis Update，IAU）方案，成功实现了CryoSat-2北极夏季冰厚卫星遥感数据的合理同化。其发展的IAU方案克服了冰厚观测信息不连续带来的同化增量"异常波动"问题,有效改善了CryoSat-2夏季冰厚在海冰发生显著动力形变区域的低估问题和CMST海冰再分析数据在以上区域的高估问题(图2-9)。

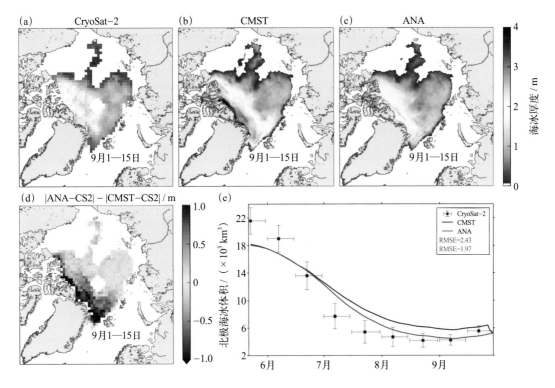

图2-9　(a)至(c):基于CryoSat-2卫星遥感数据、CMST海冰再分析数据以及同化夏季冰厚和密度卫星遥感数据的冰厚分析场(ANalysis field,ANA)的2016年9月1日至15日的北极海冰厚度空间分布;(d):|ANA-CS2|和|CMST-CS2|的差异场,负值表明同化CryoSat-2冰厚遥感数据带来的改进;(e):夏季海冰体积随时间的变化,其中黑色竖线代表了CryoSat-2的不确定性,黑色横线则是CryoSat-2数据的时间跨度。CMST和ANA相对于观测值的均方根误差(RMSE)分别用紫色和绿色表示(改自Min et al., 2023a)

我国科研人员在基于大气-海冰-海洋全耦合模式的海冰资料同化和预测上也取得了重要进展。Chen等(2017)在气候系统模式CFSv2中同化了SSMI/S海冰密集度、CryoSat-2和SMOS海冰厚度资料,显著降低了海冰模式预测误差,并通过独立的冰桥观测数据验证了同化结果的可靠性。Yang等(2020,2022)在新研制的北极区域全耦合模式(Coupled Arctic Prediction System,CAPS)中同化了卫星观测的SSMI/S海冰密集度、CryoSat-2和SMOS海冰厚度数据,显著改善了对北极夏季海冰的预测能力。Ren等（2021b）利用国产耦合器C-Coupler2研制了北极区域大气-海洋-海冰全耦合模式（Arctic Ice Ocean Atmosphere Model，ArcIOAM），结合海冰密集度、海冰厚度和海表温度的资料同化技术，实现了3个月尺度的北极海冰有效预测。Shu等（2021a）实现了对海洋和海冰数据的协同同化，研发建立了自主的北极海冰气候预测系统，提高了对次季节-季节尺度北极海冰的模拟和预测水平。Liu等（2023）发现，灵活全球海洋-大气-陆地系统有限体积二代版本模式（Flexible Global Ocean-Atmosphere-Land System，Finite-Volume version 2，FGOALS-f2）次季节-季节气候预测系统对北极海冰范围异常具有相对较高的预测技巧。

现场和卫星遥感观测数据是海冰预报模式或大气-海洋-海冰全耦合模式资料同化的重要基础。一方面，观测数据资源的进一步丰富能有效提高数值模式的同化效果；另一方面，面向北极航道和科学考察应用服务的海冰预报模式向高精度和精细化发展亟须高分辨率及高频次的大气、海冰和海洋多参数的卫星遥感、现场和浮标观测数据的支持。亚千米尺度的北极海冰关键参数持续观测数据的缺失是制约海冰数值模式发展和预报能力提升的重要因素。

2.3.3　北极海冰与航道适航性变化预估

准确预测北极海冰和北极航道适航性的变化趋势具有重要意义。我国学者针对北极夏季可能出现的"无冰"现象开展了预测研究，并系统性地评估了北极航道的历史通航能力，预估了不同温室气体排放情景下北极航道的未来通航潜力。

海冰再分析数据和气候模式的发展为评估和预估北极航道的适航性变化提供了数据支撑。当前北极航运活动主要集中于北极东北航道，为量化评估其适航性的长期变化规律，Min等（2023b）利用长时间的华盛顿大学泛北极海冰-海洋模拟和同化系统（Pan-Arctic Ice-Ocean Modeling and Assimilation System，PIOMAS）海冰再分析数据集，量化分析了1979—2020年东北航道的适航性变化。该研究发现，尽管东北航道的通航窗口期存在较大的年际和年代际变化，但就总体趋势而言，东北航道的适航期呈现"金字塔"式稳定加长趋势，并指出东西伯利亚海和拉普捷夫海是影响航道开通的关键海区。Cao等（2022）利用美国国家冰雪数据中心（National

Snow and Ice Data Center，NSIDC）发布的逐日海冰密集度数据和经过CS2SMOS（CryoSat–2和SMOS融合产品）卫星厚度数据标定的逐日PIOMAS海冰厚度数据，对OW型、PC6级与PC4级3种类型船舶1979—2019年在北极各航道通航潜力的变化规律进行了评估，发现普通商船在北极东北航道和西北航道的适航窗口期从20世纪80年代的10天左右分别延长到了21世纪第二个十年的（92±15）天和（77±17）天。

　　近年来，针对北极未来可能会出现"无冰"现象的预估成为研究热点，但以往研究以及IPCC评估报告中通常忽略了气候系统的不稳定特性。Shen等（2023）采用时变涌现约束法，将模拟的海冰范围与预估的海冰范围联系起来，并考虑了气候系统的潜在变化，更加合理地预估了未来的海冰范围，发现在SSP3-7.0和SSP5-8.5排放情景下，北极出现夏季无冰现象（<10^6 km^2）的"可能区间"将出现于2041—2071年和2037—2066年。在非常高排放情景下（SSP5-8.5），经过约束后北极"可能"出现（>66%的概率）夏季无冰的时间比原来提前了27年；在中等排放情景下（SSP2-4.5），"可能"出现夏季无冰的年份为2080年，但在低排放情景下（SSP1-2.6），北极21世纪出现夏季无冰的概率小于30%。

　　相应地，随着未来北极海冰持续减少，北极航道的适航性将进一步提升。Chen等（2020，2021）利用CMIP6气候模式北极海冰数据，预估了不同气候增暖背景下未来北极海冰与北极航道适航性的变化。Wei等（2020）利用 PIOMAS海冰再分析数据对16个CMIP6模式海冰预测数据进行校正，并进一步开展了北极航道通航能力预估研究，指出在SSP1-2.6、SSP2-4.5和SSP5-8.5排放情景下，北极中央航道对于PC6级船只的通航概率从2021—2035年的约6.7%、4.2%和2.1%增加到2086—2100年的14.7%、29.2%和67.5%。Min等（2022）进一步对CMIP6模式优选，利用高时间分辨率海冰模式数据，集合预估了不同气候增暖背景下北极航道的可通航性。该研究识别了影响北极航道开通与否和航行安全的关键海区，并发现即使是在低排放情景下（SSP1-2.6），对于普通商船（OW型）和具备PC6破冰等级的商船来说，北极航道的可通航性也将显著增加。在极端温室气体排放情景下（SSP5-8.5），当全球年代际平均表面气温相较于工业革命前（1850—1900年）异常达到+3.6℃时，即使没有破冰船协助，PC6级商船也能够在21世纪70年代实现全年通航（图2-10）。

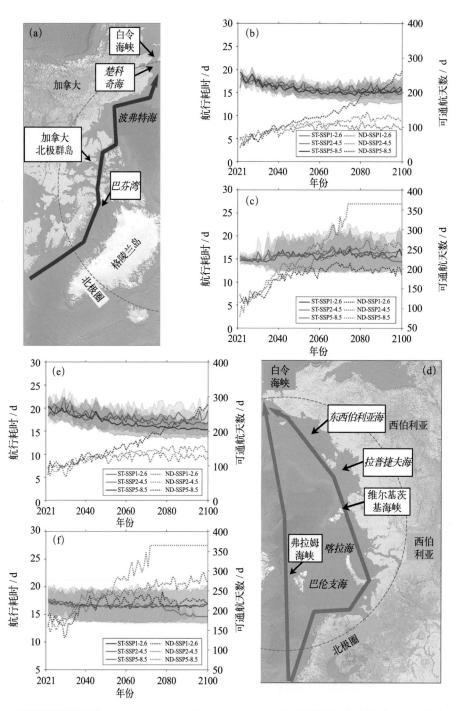

图2-10　不同排放情景下（SSP1-2.6、SSP2-4.5和SSP5-8.5），北极西北航道、中央航道和东北航道上的年平均航行耗时和年累计可通航天数的未来预估（改自Min et al., 2022）

以上航道适航性变化研究表明，随着北极海冰的快速减少，北极航道的历史通航能力和未来通航潜力均显著改善。除海冰外，其他海洋环境要素，特别是能见度、破冰船的服务成本、基础设施建设投资、生活物资补给和地缘政治等因素，也会对北极航道的开发和利用产生影响，因此需要在未来研究中纳入考量，以完善对北极航道适航性变化趋势的评估。

2.4 北极生物地球化学循环过程

北极地区是当前全球气候快速变化下响应最敏感的区域，海表和地表升温、海冰快速消退与冻土层融化，正在重塑该地区的物质能量循环及其生物地球化学过程，并对整个海洋生态环境和生态系统结构造成显著影响。然而，目前对北极气溶胶气候效应和环境污染物源/汇格局的研究仍然十分匮乏，对北极快速变化背景下生源要素循环的变化以及生物泵过程对北极碳汇的影响等科学问题尚不清楚。近10年来，我国学者在北极生物地球化学循环过程方面开展了深入研究，聚焦北极快速变化背景下气溶胶的来源、转化及其气候效应，环境污染物的生物地球化学循环，生源要素循环对北极快速变化的响应，以及生物泵过程对北极海洋碳汇的调控机制，并取得了系列成果。

2.4.1 北极气溶胶的来源、转化及其气候效应

北极气溶胶对北极气候有着重要的调控作用，一方面可以在大气的不同高度反射、散射或者吸收太阳辐射，改变地表的能量收支；另一方面，通过生成云凝结核或冰核驱动低层混合相云形成，继而引起长波温室效应。此外，气溶胶沉降通过改变北极地区的冰雪反照率，会进一步影响地表能量收支，影响积雪、海冰和格陵兰冰盖的物质平衡。然而，目前大尺度模式对北极气溶胶气候效应的评估仍存在很大的不确定性，其主要原因是对北极气溶胶的组分、理化性质、来源及大气物理化学过程仍缺乏足够的了解。

鉴于当前北极气溶胶观测研究的前沿性与稀缺性，我国学者开展了大量船基走航观测及站点观测，对北冰洋大气气溶胶的理化性质、来源、转化等方面进行了深入研究。在典型海洋生源气溶胶及其前体物方面，揭示了区域大气传输导致的反应物浓度及气象条件差异会影响北极楚科奇海海域生源气溶胶甲基磺酸（Methanesulfonic Acid，MSA）的转化效率（图2-11），强调了人为源与自然过程交互作用对北极生源气溶胶二次生成过程的重要影响（Jiang et al., 2023）。发现加拿大海盆的贫营养盐会抑制海冰消融后的初级生产力，导致表层海水生源气溶胶前体物二甲基硫（Dimethyl Sulfide，DMS）浓度在海冰消退后仍持续保持低值（Zhang et al., 2021b）。在海盐气溶胶方面，揭示了北极大气海盐气溶胶10年时空变化特征及关键影响因素，海-气温差对海盐气溶胶的空间分布差异影响显著（Jiang et al., 2021）。在气溶胶形貌方面，发现北极斯瓦尔巴群岛地区夏季大气有机组分会显著影响细硫酸盐气溶胶的混合状态，继而影响其光学性质及吸湿性，从而影响表面辐射平衡（Yu et al., 2019）。在生物质燃烧排放气溶胶方面，揭示了北冰洋生物质燃烧排放气溶胶2010—2018年的多年变化特征及其影响因素，其在大气层顶和大气中可能存在增温效应，而在地面则可能导致降温（Chen et al., 2023a）。

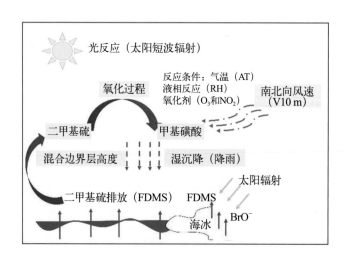

图2-11　区域传输对北冰洋甲基磺酸转化的影响（改自 Jiang et al., 2023）

此外，发现以北半球生物质燃烧排放为主要来源的棕碳气溶胶在北极夏季的气候增暖效应可以达到黑碳气溶胶的30%，成为影响北极气候变化不可忽略的因素

（Yue et al.，2022）。在气溶胶同位素研究方面，基于氧同位素约束量化评估了不同反应途径对北冰洋硫酸盐气溶胶生成的贡献，发现过氧化氢氧化是夏季北冰洋硫酸盐的主要生成途径，其贡献率为37%～66%（He et al.，2022）。基于碳同位素揭示了北冰洋碳质气溶胶的主要来源，发现海洋新鲜碳库对大气气溶胶碳质组分具有重要贡献，增进了对海洋碳质气溶胶来源的认识（Gu et al.，2023）。基于气溶胶硝酸盐氧同位素分析揭示了北极冰区氢氧及过氧自由基对大气氮化学过程的重要影响（Zhang et al.，2023c）。

大气气溶胶是当前计算地表太阳辐射能量收支，以及预测未来气候变化中不确定性最大的因素之一。北极地区是全球温室效应的敏感地区，深入了解北极大气气溶胶的气候效应对进一步应对北极快速变化具有十分重要的意义。由于不同气溶胶组分的反射、散射、吸收太阳辐射能力，以及进一步生长为云凝结核、冰核的能力差异较大，因此未来进一步了解北极不同气溶胶组分的理化特征、来源和转化机制是准确评估其气候效应的基础，继而为准确评估北极气溶胶的辐射强迫提供关键基础数据与约束条件。

2.4.2　北极快速变化背景下环境污染物的生物地球化学循环

北极是北半球环境污染物汞及持久性有机污染物（Persistent Organic Pollutants，POPs）输入的重要汇区，也是污染物暴露的敏感区域。近几十年来，受全球温室效应的影响，北极地区的增暖幅度显著快于全球平均水平，导致北极环境的快速变化，包括北极海冰覆盖面积的大幅度减小以及海冰厚度、降水形式、海洋洋流和风场的变化等，对北极地区污染物的区域传输、海-气交换、沉降及转化等过程具有重要的影响。但当前对北极快速变化背景下环境污染物在北冰洋的生物地球化学循环过程现状仍然缺乏了解，继而严重制约了我们对北极污染物生态环境风险的评估。

为进一步了解北极快速变化背景下环境污染物在北冰洋的生物地球化学循环过程，我国学者在北冰洋针对汞、POPs等污染物开展了系列船基走航观测及沿岸站点观测。在汞污染研究方面，针对研究领域关注的夏季北极大气汞峰值这一特殊汞季节演化现象，依托MOSAiC计划的现场观测并结合模型模拟，分析了北冰洋中央区夏季大气汞的来源（图2-12）。发现海洋汞排放的贡献超过52%，是影响北冰洋中央区夏季大气汞变化的主导因素。夏季海洋汞排放主要发生在海冰边缘区，其排放通量超过开阔水域的2倍。综合多学科观测数据，发现夏季冰雪融水导致的海冰边缘区海表二价汞的高输入量、高初级生产力及光照导致的二价汞高还原能力，以及海冰融化和融冰水层的混合导致海-气交换过程增强等机制共同驱动了夏季海冰边缘区汞释放的显著升高，成为驱动北极夏季大气汞峰值现象的关键机制。基于观测事实和释放机制，研究预测在北极快速变化背景下，未来海冰边缘区的汞排放将进一步增强（Yue et al., 2023）。在POPs污染研究方面，发现1994—2018年北极大气新型有机磷酸酯污染物浓度显著升高（超过20倍），并揭示了其可以通过大气有机亚磷酸酯抗氧化剂和臭氧反应的二次过程生成，因此制定环境法规时需要重点考虑污染物的化学转化（Liu et al., 2023）。探究了海洋输运在北冰洋半挥发性POPs的归宿中所起的作用，发现洋流对多环芳烃（Polycyclic Aromatic Hydrocarbons，PAHs）向北冰洋输送的贡献有限（Liu et al., 2022a）。揭示了海洋排放是北极大气溶解有机氯农药（Organochlorine Pesticides，OCPs）最重要的来源，并且会反馈影响到北半球中低纬度地区（Zheng et al., 2020）。对北极海洋食物链的多溴联苯醚及其类似物的评估显示，甲基化、羟基化多溴联苯醚类似物在北极分别呈现生物放大及稀释效应（Sun et al., 2020）。基于模拟研究发现，区域贸易和工业迁移显著降低了北极大气苯并芘的含量及沉降量，"由北向南"的产业转移可使北极地区与贸易有关的苯并芘污染减少60%（Lian et al., 2022）。

《2021年北极监测与评估计划汞评估》报告（AMAP，2021）显示，外部地区的污染传输汇入使得北极地区在过去150年内环境汞浓度水平升高近10倍。生活在北极圈附近地区的居民是全球汞暴露水平最高的人群之一。而较长的北极圈食物链所导致的生物富集放大机制使北极部分野生动物也具有很高的污染暴露风险。近几十年来，全球变暖导致的北极快速变化使海冰、水文、气象等环境条件发生了不同程度的改变。这些变化对北极环境污染物的生物地球化学循环过程及其环境效应有怎样的影响仍不清楚，因此成为环境及地球科学研究的前沿领域，未来仍需开展进一步研究。

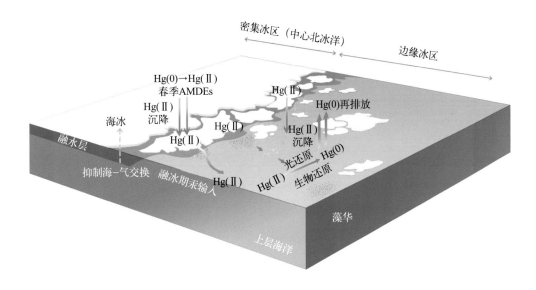

图2-12　北极海冰边缘区汞排放的驱动机制（改自 Yue et al., 2023）

2.4.3　北冰洋生源要素及碳循环对北极快速变化的响应

碳、氮、磷、硅等生源元素是生态系统变化对气候变化响应和反馈的中间环节，起着承上启下的作用，对于预测北极生态系统和生物资源的演变具有重要意义。全球变暖背景下，北太平洋入流水和淡水输入增加，深刻影响了西北冰洋营养盐结构和生物地球化学循环。由于缺乏长期连续观测数据，目前对北冰洋生源要素及碳循环对北极快速变化响应的认知仍然十分薄弱。

基于1994—2010年北冰洋长断面调查结果，我国学者系统分析了这期间夏季西北冰洋从边缘海到深海海盆上层海洋（300 m以浅）溶解无机碳和文石型碳酸钙饱和度的分布与年代际变化，揭示了北冰洋次表层大范围的碳输运及酸化水体扩张现象，酸化水体在断面上所占的比例从1994年的5%上升到了2010年的31%。北冰洋海冰快速融化以及海洋和大气环流的异常，共同影响了太平洋冬季水增加（图2-13），是北冰洋酸化水快速扩张的主要驱动要素（Qi et al., 2017）。通过集成北冰洋海表近 30 年的船基观测无机碳数据，揭示了北冰洋海表正在发生快速酸化的事实，量化出北冰洋的酸化速率居全球大洋首位，并创新性地提出了"融冰驱动人为二氧化碳酸化加剧"机理，从年代际时空尺度上量化模拟了海冰融化放大北冰洋二氧化碳吸收和酸化过程（Qi et al., 2022）。

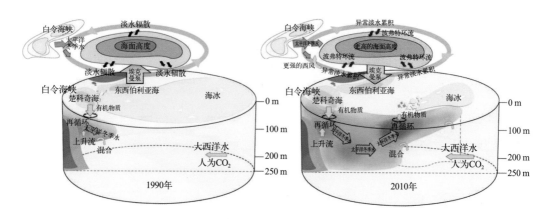

图2-13　1994—2010年西北冰洋环境及气候变化驱动富含碳的酸化水扩张示意图（改自Qi et al., 2017）

利用观测数据和数值模拟相结合的方法，我国学者对1987—2016年西北冰洋海盆表层水体中的硝酸盐和磷酸盐进行了系统研究，揭示了西北冰洋贫营养化的长期变化趋势。研究发现，在过去30年里，西北冰洋海盆表层水体中的硝酸盐和磷酸盐平均浓度分别下降了79%和29%。西北冰洋贫营养化的长期趋势主要是由海冰消退的复合效应驱动，也就是次表层水体营养盐向上供应减弱以及营养盐的生物吸收增强所产生的影响（Zhuang et al., 2021a）。另外，西北冰洋表现为硝酸盐亏损，但其年代际趋势和导致氮亏损的机制尚不清楚。为了研究超过10 μmol/kg 的极端硝酸盐亏损的变化及其调控机制，我国学者检验了1994—2018年沿白令海、白令海-楚科奇陆架和西北冰洋重复断面的营养盐示踪参数的分布。结果表明，在过去20年里，极端硝酸盐亏损已经扩展到更深的水体和更北的区域，这与西北冰洋中的太平洋水扩张相吻合。次表层营养盐储量似乎有所增加，但伴随着更大的硝酸盐亏损，这可能是陆架反硝化作用增强导致的。2012—2018年，陆架反硝化造成的硝酸盐损失（ΔN）估计为（7.3 ± 0.1）μmol/kg，比1994年高出约 10%。这表明在北极气候和环境变化下，北冰洋边缘海陆架上的反硝化有所增强（Zhuang et al., 2020a，2022）。

氮是西北冰洋生态系统最主要的限制性生源要素，白令海-楚科奇海沉积反硝化可能加剧西北冰洋的氮限制。我国学者研究了楚科奇海的营养盐分布格局、浮游植物吸收利用和垂向输出等生物地球化学过程，揭示了海洋生物泵对西北冰洋氮亏损的调控作用。这项成果表明，在北冰洋发生快速变化的背景下，加强的生物泵作用将会进一步影响北冰洋的营养盐动力学和生物地球化学过程。当考虑北冰洋氮亏损问题时，不能仅归因于沉积反硝化作用，也应考虑海洋生物泵过程的贡献（Li et al., 2022）。

加拿大海盆次表层存在巨大的生源要素储库，在北极气候快速变化下，该储库可能成为海盆生物地球化学循环重要的潜在物质基础。我国学者基于2010—2016年中国北极科学考察和1990—2015年全球海洋数据分析项目在加拿大海盆采集的理化数据，估算了海盆次表层营养盐、溶解无机碳、溶解无机氮储库的储量和主要收支（Zhang et al., 2023b）。次表层营养盐储库在过去25年间增加了约35%。次表层的物理过程（如入流水和出流水）是无机氮储库大小的主要调控因素，生物地球化学过程（如颗粒物沉降和再矿化过程等）是次要调控因素（图2-14）。亚硝酸盐是海洋氮循环的关键中间体，但极地海洋的亚硝酸盐研究此前尚未见报道。我国学者研究了亚硝酸盐及其双同位素组成特征，揭示了北极/亚北极海域初级亚硝酸盐极大值层的形成机制。研究结果表明，北极和亚北极海域初级亚硝酸盐极大值层的形成主要受控于氨氧化过程，而亚硝酸盐氧化在亚硝酸盐迁出路径中起着重要作用（Chen et al., 2022）。

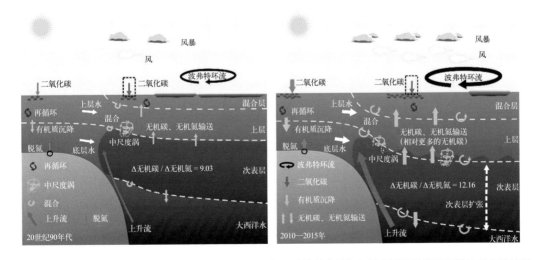

图2-14　20世纪90年代与2010—2015年加拿大海盆（与上游楚科奇陆架）的水层结构以及生物地球化学过程
（改自Zhang et al., 2023b）

2.4.4 生物泵过程对北极海洋碳汇的调控机制

海洋生物泵，因其能够控制和调节碳收支进而影响全球气候受到广泛关注。北极海洋对大气二氧化碳的调节作用不仅取决于生物泵的强度，而且还与生物泵的结构有关。不同浮游植物类型的生物泵作用对大气二氧化碳的调节效应不同。因此上层海洋生物泵过程的变化将极大影响北极碳汇效应。

我国学者利用生物标志物光合色素，探讨了上层生物泵过程对北极海冰消退的响应。发现在楚科奇陆架，太平洋水流主要通过营养盐浓度控制叶绿素a生物量和浮游植物群落。富含营养盐的阿纳德尔水和白令海陆架水控制区域具有高叶绿素a水平和以硅藻为主的群落结构。阿拉斯加沿岸水这样的低营养盐区域，叶绿素a生物量低，以微型和纳米浮游植物为主。陆架外区域海冰覆盖会影响水体的物理性质和营养盐浓度，进而对浮游植物群落结构产生更大的影响（Jin et al., 2017）。研究发现无机氮可利用性控制了无冰季节陆架区次表层叶绿素极大层（Subsurface Chlorophyll Maxima，SCM）浮游植物生物量，观测发现尽管SCM薄层只有数米至十数米，但贡献了水柱约50%的叶绿素a生物量，在高生物量区贡献率超过了70%。大粒径硅藻是楚科奇陆架南部和楚科奇陆架北部生物量的主要组成（>90%），因其具有更高效的食物链传输效率，使楚科奇陆架南部和北部成为陆架区生态系统食物链和碳埋藏的热点区域（Zhuang et al., 2020b）。基于2008—2016年西北冰洋重复断面的光合色素数据，发现太平洋暖水的向极输送可能强化楚科奇海台区浮游植物小型化趋势（图2-15）。楚科奇海浮游植物生物量对暖水呈负响应，陆架区受暖水影响的区域其生物量明显低于陆架区的平均水平，而在北冰洋则对暖水呈正响应，北冰洋暖水中的生物量则相对更高（Zhuang et al., 2021b）。

在此基础上，我国学者利用白令海和楚科奇海采集的颗粒物和沉积物样品，分析了其中的海冰和浮游植物生物标志物。研究发现在白令海和西北冰洋，浮游植物有机碳相对于海冰有机碳的比例随纬度增加逐渐减小，强调了太平洋入流通过热量和营养盐输送对位于海冰边缘区的楚科奇海中部陆架的当地环境变化和初级生产产生的影响（Bai et al., 2024）。同时，结合总有机质指标，探讨了分子生物标志物在陆地径流影响下作为海洋环境指标的可靠性，重建了楚科奇海自工业革命以来海冰演变历史及沉积有机碳对海冰变化的动态响应。自20世纪80年代以来，海冰加速消退带来了初级生产的快速增长，冰源和海源有机碳逐渐接近甚至超过了陆源组分（Bai et al., 2022; Su et al., 2022, 2023）。

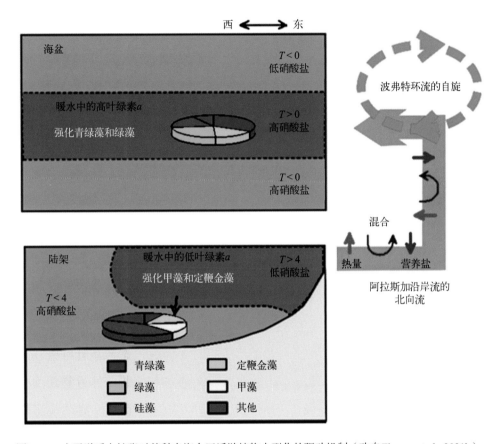

图2-15　太平洋暖水扩张对楚科奇海台区浮游植物小型化的驱动机制（改自Zhuang et al., 2021b）

为刻画生物泵的季节性和年际变化，我国学者利用2008年中国第3次北极科学考察在西北冰洋布放的沉积物捕获器采集的沉降颗粒物，研究了该区域颗粒有机碳通量变化规律及影响因素，探讨了海冰、陆源及浮游植物标志物的季节性与年际变化（Bai et al., 2019）。在此基础上，通过分析硅藻和其他硅质浮游生物（硅鞭藻、硅质甲藻和金藻孢囊）的种群结构和季节性变化，揭示了该区域硅藻年际变化机制，指出在楚科奇海台沉降硅藻通量的年际变化主要受波弗特环流、太平洋入流水和海冰分布情况影响（Ren et al., 2020，2021a）。

2.5　北极海冰消退对中纬度天气和气候的影响

北极增暖和海冰消退不仅对北极地区的生态环境产生深远影响，而且还会通过复杂的反馈和相互作用过程，对北极以外区域的环境、天气事件和气候变率产生重要影响。近10年来，我国学者在北极影响东亚中纬度天气气候方面取得了以下重要研究进展：①研究了夏季北极大气环流变率的特征，指出其在调节北极海冰对东亚冬季风变率中起重要作用；②揭示了冬季北极-东亚气候系统的联系机制，阐释了其与北极海冰消融的潜在关系；③阐明了夏季东亚区域高温热浪事件与北极冷异常的动力联系；④发现了北极-中纬度气候联系间歇性和不确定性的成因。这些新发现不仅对我们认识和理解北极海-冰-气相互过程及其对东亚天气气候的影响有着重要科学意义，而且对服务我国提高灾害性天气的预警能力更具现实意义。

2.5.1　夏季北极大气环流调节北极海冰对东亚冬季风变率的影响

夏季北极大气环流的热力和动力异常不仅影响同期的北极海冰，而且可以调节北极海冰异常偏少的滞后影响（Wu et al., 2012; Wu et al., 2016, 2017a; Yu et al., 2023）。当夏季北极偶极子风场模态处于负位相时（即反气旋风场异常覆盖了北冰洋），不仅在动力学上有利于北极海冰融化，还会通过与北极海冰异常偏少的共同作用，导致东亚冬季风异常偏强。一系列北极海冰强迫的数值模拟试验清楚地证明，在北极海冰异常偏少条件下，夏季北极大气环流状态强烈影响北极海冰对冬季极端严寒和气候变率影响效果（Wu et al., 2016, 2017a; Yu et al., 2023）。因此，夏季北极大气环流异常状态也是引起北极海冰影响呈现不确定性的原因之一。这些研究结果对于东亚冬季风短期气候趋势预测，包括对极端严寒天气的前景预判，均有重要现实意义。

2.5.2　北极海冰消退影响冬季北极-中纬度联系强弱的交替变化

近20年来，诸多研究重点关注了北极增暖以及北极海冰消退对欧亚大陆冷冬

（或暖北极–冷欧亚）、冬季降温趋势以及极端严寒事件的影响（Cai et al., 2022; Luo et al., 2019; Xiu et al., 2022）。考虑到北极海冰影响的复杂性以及大气内部变率的突出作用，北极海冰消退影响上述现象的程度和机理仍有很大分歧。在上述背景下，我国学者揭示了冬季北极–中纬度联系强弱阶段性变化的新特征，特别是自2012年以来，北极关键海域巴伦支海–喀拉海海冰异常偏少与东亚中纬度气温之间的关系明显减弱，其背后的形成机制是过去已有研究所无法解释的。

在年际变化时间尺度上，从20世纪80年代后期（1986年）至21世纪初期（2003年），冬季西伯利亚高压强度总体偏弱，对应我国暖冬频繁出现；2004—2012年，冬季西伯利亚高压强度频繁转变为正常偏强，对应强东亚冬季风频繁出现（Wu et al., 2015，参见该文中图3）。因此，东亚中纬度区域冬季大气环流呈现明显的阶段性变化特征。北极1 000～500 hPa大气厚度变率显示，1979/1980至2003/2004年冬季北极对流层中低层温度偏低，而此后（2004/2005至2015/2016年冬季）则转变为偏暖阶段，这期间除2013/2014至2014/2015年两个冬季东亚为暖冬外，强东亚冬季风频繁出现（Wu，2017b，参见该文中图1）。Xu等（2019）认为，冬季巴伦支海–喀拉海表层增暖与西伯利亚高压之间关系有明显的阶段性变化特征：1979—1996（1997—2017）年冬季北极增暖与西伯利亚高压联系偏弱（偏强）。该研究认为，在1997—2017年冬季，当巴伦支海–喀拉海表面气温异常偏高时，西伯利亚高压加强西伸，东亚急流加强西伸，北极对流层中上层增暖是北极与中纬度加强联系的重要原因。上述研究清楚地说明，已有的关于北极–中纬度联系的研究，都是从气候系统自身的年代际变化着手，而不是从它们之间关系的阶段性演变着手。因此，这些研究并没有如实地反映北极–中纬度联系的阶段性变化特征。

近期研究表明，冬季东亚对流层低层区域气温经历明显的阶段性变化特征（2004/2005至2012/2013年冬季，以及2013/2014至2018/2019年冬季），前一阶段呈现暖北极–冷欧亚气温分布，北极与亚洲的温度联系加强，同时，北美与北极的联系偏弱；而后一阶段则变为暖北极–暖欧亚气温空间格局，此时北极与亚洲气温的联系阶段性减弱，而北美与北极的联系却加强了（Wu et al., 2022）。这说明在北极海冰异常偏少和北极增暖依然持续的背景下，北极–中纬度区域之间联系的阶段性强弱交替出现。自2012年以来，秋季巴伦支海–喀拉海海冰密集度与东亚冬季气温的关系明显减弱，这表明北极-中纬度联系已发生了系统性改变（武炳义，2024）。

尽管冬季北极-中纬度联系减弱的机理尚不明确，但由观测的北极海冰密集度强迫数值模拟试验，可以清晰地再现北极-欧亚中纬度联系强弱阶段性变化的一些主要特征（Wu et al., 2022），包括冬季亚洲区域气温对北极海冰持续融化的响应有显著的低频振荡特征等。然而，有关北极海冰持续融化异常为什么可以产生类似北大西洋涛动正相位的阶段性大气环流异常（Wu et al., 2022，参见该文中图4），以及北极-中纬度联系的阶段性减弱机制尚不清楚。

秋季北极海冰密集度呈现不同的空间分布和振幅异常（图2-16）。第一阶段对应北极海冰偏多时期，海冰密集度正异常覆盖了大部分北冰洋及其边缘海域，几乎与第二阶段的海冰密集度异常呈现相反的空间分布，更强的海冰融化出现在第三阶段。回归分析结果表明，在前两个阶段，亚洲区域表面气温正异常，均对应前期秋季巴伦支海-喀拉海海冰的显著增加。第三阶段北极海冰与亚洲区域12月的气温关系明显减弱（与前两个阶段相比），特别是在巴伦支海-喀拉海海域，该海域秋季海冰减少反而有利于东亚12月的气温升高。秋季巴伦支海-喀拉海海冰密集度与气温的演变曲线进一步证实了这一结论。因此，非常有必要区分不同阶段，以探究北极海-冰-气系统与东亚大气环流异常的关系。

2.5.3 夏季东亚中纬度区域的高温热浪事件与北极冷异常的动力联系

围绕北极-中纬度联系的科学探索，我国学者揭示了夏季东亚中纬度区域的高温热浪事件与北极大气环流异常的动力联系，进而可能与北极海冰融化减缓存在联系（Wu et al., 2019；Francis et al., 2020）。研究发现，包括长江中下游流域的中纬度区域夏季高温热浪发生频次，与该区域对流层西风的系统性减弱有直接的联系。夏季该区域对流层西风的减弱，有利于对流层高压异常的形成，进而抑制了对流活动，有更多的太阳短波辐射加热地表，有利于形成高温热浪天气。当长江中下游流域出现高温热浪时，北极大部分区域则纬向西风加强。研究表明，夏季欧亚大陆纬向西风的系统性北移，是连接东亚中纬度区域高温热浪和北极西风加强的主要机制。在夏季季节内时间尺度上，长江流域的极端高温热浪事件与同期北极对流层西风的加强也存在直接的动力联系。

夏季北极大部分区域纬向西风的加强，对应加强的北极极涡，有利于夏季北极大部分区域大气斜压性和上升运动的加强，从而增加云量形成降水，上述变化有利

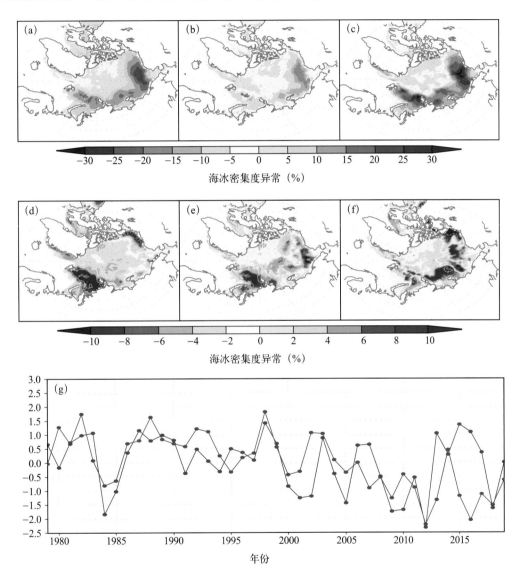

图2-16　秋季阶段性平均海冰密集度异常（相对于1979—2019年的秋季平均值）。（a）：1979—1999年；（b）：2000—2012年；（c）：2013—2019年。不同时间段秋季海冰密集度异常的空间分布，由对标准化后的12月区域平均表面气温进行回归分析得到；（d）：1979—1999年；（e）：2000—2012年；（f）：2013—2019年。绿色等值线表示海冰密集度异常在0.05置信水平。在回归分析前，北极海冰和表面气温资料均进行了去趋势计算。（g）：标准化后的区域平均表面气温（℃，蓝色）与前期巴伦支海–喀拉海海域秋季平均海冰密集度（红色）演变曲线，去掉趋势后，1979—2019（1979—2012）年的相关系数为0.37（0.59）（改自武炳义，2024）

于北极对流层出现冷却，从而可能有利于减缓夏季北极海冰的融化（Francis et al.，2020）。北极海冰强迫的数值模拟试验也表明，北极海冰融化异常可以加强夏季北极极涡和高纬度区域纬向西风，有利于北极对流层中、低层冷异常的出现（Wu et al.，2021；Wu et al.，2023）。夏季北极对流层西风的加强不仅与东亚中纬度区域的高温热浪事件发生频次有直接的动力联系，而且是预测后期东亚冬季风趋势的潜在前兆信号（Wu et al.，2019）。温室气体排放的增加导致全球增暖持续，由此引起北极海冰融化、夏季高温热浪频繁出现（Sun et al.，2014），而这两者均与夏季北极冷异常有密切的关系，进而可能减缓了夏季北极海冰的融化。这也是9月北极海冰范围在2012年达到有观测记录以来的最小值后，再也没有出现新的低值记录的可能原因。但是，夏季北极对流层冷异常如何减缓北极海冰的融化过程和机理还需要进一步深入研究。

2.5.4　北极-中纬度气候联系间歇性和不确定性的成因

关于北极-中纬度气候联系间歇性和不确定性的成因，当前学界仍存在较大争议。深入理解间歇性和不确定性的来源，给出北极海冰的定量影响，对解决当前气候领域难点问题以及中纬度气候预测至关重要。

除了上文提及的夏季北极大气状态和北极海冰的阶段性影响外，北极海冰的影响还依赖于海冰消融的季节、强度和气候背景，这也是理解北极与中纬度关联的重要角度（图2-17）。大样本多模式试验结果表明，只有中等程度的秋季海冰消融才能引发"暖北极-冷欧亚"气温模态，平流层动力过程是影响的关键物理机制；相比较，冬季海冰影响较弱，无冰时甚至会带来暖冬，这体现了北极海冰影响的非线性和季节性特征（Zhang et al.，2021c）。此外，当前对于北极-中纬度气候联系的认知仅限于现代，但从百年尺度上看，这种关联并不稳定且依赖于背景态的变化，即只有在20世纪80年代后才呈现稳健的"暖北极-冷欧亚"模态，在此之前的1945—1985年并无明显关联，1901—1945年甚至呈现"暖北极-暖欧亚"模态。这种关联的间歇性，一方面可以归因于平流层极涡以及对流层乌拉尔山阻塞高压两种路径的年代际变化（He et al.，2023），另一方面也与巴伦支海涛动、乌拉尔山阻塞、平流层极涡拉伸等高纬度气候模态的调制作用息息相关（Cai et al.，2023；Li et al.，2023；Zhang et al.，

2022a; Zou et al., 2023a; Zou et al., 2024）。

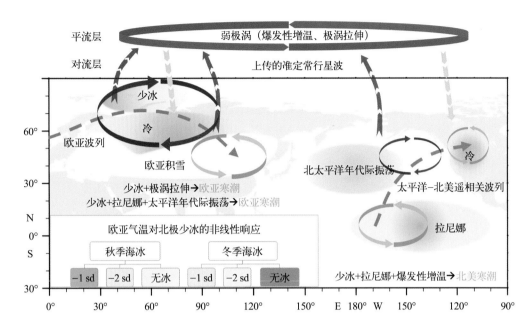

图2-17　北极-中纬度气候联系间歇性和不确定性的成因分析概念图：①北极海冰的非线性影响，依赖于海冰消融的季节和强度（Zhang et al., 2021c）；②北极海冰、北太平洋年代际振荡负相位、拉尼娜、弱极涡的协同影响（Zhang et al., 2022b, 2022c; Zou et al., 2023a）；③北极海冰与欧亚积雪协同影响（Zhang et al., 2019）。-1 sd 和-2 sd 表示海冰强迫的振幅：1倍和2倍标准差的负异常，其对应的颜色表示欧亚中纬度气温响应符号及强度。绿色、蓝色、白色阴影分别代表低温寒潮、海冰和海温条件、积雪形态

2020/2021年百年一遇的北半球极端寒潮事件的前兆信号不仅包括历史第2低的北极海冰范围记录，还有拉尼娜、北太平洋年代际振荡负相位以及平流层爆发性增温。可见，高低纬系统多因子协同作用强烈地影响了北极与中纬度的关联（图2-17）。研究发现，北极海冰范围异常低、拉尼娜、北太平洋年代际振荡负相位的协同作用导致了2020/2021年前冬欧亚中高纬地区5次寒潮事件的爆发，而北极海冰范围异常低和拉尼娜共同调制平流层爆发性增温的地面影响，进而引发了2020/2021年后冬北美的世纪寒潮，三者使北美寒潮的发生概率分别提升了约8%、17%和50%（Luo et al., 2022; Zhang et al., 2022b, 2022c; Zou et al., 2023a）。此外，欧亚积雪也在北极与中纬度气候联动中起到了关键的陆地桥作用（Zhang et al., 2019）。但是，考虑到北极与热带气候之间的相互影响和作用（Liu et al., 2022c; Luo et al., 2023），还需进一步研究高低纬系统协同作用过程和机理。

2.6 总结与展望

近10年来，我国学者在北极气候变暖放大、海冰快速减少的背景下，围绕北极海–冰–气相互作用及其气候环境效应研究，取得了一系列重要成果，观测能力、数值模拟能力以及科学认知水平都有较大提高。

围绕北极海–冰–气耦合系统演化机制和可预测性研究，揭示了北极海冰热力学和动力学过程及其与大气和海洋相互作用的新机制；刻画了北极大气边界层的结构特征及其对海冰变化的响应与反馈；阐明了波弗特流涡系统淡水库收支平衡以及冰–海之间热量和动量交换的调控机制；揭示了海洋向极热输送增加在北冰洋快速升温中的核心作用，提出了"北冰洋放大"的概念；刻画了低纬度大气向极能量和水汽输送对北极海冰消融和极端天气事件的关键作用；提出了有观测依据的参数化方案，发展了适用于北极快速变化的高分辨率海冰模式；通过同化多源海冰和海洋卫星遥感观测数据，尤其是实现了全年冰厚卫星遥感产品的同化，显著提高了对北极海冰的估算和预测能力；开展了北极"无冰年"和航道适航性长期变化趋势的预测，提出了优化预测精度的有效方法。围绕气候变暖背景下的北极生物地球化学循环过程研究，揭示了北冰洋生源气溶胶、海洋有机气溶胶和无机气溶胶及陆源气溶胶等关键组分的来源、转化特征及其影响因素；揭示了西北冰洋贫营养化及其生态效应，阐明了海洋生物泵对西北冰洋氮亏损的调控作用。围绕北极海冰消退对中纬度天气和气候的影响，指出夏季北极大气环流变率在调节北极海冰对东亚冬季风变率中起重要作用；阐释了冬季北极–东亚联系与北极海冰消融的潜在关系；阐明了夏季东亚区域高温热浪事件与北极冷异常的动力关联机制；给出了北极–中纬度关联间歇性和不确定性的来源。

然而，北冰洋冰区的到达和驻留能力、环境调查能力和认知水平的不足，制约了围绕北冰洋海–冰–气相互作用及其气候环境效应的多学科交叉和引领性成果的产出。面向北极航道利用及气候变化应对等迫在眉睫的国家需求，我们仍需要大力提升北冰洋海洋环境观测和探测能力，尤其是冬季北冰洋冰区的调查能力以及冰下海洋环境的探测能力，提升基于主导的观测断面、潜标或浮标阵列及冰下潜水器的数据获取能力，以及公共服务产品的研制能力；提升对北冰洋海–冰–气耦合系统对大气碳收支和气候变化的调节作用，对全球海洋热盐环流和生态系统以及中低纬度气候系统的作用与影响的认识；构建千米级的海冰预报能力，保障北极科学考察和航道利用。

参考文献

刘骥平, 雷瑞波, 宋米荣, 等, 2021. 适应极地快速变化海冰模式的研发与挑战[J]. 大气科学学报, 44(1): 12–25.

武炳义, 2024. 北极–中纬度联系与北极海冰变化的关系研究新进展[J]. 大气科学, 48(1):108–120. DOI: 10.3878/j.issn.1006-9895.2309.23305.

BAI Y C, SICRE M A, CHEN J F, et al., 2019. Seasonal and spatial variability of sea ice and phytoplankton biomarker flux in the Chukchi Sea (Western Arctic Ocean)[J]. Progress in Oceanography, 171: 22–37.

BAI Y C, SICRE M A, REN J, et al., 2022. Centennial-scale variability of sea-ice cover in the Chukchi Sea since AD 1850 based on biomarker reconstruction[J]. Environmental Research Letters, 17(4): 044058. DOI: 10.1088/1748-9326/ac5f92.

BAI Y C, SICRE M A, REN J, et al., 2024. Latitudinal distribution of biomarkers across the Western Arctic Ocean and the Bering Sea: an approach to assess sympagic and pelagic algal production[J]. Biogeosciences, 21: 689–709.

BIAN L G, DING M H, LIN X, et al., 2016. Structure of summer atmospheric boundary layer in the center of arctic ocean and its relation with sea ice extent change[J]. Science China Earth Sciences, 59(5): 1057–1065.

CAI Z Y, YOU Q L, CHEN H W, et al., 2022. Amplified wintertime Barents Sea warming linked to intensified Barents oscillation[J]. Environmental Research Letters, 17: 044068. https://doi.org/10.1088/1748-9326/ac5bb3.

CAI Z Y, YOU Q L, CHEN H W, et al., 2023. Interdecadal variability of the warm Arctic-cold Eurasia pattern linked to the Barents oscillation[J]. Atmospheric Research, 287: 106712. https://doi.org/10.1016/j.atmosres.2023.106712.

CAO Y F, LIANG S L, SUN L X, et al., 2022. Trans-Arctic shipping routes expanding faster than the model projections[J]. Global Environmental Change, 73: 102488.

CHEN A F, XIE Z Q, ZHAN H C, et al., 2023a. Long-term observations of Levoglucosan in Arctic aerosols reveal its biomass burning source and implication on radiative forcing[J]. Journal of Geophysical Research: Atmospheres, 128: e2022JD037597. https://doi.org/https://doi.org/10.1029/2022JD037597.

CHEN Y, LEI R B, ZHAO X, et al., 2023b. A new sea ice concentration product in the polar regions derived from the FengYun-3 MWRI sensors[J]. Earth System Science Data, 15(7): 3223–3242.

CHEN J K, KANG S C, CHEN C S, et al., 2020. Changes in sea ice and future accessibility along the Arctic Northeast Passage[J]. Global and Planetary Change, 195: 103319.

CHEN J K, KANG S C, DU W H, et al., 2021. Perspectives on future sea ice and navigability in the Arctic[J]. The Cryosphere, 15(12): 5473–5482.

CHEN Y J, CHEN M, 2022. Nitrite cycling in warming Arctic and Subarctic waters[J]. Geophysical Research Letters, 49: e2021GL096947. https://doi.org/10.1029/2021GL096947.

CHEN Z Q, LIU J P, SONG M R, et al., 2017. Impacts of assimilating satellite sea ice concentration and thickness on Arctic sea ice prediction in the NCEP Climate Forecast System[J]. Journal of Climate, 30(21): 8429–8446.

DONG Z Q, SHI L J, LIN M S, et al., 2023. Feasibility of retrieving Arctic sea ice thickness from the Chinese HY-2B Ku-band radar altimeter[J]. The Cryosphere, 17(3): 1389–1410.

DOU T F, XIAO C D, LIU J P, et al., 2021. Trends and spatial variation in rain-on-snow events over the arctic ocean during the early melt season[J]. The Cryosphere, 15(2): 883–895.

FENG T T, LIU X M, LI R X, 2023. Super-resolution-aided sea ice concentration estimation from AMSR2 images by encoder-decoder networks with atrous convolution[J]. IEEE Journal of Selected Topics in Applied Earth Observations and Remote Sensing, 16: 962–973. DOI: 10.1109/JSTARS.2022.3232533.

FRANCIS J A, WU B Y, 2020. Why has no new record-minimum Arctic sea-ice extent occurred since September 2012?[J]. Environmental Research Letters, 15(11): 114034.

GU W H, XIE Z Q, WEI Z X, et al., 2023. Marine fresh carbon pool dominates summer carbonaceous aerosols over Arctic Ocean[J]. Journal of Geophysical Research: Atmospheres, 128(8): e2022JD037692. https://doi.org/10.1029/2022JD037692.

HE P Z, ALEXANDER B, KANG H, et al., 2022. Isotopic constraints on the formation mechanisms of sulfate aerosols in the summer Arctic marine boundary layer[J]. Journal of Geophysical Research: Atmospheres, 127(7): e2022JD036601. https://doi.org/10.1029/2022JD036601.

HE X L, ZHANG R N, DING S Y, et al., 2023. Decadal changes in the linkage between autumn sea ice and the winter eurasian temperature in the 20th century[J]. Geophysical Research Letters, 50: e2023GL103851.

HUAI B J, VAN DEN BROEKE M R, REIJMER C H, 2020. Long-term surface energy balance of the western greenland ice sheet and the role of large-scale circulation variability[J]. The Cryosphere, 14(11): 4181–4199.

HUAI B J, VAN DEN BROEKE M R, REIJMER C H, et al., 2021. Quantifying rainfall in greenland: a combined observational and modelling approach[J]. Journal of Applied Meteorology and Climatology, 60(8): 1171–1188.

HUAI B J, VAN DEN BROEKE M R, REIJMER C H, et al., 2022. A daily 1-km resolution greenland rainfall climatology (1958–2020) from statistical downscaling of a regional atmospheric climate model[J]. Journal of Geophysical Research: Atmospheres, 127(17): e2022JD036688. https://doi.org/10.1029/2022JD036688.

JIANG B, XIE Z Q, LAM P K S, et al., 2021. Spatial and temporal distribution of sea salt aerosol mass concentrations in the marine boundary layer from the Arctic to the Antarctic[J]. Journal of Geophysical Research: Atmospheres, 126: e2020JD033892.

https://doi.org/10.1029/2020JD033892.

JIANG B, XIE Z Q, CHEN A F, et al., 2023. Importance of atmospheric transport on Methanesulfonic Acid (MSA) concentrations in the Arctic Ocean during summer under global warming[J]. Journal of Geophysical Research: Atmospheres, 128: e2022JD037271. https://doi.org/10.1029/2022JD037271.

JIN H Y, ZHUANG Y P, LI H L, et al., 2017. Response of phytoplankton community to different water types in the Western Arctic ocean surface water based on pigment analysis in summer 2008[J]. Acta Oceanologica Sinica, 36: 109–121. https://doi.org/10.1007/s13131-017-1033-z.

LEI R B, LI N, HEIL P, et al., 2014. Multiyear sea-ice thermal regimes and oceanic heat flux derived from an ice mass balance buoy in the Arctic Ocean[J]. Journal of Geophysical Research: Oceans, 119(1): 537–547. https://doi.org/10.1002/2012JC008731.

LEI R B, TIAN-KUNZE X S, LI B R, et al., 2017. Characterization of summer Arctic sea ice morphology in the 135°–175°W sector using multi-scale methods[J]. Cold Regions Science and Technology, 133: 108–120.

LEI R B, CHENG B, HEIL P, et al., 2018. Seasonal and interannual variations of sea ice mass balance from the central Arctic to the Greenland Sea[J]. Journal of Geophysical Research: Oceans, 123(1): 2422–2439. https://doi.org/10.1002/2017JC013548.

LEI R B, GUI D W, HEIL P, et al., 2020a. Comparisons of sea ice motion and deformation, and their responses to ice conditions and cyclonic activity in the western Arctic Ocean between two summers[J]. Cold Regions Science and Technology, 170(3): 102925. https://doi.org/10.1016/j.coldregions.2019.102925.

LEI R B, GUI D W, HUTCHINGS J K, et al., 2020b. Annual cycles of sea ice motion and deformation derived from buoy measurements in the western Arctic Ocean over two ice seasons[J]. Journal of Geophysical Research: Oceans, 125(6): e2019JC015310. https://doi.org/10.1029/2019JC015310.

LEI R B, HOPPMANN M, CHENG B, et al., 2021. Seasonal changes in sea ice kinematics and deformation in the Pacific Sector of the Arctic Ocean in 2018/19[J].

The Cryosphere, 15: 1321–1341.

LEI R B, CHENG B, HOPPMANN M, et al., 2022. Seasonality and timing of sea ice mass balance and heat fluxes in the Arctic transpolar drift during 2019–2020[J]. Elementa: Science of the Anthropocene, 10(1): 2–22. https://doi.org/10.1525/elementa.2021.000089.

LENG H L, SPALL M A, BAI X Z, 2022. Temporal evolution of a geostrophic current under sea ice: Analytical and numerical solutions[J]. Journal of Physical Oceanography, 52(6): 1191–1204. https://doi.org/10.1175/jpo-d-21-0242.1.

LI D D, ZHANG R H, HUANG J P, 2023. A pitchfork like relationship between reduced Barents Karasea ice and Ural atmospheric circulation[J]. Climate Dynamics, 61: 3453–3480.

LI H L, CHEN J F, RUIZ-PINA D, et al., 2022. Overlooked contribution of the biological pump to the Pacific Arctic nitrogen deficit[J]. Science China Earth Sciences, 65: 1477–1489.

LI J Q, PICKART R S, LIN P G, et al., 2020. The Atlantic water boundary current in the Chukchi Borderland and southern Canada Basin[J]. Journal of Geophysical Research: Oceans, 125: e2020JC016197. https://doi.org/10.1029/2020JC016197.

LI M, PICKART R S, SPALL M A, et al., 2019. Circulation of the Chukchi Sea shelfbreak and slope from moored timeseries[J]. Progress in Oceanography, 172: 14–33. https://doi.org/10.1016/j.pocean.2019.01.002.

LIAN L L, HUANG T, KE X M, et al., 2022. Globalization-driven industry relocation significantly reduces Arctic PAH contamination[J]. Environmental Science & Technology, 56: 145–154. https://doi.org/10.1021/acs.est.1c05198.

LIANG X, LOSCH M, NERGER L, et al., 2019. Using sea surface temperature observations to constrain upper ocean properties in an Arctic Sea Ice-Ocean Data Assimilation System[J]. Journal of Geophysical Research: Oceans, 124(7): 4727–4743.

LIANG Y, BI H B, HUANG H, et al., 2022. Contribution of warm and moist atmospheric flow to a record minimum July sea ice extent of the Arctic in 2020[J]. The Cryosphere, 16: 1107–1123. https://doi.org/10.5194/tc-16-1107-2022.

LIANG Y, BI H B, LEI R B, et al., 2023. Atmospheric latent energy transport pathways into the Arctic and their connections to sea ice loss during winter over the observational period[J]. Journal of Climate, 36(19): 1–37. https://doi.org/10.1175/ JCLI-D-22-0789.1.

LIN L, LEI R B, HOPPMANN M, et al., 2022. Changes in the annual sea ice freeze–thaw cycle in the Arctic Ocean from 2001 to 2018[J]. The Cryosphere, 16: 4779–4796. https://doi.org/10.5194/tc-16-4779-2022.

LIN P G, PICKART R S, HEORTON H, et al., 2023. Recent state transition of the Arctic Ocean's Beaufort Gyre[J]. Nature Geoscience, 16: 485–491. https://doi. org/10.1038/s41561-023-01184-5.

LIU A L, YANG J, BAO Q, et al., 2023a. Subseasonal-to-seasonal prediction of Arctic sea ice using a fully coupled dynamical ensemble forecast system[J]. Atmospheric Research, 295: 107014.

LIU Q F, LIU R Z, ZHANG X M, et al., 2023b. Oxidation of commercial antioxidants is driving increasing atmospheric abundance of organophosphate esters: Implication for global regulation[J]. One Earth, 6: 1202–1212. https://doi.org/10.1016/ j.oneear.2023.08.004.

LIU M Y, CAI M G, DUAN M S, et al., 2022a. PAHs in the north Atlantic Ocean and the Arctic Ocean: spatial distribution and water mass transport[J]. Journal of Geophysical Research: Oceans, 127: e2021JC018389. https://doi.org/https://doi. org/10.1029/2021JC018389.

LIU Z F, RISI C, CODRON F, et al., 2022b. Atmospheric forcing dominates winter Barents-Kara sea ice variability on interannual to decadal time scales[J]. Proceedings of the National Academy of Sciences of the United States of America, 119 (36): e2120770119. DOI: 10.1073/pnas.2120770119.

LIU J, SONG M, ZHU Z, et al., 2022c. Arctic sea-ice loss is projected to lead to more frequent strong El Niño events[J]. Nature Communications, 13: 4952. DOI:10.1038/s41467-022-32705-2.

LIU Z F, RISI C, CODRON F, et al., 2021. Acceleration of western Arctic sea ice loss linked to the Pacific North American pattern[J]. Nature Communications, 12: 1519. DOI: 10.1038/s41467-021-21830-z.

LU P, LEPPÄRANTA M, CHENG B, et al., 2018a. The color of melt ponds on Arctic sea ice[J]. The Cryosphere, 12(4): 1331–1345.

LU P, CAO X W, WANG Q K, et al., 2018b. Impact of a surface ice lid on the optical properties of melt ponds[J]. Journal of Geophysical Research: Oceans, 123(11): 8313–8328. https://doi.org/10.1029/2018JC014161.

LU Y Z, GUO S X, ZHOU S Q., et al., 2022. Identification of thermohaline sheet and its spatial structure in the Canada Basin[J]. Journal of Physical Oceanography, 52(11): 2773–2787. https://doi.org/10.1175/JPO-D-22-0012.1.

LUO B H, LUO D H, DAI A G, et al., 2022. Decadal Variability of Winter Warm Arctic-Cold Eurasia Dipole Patterns Modulated by Pacific Decadal Oscillation and Atlantic Multidecadal Oscillation[J]. Earth's Future, 10(1): e2021EF002351.

LUO B H, LUO D H, GE Y, et al., 2023. Origins of Barents-Kara sea-ice interannual variability modulated by the Atlantic pathway of El Nio–Southern Oscillation[J]. Nature Communications, 14(1): 585. DOI:10.1038/s41467-023-36136-5.

LUO D H, CHEN X D, OVERLAND J., et al., 2019. Weakened potential vorticity barrier linked to recent winter Arctic sea ice loss and midlatitude cold extremes[J]. Journal of Climate, 32(14): 4235−4261. DOI: 10.1175/JCLI-D-18-0449.1.

LYU G K, KOEHL A, SERRA N, et al., 2021. Arctic ocean–sea ice reanalysis for the period 2007–2016 using the adjoint method[J]. Quarterly Journal of the Royal Meteorological Society, 147(736): 1908–1929.

LYU G K, KOEHL A, WU X R, et al., 2023. Effects of including the adjoint sea ice rheology on estimating Arctic ocean-sea ice state[J]. Ocean Science, 19: 305–319.

MIN C, YANG Q H, CHEN D K, et al., 2022. The emerging Arctic shipping corridors[J].

Geophysical Research Letters, 49(10): e2022GL099157.

MIN C, YANG Q H, LUO H, et al., 2023a. Improving Arctic sea-ice thickness estimates with the assimilation of CryoSat-2 summer observations[J]. Ocean-Land-Atmosphere Research, 2: 0025.

MIN C, ZHOU X, LUO H, et al., 2023b. Toward quantifying the increasing accessibility of the Arctic Northeast Passage in the past four decades[J]. Advances in Atmospheric Sciences, 40(12): 2378–2390.

MU L J, YANG Q H, LOSCH M, et al., 2018a. Improving sea ice thickness estimates by assimilating CryoSat-2 and SMOS sea ice thickness data simultaneously[J]. Quarterly Journal of the Royal Meteorological Society, 144(711): 529–538.

MU L J, LOSCH M, YANG Q H, et al., 2018b. Arctic-wide sea ice thickness estimates from combining satellite remote sensing data and a dynamic ice-ocean model with data assimilation during the CryoSat-2 period[J]. Journal of Geophysical Research: Oceans, 123(11): 7763–7780.

MU L J, LIANG X, YANG Q H, et al., 2019. Arctic Ice Ocean Prediction System: evaluating sea-ice forecasts during Xuelong's first trans-Arctic Passage in summer 2017[J]. Journal of Glaciology, 65(253): 813–821.

PAN R R, SHU Q, WANG Q, et al., 2023. Future Arctic climate change in CMIP6 strikingly intensified by NEMO-family climate models[J]. Geophysical Research Letters, 50: e2022GL102077. https://doi.org/10.1029/2022GL102077.

QI D, CHEN L Q, CHEN B S, et al., 2017. Increase in acidifying water in the western Arctic Ocean[J]. Nature Climate Change, 7(3): 195–201.

QI D, OUYANG Z X, CHEN L Q, et al., 2022. Climate change drives rapid decadal acidification in the Arctic Ocean from 1994 to 2020[J]. Science, 377(6614): 1544–1550.

QIU Y J, LI X M, GUO H D, 2022. Spaceborne thermal infrared observations of Arctic sea ice leads at 30 m resolution[J]. The Cryosphere, 17: 2829–2849.

QU M, PANG X P, ZHAO X, et al., 2021. Spring leads in the Beaufort Sea and its interannual trend using Terra/MODIS thermal imagery[J]. Remote Sensing of Environment, 56(1): 112342. DOI:10.1016/j.rse.2021.112342.

REN J, CHEN J F, BAI Y C, et al., 2020. Diatom composition and fluxes over the Northwind Ridge, western Arctic Ocean: impacts of marine surface circulation and sea ice distribution[J]. Progress in Oceanography, 186: 102377. https://doi.org/10.1016/j.pocean.2020.102377.

REN J, CHEN J F, LI H L, et al., 2021a. Siliceous micro- and nanoplankton fluxes over the Northwind Ridge and their relationship to environmental conditions in the western Arctic Ocean[J]. Deep-Sea Research Part I : Oceanographic Research Papers, 174: 10356. https://doi.org/10.1016/j.dsr.2021.103568.

REN S, LIANG X, SUN Q Z, et al., 2021b. A fully coupled Arctic seaice-ocean-atmosphere model (ArcIOAM v1.0) based on C-Coupler2: model description and preliminary results[J]. Geoscientific Model Development, 14: 1101–1124.

SHEN Z L, ZHOU W, LI J X, et al., 2023. A frequent ice-free Arctic is likely to occur before the mid-21st century[J]. Npj Climate and Atmospheric Science, 6(1): 103.

SHI X X, NOTZ D, LIU J P, et al., 2021. Sensitivity of northern hemisphere climate to ice-ocean interface heat flux parameterizations[J]. Geoscientific Model Development, 14(8): 4891–4908.

SHU Q, QIAO F L, SONG Z Y, 2018. Projected freshening of the Arctic Ocean in the 21st century[J]. Journal of Geophysical Research: Oceans, 123(12): 9232–9244. DOI: 10.1029/2018JC014036.

SHU Q, QIAO F L, LIU J P, et al., 2021a. Arctic sea ice concentration and thickness data assimilation in the FIO-ESM climate forecast system[J]. Acta Oceanologica Sinica, 40(10): 65–75.

SHU Q, WANG Q, SONG Z Y, et al., 2021b. The poleward enhanced Arctic Ocean cooling machine in a warming climate[J]. Nature Communications, 12: 2966. DOI:10.1038/s41467-021-23321-7.

SHU Q, WANG Q, ÅRTHUN M, et al., 2022. Arctic ocean amplification in a warming climate in CMIP6 models[J]. Science Advances, 8: eabn9755. DOI: 10.1126/sciadv. abn9755.

SU L, REN J, SICRE M A, et al., 2022. HBIs and sterols in surface sediments across the East Siberian Sea: implications for palaeo sea-ice reconstructions[J]. Geochemistry, Geophysics, Geosystems, 23: e2021GC009940. DOI: 10.1029/2021GC009940.

SU L, REN J, SICRE M A, et al., 2023. Changing sources and burial of organic carbon in the Chukchi Sea sediments with retreating sea ice over recent centuries[J]. Climate of the Past, 19: 1305–1320.

SUN H Z, LI Y M, HAO Y F, et al., 2020. Bioaccumulation and trophic transfer of polybrominated diphenyl ethers and their hydroxylated and methoxylated analogues in polar marine food webs[J]. Environmental Science & Technology, 54: 15086–15096. https://doi.org/10.1021/acs.est.0c05427.

SUN Y, ZHANG X B, ZWIER F W, et al., 2014. Rapid increase in the risk of extreme summer heat in Eastern China[J]. Nature Climate Change, 4(12): 1082–1085. DOI:10.1038/nclimate2410.

WANG D, GUO J P, CHEN A J, et al., 2020a. Temperature inversion and clouds over the arctic ocean observed by the 5th chinese national arctic research expedition[J]. Journal of Geophysical Research: Atmospheres, 125(13): e2019JD032136.

WANG M F, SU J, LANDY J, et al., 2020b. A new algorithm for sea ice melt pond fraction estimation from high-resolution optical satellite imagery[J]. Journal of Geophysical Research: Oceans, 125(8): e2019JC015716. https://doi.org/10.1029/2019JC015716.

WANG Q K, LU P, LEPPÄRANTA M, et al., 2020c. Physical properties of summer sea ice in the Pacific sector of the Arctic during 2008–2018[J]. Journal of Geophysical Research: Oceans, 125(91): e2020JC016371. https://doi.org/10.1029/2020JC016371.

WANG S Z, WANG Q, WANG M Y, et al., 2022. Arctic Ocean freshwater in CMIP6 coupled models[J]. Earth's Future, 10: e2022EF002878. DOI:10.1029/2022EF002878.

WANG X Y, ZHAO J P, LOBANOV V B, et al., 2021a. Distribution and transport of water masses in the East Siberian Sea and their impacts on the Arctic halocline[J].

Journal of Geophysical Research: Oceans. 126(8): e2020JC016523. https://doi.org/10.1029/2020JC016523.

WANG Y R, LI X M, 2021b. Arctic sea ice cover data from spaceborne synthetic aperture radar by deep learning[J]. Earth System Science Data, 13(6): 2723–2742. https://doi.org/10.5194/essd-13-2723-2021.

WEI T, YAN Q, QI W, et al., 2020. Projections of Arctic sea ice conditions and shipping routes in the twenty-first century using CMIP6 forcing scenarios[J]. Environmental Research Letters, 15(10): 104079.

WU B Y, OVERLAND J E, D'ARRIGO R., 2012. Anomalous Arctic surface wind patterns and their impacts on September sea ice minima and trend[J]. Tellus A, 64 (1): 18590. DOI:10.3402/tellusa.v64i0.18590.

WU B Y, SU J Z, D'ARRIGO R., 2015. Patterns of Asian winter climate variability and links to Arctic sea ice[J]. Journal of Climate, 28 (17): 6841–6858. DOI:10.1175/JCLI-D-14-00274.1.

WU B Y, YANG K, FRANCIS J A., 2016. Summer Arctic dipole wind pattern affects the winter Siberian high[J]. International Journal of Climatology, 36 (13): 4187–4201. DOI:10.1002/joc.4623.

WU B Y, YANG K, FRANCIS J A, 2017a. A Cold Event in Asia during January-February 2012 and its possible association with Arctic sea-ice loss[J]. Journal of Climate, 30(19): 7971–7990.

WU B Y, 2017b. Winter atmospheric circulation anomaly associated with recent Arctic winter warm anomalies[J]. Journal of Climate, 30 (21): 8469–8479. DOI:10.1175/JCLI-D-17-0175.1.

WU B Y, FRANCIS J, 2019. Summer Arctic cold anomaly dynamically linked to East Asian heat waves[J]. Journal of Climate, 32(4): 1137–1150. https://doi.org/10.1175/JCLI-D-18-0370.1.

WU B Y, LI Z K, 2021. Possible impacts of anomalous Arctic sea ice melting on summer atmosphere[J]. International Journal of Climatology, 42(3): 1818–1827.

https://doi.org/10.1002/joc.7337.

WU B Y, LI Z K, FRANCIS J, et al., 2022. A recent weakening of winter temperature association between Arctic and Asia[J]. Environmental Research Letters, 17(3): 034030. https://doi.org/10.1088/1748-9326/ac4b51.

WU B Y, LI Z K, ZHANG X, et al., 2023. Has Arctic sea ice loss affected summer precipitation in North China?[J]. International Journal of Climatology, 43(11): 4835–4848. DOI: 10.1002/joc.8119.

XIU J, JIANG X, ZHANG R H, et al., 2022. An Intraseasonal mode linking wintertime surface air temperature over Arctic and eurasian continent[J]. Journal of Climate, 35(9): 2675–2696.

XU M, YANG Q H, HU X M, et al., 2022. Record-breaking rain falls at Greenland summit controlled by warm moist-air intrusion[J]. Environmental Research Letters, 17(4): 044061. DOI: 10.1088/1748-9326/ac60d8.

XU S M, MA J L, ZHOU L, et al., 2021. Comparison of sea ice kinematics at different resolutions modeled with a grid hierarchy in the Community Earth System Model (version 1.2.1)[J]. Geoscientific Model Development, 14(1): 603–628.

XU X P, HE S P, GAO Y Q, et al., 2019. Strengthened linkage between midlatitudes and Arctic in boreal winter[J]. Climate Dynamics, 53: 3971–3983. https://doi.org/10.1007/s00382-019-04764-7.

YANG C Y, LIU J P, XU S M, 2020. Seasonal Arctic Sea Ice prediction using a newly developed fully coupled regional model with the assimilation of satellite sea ice observations[J]. Journal of Advances in Modeling Earth Systems, 12(5): e2019MS001938.

YANG C Y, LIU J P, CHEN D K, 2022. An improved regional coupled modeling system for Arctic sea ice simulation and prediction: a case study for 2018[J]. Geoscientific Model Development, 15(3): 1155–1176.

YANG Q H, LOSA S N, LOSCH M, et al., 2014. Assimilating SMOS sea ice thickness into a coupled ice-ocean model using a local SEIK filter[J]. Journal of Geophysical

Research: Oceans, 119: 6680–6692.

YANG Q H, LOSA S N, LOSCH M, et al., 2015. The role of atmospheric uncertainty in Arctic summer sea ice data assimilation and prediction[J]. Quarterly Journal of the Royal Meteorological Society, 141(691): 2314–2323.

YANG Q H, MU L, WU X, et al., 2019. Improving Arctic sea ice seasonal outlook by ensemble prediction using an ice-ocean model[J]. Atmospheric Research, 227: 14–23.

YU H, LI W J, ZHANG Y M, et al., 2019. Organic coating on sulfate and soot particles during late summer in the Svalbard Archipelago[J]. Atmospheric Chemistry And Physics, 19: 10433–10446. https://doi.org/10.5194/acp-19-10433-2019.

YU L, LIU J P, GAO Y Q, et al., 2022. A sensitivity study of Arctic ice-ocean heat exchange to the three-equation boundary condition parametrization in CICE6[J]. Advances in Atmospheric Sciences, 39(9): 1398–1416.

YU Q, WU B, 2023. Summer Arctic atmospheric circulation and its association with the ensuing East Asian winter Monsoon variability[J]. Journal of Geophysical Research: Atmospheres, 128: e2022JD037104. https://doi.org/10.1029/2022JD037104.

YUE F G, ANGOT H, BLOMQUIST B, et al., 2023. The Marginal Ice Zone as a dominant source region of atmospheric mercury during central Arctic summertime[J]. Nature Communications, 14: 4887. https://doi.org/10.1038/s41467-023-40660-9.

YUE S Y, ZHU J L, CHEN S, et al., 2022. Brown carbon from biomass burning imposes strong circum-Arctic warming[J]. One Earth, 5: 293–304. https://doi.org/10.1016/j.oneear.2022.02.006.

ZHANG F Y, LEI R B, ZHAI M X, et al., 2023a. The impacts of anomalies in atmospheric circulations on Arctic sea ice outflow and sea ice conditions in the Barents and Greenland seas: case study in 2020[J]. The Cryosphere, 17: 4609–4628. https://doi.org/10.5194/tc-17-4609-2023.

ZHANG T Z, HAO Q, JIN H Y, et al., 2023b. Increased DIN storage and ΔDIC/

ΔDIN ratio in the subsurface water of the Canada Basin, 1990–2015[J]. Journal of Geophysical Research: Oceans, 128(11): e2023JC019864.

ZHANG Y L, ZHAO Z Y, CAO F, et al., 2023c. Changes in atmospheric oxidants over Arctic Ocean atmosphere: evidence of oxygen isotope anomaly in nitrate aerosols. npj Climate and Atmospheric Science, 6: 124. https://doi.org/10.1038/s41612-023-00447-7.

ZHANG Y, WANG X, SUN Y H, et al., 2023d. Ocean Modeling with Adaptive REsolution (OMARE; version 1.0)-refactoring the NEMO model (version 4.0.1) with the parallel computing framework of JASMIN-Part 1: Adaptive grid refinement in an idealized double-gyre case[J]. Geoscientific Model Development, 16(2): 679–704.

ZHANG L, LI J, DING M H, et al., 2021a. Characteristics of low-level temperature inversions over the arctic ocean during the CHINARE 2018 campaign in summer[J]. Atmospheric Environment, 253: 118333.

ZHANG M M, MARANDINA C A, YAN J P, et al., 2021b. Unravelling surface seawater DMS concentration and sea-to-air flux changes after sea ice retreat in the western Arctic Ocean[J]. Global Biogeochemical Cycles, 35: e2020GB006796. https://doi.org/10.1029/2020GB006796.

ZHANG R N, Screen J A, 2021c. Diverse Eurasian winter temperature responses to Barents-Kara sea ice anomalies of different magnitudes and seasonality[J]. Geophysical Research Letters, 48: e2021GL092726.

ZHANG Y M, SONG M R, DONG C, et al., 2021d. Modeling turbulent heat fluxes over Arctic sea ice using a maximum-entropy-production approach[J]. Advances in Climate Change Research, 12(4): 517–526.

ZHANG R N, SUN C H, ZHANG R H, et al., 2019. Role of Eurasian snow cover in linking winter-spring Eurasian coldness to the autumn Arctic sea ice retreat[J]. Journal of Geophysical Research: Atmospheres, 124: 9205–9221. https://doi.org/10.1029/2019JD030339.

ZHANG R N, ZHANG R H, SUN C H, 2022a. Modulation of the interdecadal variation of atmospheric background flow on the recent recovery of the EAWM during the 2000s and its link with North Atlantic–Arctic warming[J]. Climate Dynamics, 59: 561–578. DOI: 10.1007/s00382-022-06152-0.

ZHANG R N, Screen J A, ZHANG R H, 2022b. Arctic and Pacific Ocean conditions were favourable for cold extremes over eurasia and North America during winter 2020/21[J]. Bulletin of the American Meteorological Society. DOI: 10.1175/BAMS-D-21-0264.1.

ZHANG R N, ZHANG R H, DAI G K, 2022c. Intraseasonal contributions of Arctic sea-ice loss and Pacific decadal oscillation to a century cold event during early 2020/21 winter[J]. Climate Dynamics, 58: 741–758. https://doi.org/10.1007/s00382-021-05931-524.

ZHANG P W, XU Z H, LI Q, et al., 2022d. Numerical simulations of internal solitary wave evolution beneath an ice keel[J]. Journal of Geophysical Research: Oceans, 127(2): e2020JC017068. https://doi.org/10.1029/2020JC017068.

ZHENG H Y, GAO Y, XIA Y Y, et al., 2020. Seasonal variation of legacy organochlorine pesticides (OCPs) from east Asia to the Arctic Ocean[J]. Geophysical Research Letters, 47: e2020GL089775. https://doi.org/https://doi.org/10.1029/2020GL089775.

ZHONG W L, STEELE M, ZHANG J P, et al., 2018. Greater role of geostrophic currents in Ekman dynamics in the western Arctic Ocean as a mechanism for Beaufort Gyre stabilization[J]. Journal of Geophysical Research: Oceans, 123(1): 149–165. https://doi.org/10.1002/2017JC013282.

ZHONG W L, STEELE M, ZHANG J L, et al., 2019a. Circulation of Pacific winter water in the western Arctic Ocean[J]. Journal of Geophysical Research: Oceans, 124(2): 863–881. https://doi.org/10.1029/2018JC014604.

ZHONG W L, ZHANG J L, STEELE M, et al., 2019b. Episodic extrema of surface stress energy input to the western Arctic Ocean contributed to step changes of freshwater content in the Beaufort Gyre[J]. Geophysical Research Letters, 46(21):

12173–12182. https://doi.org/10.1029/2019GL084652.

ZHONG W L, COLE S T, ZHANG J L, et al., 2022. Increasing winter ocean-to-ice heat flux in the Beaufort Gyre region, Arctic Ocean over 2006–2018[J]. Geophysical Research Letters, 49(21): e2021GL096216. https://doi.org/10.1029/2021GL096216.

ZHUANG Y P, LI H L, JIN H Y, et al., 2020a. Vertical distribution of nutrient tracers in the western Arctic Ocean and its relationship to water structure and biogeochemical processes[J]. Acta Oceanologica Sinica, 39(9): 109–114.

ZHUANG Y P, JIN H Y, CHEN J F, et al., 2020b. Phytoplankton community structure at subsurface chlorophyll maxima on the western Arctic shelf: patterns, causes, and ecological importance[J]. Journal of Geophysical Research: Biogeosciences, 125(6): e2019JG005570.

ZHUANG Y P, JIN H Y, CAI W J, et al., 2021a. Freshening leads to a three-decade trend of declining nutrients in the western Arctic Ocean[J]. Environmental Research Letters, 16(5): 054047.

ZHUANG Y P, JIN H Y, ZHANG Y, et al., 2021b. Incursion of Alaska Coastal Water as a mechanism promoting small phytoplankton in the western Arctic Ocean[J]. Progress in Oceanography, 197(11): 102639. https://doi.org/10.1016/j.pocean.2021.102639.

ZHUANG Y P, JIN H Y, CAI W J, et al., 2022. Extreme nitrate deficits in the western Arctic Ocean: Origin, decadal changes, and implications for denitrification on a polar marginal shelf[J]. Global Biogeochemical Cycles, 36: e2022GB007304.

ZOU C T, ZHANG R N, 2024. Arctic sea ice loss modulates the surface impact of autumn stratospheric polar vortex stretching events[J]. Geophysical Research Letters, 51: e2023GL107221. https://doi.org/10.1029/2023GL107221.

ZOU C T, ZHANG R N, ZHANG P F, et al., 2023a. Contrasting physical mechanisms linking stratospheric polar vortex stretching events to cold Eurasia between autumn and late winter[J]. Climate Dynamics, 62: 2399–2417. https://doi.org/10.1007/s00382-023-07030-z.

ZOU X W, LI Z, YANG D Y, et al., 2023b. Surface energy balance on a polythermal glacier, arctic, and the role of poleward atmospheric moisture transport[J]. Atmospheric Research, 293: 106910. https://doi.org/10.1016/j.atmosres.2023.106910.

孙永明 / 摄

第3章
南大洋环流变化及其区域和全球效应

在全球气候变暖的大背景下，南大洋通过其独特的地理位置和环流结构对全球气候起着重要调节作用。在大气、海洋、海冰和冰架等系统的综合影响下，南大洋对气候变暖有着复杂而重要的响应和反馈。其中，南半球西风带、厄尔尼诺-南方涛动、多尺度水平环流和翻转环流等多种物理过程在塑造南大洋的气候特征、海洋环境、生化过程和生态系统等方面发挥着重要作用。近10年来，我国学者围绕南大洋环流变化及其区域和全球效应，在南大洋增暖及相关过程、南大洋环流与陆坡和陆架环流的相互作用、海-冰-气相互作用过程及冰架的稳定性、冰间湖与底层水的产生和外流过程、物理过程对生化过程及生态系统的影响、南大洋多尺度物理过程的全球效应等方向取得了一系列重要进展。深入了解这些变化对于更好地理解南极气候变化机理、更准确地模拟和预测南极气候和海洋环境变化，评估南极海洋环境和气候系统变化对全球大洋环流、气候变化和碳源/汇格局的影响，以及应对气候变化挑战至关重要。

3.1　南大洋增暖及相关过程

自工业革命以来，全球气温持续升高，海洋作为全球热量的主要储存库发挥了重要调节作用。作为全球海洋增暖最为显著的海域，南大洋热量变化涉及海洋和大气过程的共同影响，其增暖背后的机制及过程极其复杂。大气强迫、海洋平均环流和中尺度涡等物理过程对南大洋的热量交换及热量再分配和储存有着重要影响。全球翻转环流中的南大洋过程，如通风的亚南极模态水（Subantarctic Mode Water，SAMW）和南极中层水（Antarctic Intermediate Water，AAIW）的潜沉，以及绕极深层水的上涌，在南大洋对全球气候的响应和反馈过程中都起着重要作用。

在国际上，卫星遥感观测和Argo浮标等新技术的发展极大地提高了对南大洋上层海洋的监测能力。气候模型的不断发展和改进也为南大洋增暖研究提供了重要支持。在更精确的连续观测数据及气候模式发展基础上，我国学者在南大洋研究中发挥了重要作用，特别是在南大洋海温变化及其影响因子以及亚南极模态水和南极中层水研究领域取得了突破性成果。

3.1.1　南大洋海温变化及其影响因子

全球海洋上层2 000 m以浅的变暖速率从20世纪60年代到21世纪第二个十年显著增加（Cheng et al., 2022b）。与其他大洋相比，南大洋的变暖趋势更为强烈且空间分布差异巨大。南大洋700～1 000 m层的变暖速率是全球大洋1 000 m层平均变暖速率的2倍，南大洋主要的增暖位置出现在南极绕极流附近（Cai et al., 2023a）。虽然南大洋次表层和中层普遍增温，但海表面温度的时空变化一致性较差，部分海域表现为增温，部分海域则表现为降温。在55°S以南，海表面增温比其下方的次表层和其他大洋表层要慢，1982—2011年甚至呈现变冷趋势（Wang et al., 2015）。在1982—2020年，南大洋（50°—70°S）的海表面温度也被证实存在变冷趋势，最大冷却速率达到0.3℃/(10 a)，变冷趋势在南太平洋-印度洋区域尤其明显（Xu et al., 2022）。

南大洋吸收和储存热量涉及多种海洋与大气过程，通过对南大洋混合层热收支方程的分析表明，大气净短波辐射减少和埃克曼冷水输运增强是引发海表面温度降低的两个关键因素（Xu et al.，2022）。大气强迫主要通过云-短波辐射负反馈作用促使南大洋海表面温度变冷。中纬度西风增强导致向北埃克曼冷水输运增加，同时减弱西风经向梯度和埃克曼辐合，抑制了较深层暖水的向上输运，有利于维持海表面温度的变冷趋势。

除大气强迫外，海洋平均环流及变化也对全球变暖后南大洋热吸收及再分配有着重要贡献。分离海洋平均环流和环流变化，发现在南极绕极流以南，平均环流主导着海洋吸热响应，在南极绕极流以北，环流变化主导着海洋失热响应；而整个南大洋热储存的增加都是由平均环流主导，环流变化则没有太大贡献。浮力引起的环流变化对南大洋热吸收和储存的增加起负作用，而风驱动的环流变化起正作用，但二者几乎相互抵消（Li et al.，2022）。

中深层海洋热量变化的短期趋势主要是由海洋系统内部自我调整所致，其变化幅度足以对全球气温产生巨大扰动和调节作用。最新数据表明，2013年之后南大洋部分海域呈现增暖减缓甚至反转趋势，其与南半球环状模和太平洋年代际振荡的变动紧密相关（Wang et al.，2021a）。局地风场的变化造成了这些区域海水等密度面在2013年之前快速增暖期的加深和2013年之后降温期的变浅。等密度面的垂向移动改变了特定深度的水温，从而主导了海洋热含量的变化。同时沿等密面的温盐变化则指示了海表浮力通量变化对南大洋模态水和中层水团特性的影响。为了更准确地评估人类活动导致的长期气候变化以及预测年代际气候变化，需对中深层海洋进行持续监测。

厄尔尼诺-南方涛动海温变率的增强是气候系统对全球变暖的一个重要响应特征（Wang et al.，2022a）。全球变暖背景下，西风带的南移促进了南大洋的增暖。而厄尔尼诺-南方涛动海温变率的增强减弱了西风带南移产生的埃克曼北向输运，进一步减弱了南大洋的热吸收，且两者之间存在着显著的负相关性。厄尔尼诺-南方涛动海温变率未来变化的不确定性可以解析未来南大洋热吸收评估50%的不确定性。

南极绕极流是全球海洋中最强大的洋流系统之一，具有强烈的斜压不稳定性，导致中尺度涡活动十分活跃。这些涡旋改变了海-气界面的热交换、海洋内部的热量再分配与储存，进而影响大气和海洋的变化。

南半球西风带的加强极大地增加了南大洋涡动能。但在空间上，涡动能变化的空间模态与风应力变化的模态不匹配，这是因为南大洋涡动能的变化受到强烈的地形变化影响而具有明显的局地特征（Cai et al., 2022）。风应力的增强加速了绕极流平均流场，从而增加涡动能；又由于平均流受强烈地形变化影响释放了大量势能，故涡动能剧烈变化通常局限于特殊地形的下游。在时间上，1993—2020年涡旋振幅的增加趋势以长周期涡旋（≥90 d）为主，其振幅以每10年约2.8%的速度增加，且增强趋势集中在地形的下游区域（Shi et al., 2023）。相比之下，短周期涡旋（10～90 d）的振幅并无显著趋势。能量转换分析表明，与地形相关的平均流的斜压不稳定性增加是长周期涡旋增强的原因。由于长周期涡旋能够捕获大量水体并诱发更大的速度异常，其可能在未来输送热量、碳和营养物质方面发挥更重要的作用。

全球变暖背景下，中尺度涡对南大洋极端温度的影响正在加剧（He et al., 2023），南大洋反气旋涡（气旋涡）在海洋中的发生频率虽然低至10%，但涡内的次表层极端高温（低温）比例却高达50%。这种影响随着深度和扰动温度的增加而增加，并具有区域差异性。最强的扰动集中在南极绕极流附近，这可能与涡旋跨锋面移动相关。南大洋变暖速率的南高北低，增强了南极绕极流区域锋面的不稳定性，从而增加涡动能。涡旋活动的增强以及海洋垂向层化强度的增加，使涡内平均温度扰动和极端温度扰动强度均显著增强，且后者速率是前者的2倍（图3-1）。这表明中尺度涡在变暖海洋中对极端温度的发生和增强贡献增加。同时，涡内温度扰动的增强也意味着海洋温度变化幅度的加剧，可能促进热量向下的混合与输运，减缓上层海洋变暖，并促进深层海洋增温。这些研究揭示了中尺度涡在驱动海洋次表层极端温度中的重要作用，为预测海洋极端温度及其对海洋生态和渔业的影响提供了参考。

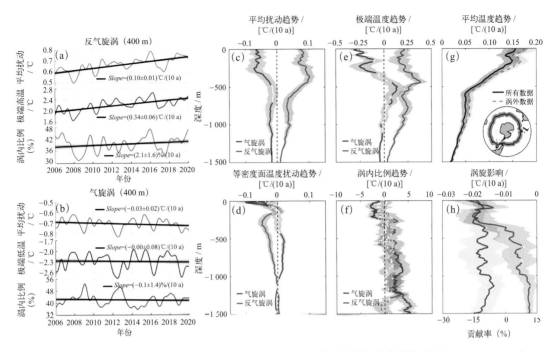

图3-1　南极绕极流区域不同深度反气旋涡和气旋涡致温度扰动均值年变化趋势（改自 He et al., 2023）

3.1.2　南大洋模态水与中层水团的变化

南大洋表面吸收的热量通过影响南大洋模态水与中层水团的变化，将气候增暖的信号带入海洋内部，进而对全球气候系统进行调节。这些水团的潜沉和输运过程是南大洋经向翻转环流上支的重要组成部分，对海洋热量与二氧化碳的收支和再分配有重要调控作用。21世纪初开始构建的全球Argo浮标观测网为研究南大洋上中层海洋变化提供了前所未有的时空连续数据，促进了亚南极模态水和南极中层水长期变化的研究。

基于Argo浮标数据对亚南极模态水的研究结果，我国学者率先指出在2005—2015年，亚南极模态水显著增厚、下沉和增暖（图3-2），并且其空间变化与风应力旋度的变化高度相关（Gao et al., 2018）。亚南极锋以北的风应力旋度显著增强，驱动上层海洋产生辐聚运动并引起海表面高度上升，从而加速了南大洋北部的下沉运动。南大洋2 000 m以浅的海洋热含量变化中，有65%是由亚南极模态水的增厚和下沉引起的，其中模态水的增厚解释了亚南极模态水热含量增量的84%，而浮力通量则贡献了剩余的16%。数值模式能够再现上述亚南极模态水变化，并且显示亚南极模态水的体积在1950—2017年增加了11%（Jing et al., 2021）。

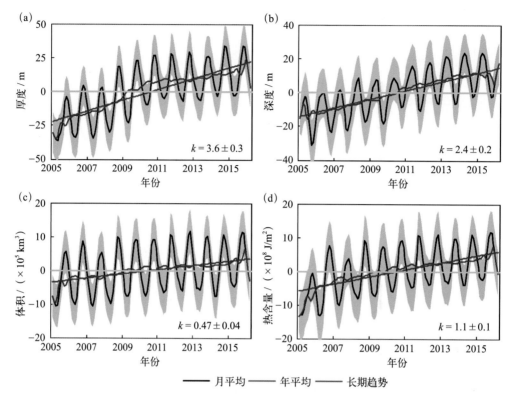

图3-2　2005—2015年，亚南极模态水厚度、深度、体积和热含量的年季变化及长期趋势
（改自 Gao et al., 2018）

　　上述研究以密度范围来界定亚南极模态水，而后续的研究多以位势涡度极小值作为亚南极模态水的判据，进一步揭示出亚南极模态水长期变化的复杂性和空间差异性。有研究认为南大洋的亚南极模态水在2004—2019年变得更暖、更淡、更轻且通风更弱，但是亚南极模态水水团核心却一直保持在恒定的深度（Xu et al., 2021a）。这是由于风应力旋度增强和浮力增加之间的平衡所致。亚南极模态水的变轻和通风减弱主要是由于气候变暖导致的表层浮力增加，而西风增强所起的作用较弱，只能减缓这一趋势。南印度洋亚南极模态水的体积在2004—2018年减小了10%（图3-3）（Hong et al., 2020），且主要发生在密度较大的下层，这是由于马斯克林高压和西风减弱引起的表面强迫变化导致的；而密度较小的上层亚南极模态水的体积则略有增加（Hong et al., 2020）。同一时期的亚南极模态水表现出了增温和增盐趋势（Zhang et al., 2021c），而且也存在上下层的差别：上层暖而咸的低密度亚南极模态水增多，下层冷而淡的亚南极模态水减少。这一变化是由亚南极模态水中的等

密度面加深引起的，最终也归因于风和表面浮力强迫的变化。

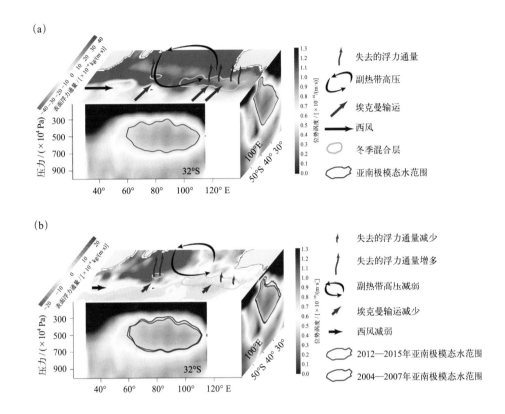

图3-3　形成南印度洋亚南极模态水的主要强迫机制示意图。（a）：气候态；（b）：2009—2012年与2001—2004年之间的差异（改自 Hong et al., 2020）

　　针对未来更长时间尺度上对水团的评估，多模式比较计划（CMIP）的数据得到广泛应用。CMIP5中历史实验和未来情景RCP4.5实验揭示了1901—2300年亚南极模态水对全球变暖的快慢响应（Xia et al., 2021）：在辐射强迫快速增长阶段，亚南极模态水的体积和厚度快速减小；在辐射强迫达到稳定阶段，亚南极模态水缓慢恢复。模拟发现，亚南极模态水的变化主要依赖于海表浮力通量的演变，而西风带向极移动的影响很小。通过与Argo浮标观测数据比较，CMIP6的模拟结果能够再现东南印度洋的亚南极模态水及其年际变化，其潜沉率、体积和密度均减小的长期变化趋势与实测相符（Qiu et al., 2021）。虽然CMIP6模式相比CMIP5模式在亚南极模态水的模拟上有一定的提升，但是模式中亚南极模态水仍存在体积偏小、位置较浅、密度较小和温度较高的偏差，这些偏差在太平洋扇区尤其明显。在模拟效果较好的印度洋区域，在未来气候更暖背景下，亚南极模态水呈现密度继续变小、体积继续缩减的变化趋势（Hong et al., 2021）。

南极中层水是一种在南大洋亚南极锋周围形成的水团，其形成和输运是南大洋经向翻转环流分支的一部分，对世界大洋的热量、淡水、碳及营养盐收支具有重要影响。对2005—2014年Argo浮标观测数据的分析表明，南大西洋中的南极中层水发生了海盆尺度的淡化现象（Yao et al., 2017）。而位于南极中层水上方的浅层温跃层水体盐度的增加则在一定程度上弥补了南极中层水的淡化，表明水循环在加强。这种情况与2000—2014年南半球降水–蒸发量的变化有关，亚极地高降水区淡水输入增加，副热带高蒸发区蒸发加剧。在水文循环变化的背景下，通过厄加勒斯泄漏输运的高盐水减少，促进了南极中层水淡化。

人工智能在海洋领域中的应用日益广泛，通过无监督的机器学习方法，Xia等（2022）成功地对南大洋南极中层水进行了分类识别，并确定了3种类型的南极中层水。一是东南太平洋南极中层水，形成于亚南极锋以北的德雷克海峡西侧角，会随海流输运到南太平洋的副热带环流系统；二是南太平洋南极中层水，形成于亚南极锋周围的南太平洋，会随着亚南极锋跨过德雷克海峡，随后与副热带水混合导致其盐度更高、密度更大；三是绕极南极中层水，为最冷和最淡的南极中层水，分布于亚南极锋和极锋之间的绕极区域，在德雷克海峡东侧的汇流区域注入海洋内部。

3.2 南大洋环流与陆坡和陆架环流的相互作用

在南极陆架海域，高密度陆架水溢流并下沉形成南极底层水，进而占据世界大洋大部分海底；暖而咸的绕极深层水上涌至南极陆架，影响南极底层水的形成，抑制海冰的形成并影响冰架底部的融化。这些过程变化通过改变大洋环流对全球气候造成深远影响。近年来，国际学者在南大洋与南极近岸的环流相互作用和南大洋水团变化及其影响等方面取得了一系列新认识。本节主要介绍过去10年里我国围绕普里兹湾、罗斯海和阿蒙森海等南极重点海域，基于海洋观测数据的累积和数值模拟的发展，针对南极陆架水变化及其对南极底层水形成的影响、陆架水溢流与绕极深层水入侵陆架过程等方面取得的研究进展。

3.2.1　陆架水变化及其对南极底层水的影响

全球变暖背景下CMIP6多模式整体模拟的南大洋西风呈现极向加强。与近几十年类似，西风加强造成南大洋上升流和上层环流增强，相应的储热和增暖增加。但如果某个模式中厄尔尼诺-南方涛动的变率增强较大，经由厄尔尼诺-南方涛动对南大洋风场的调制，该模式的西风极向增强将偏弱，海洋上升流的增强偏小。上升流增强偏小、近极地东风偏强共同造成南极大陆附近的次表层暖水无法更多地上涌，从而堆积在陆架海域，导致南极陆架海域增暖较大，不利于冰架的维持，但近南极海表温度增加较小，因此减缓了南极海冰的融化；多模式间存在显著的正相关，即模式中厄尔尼诺-南方涛动变率的增强越大，南极陆架水的增暖越大，海冰融化得越慢，前者可分别解释南极陆架水增暖和海冰融化不确定性的约40%和45%（Cai et al., 2023b）。

罗斯海特拉诺瓦湾冰间湖内高密度陆架水存在着长期淡化趋势，但2015年以后盐度出现了显著回升。阿蒙森海低压可影响罗斯海大尺度环流和沿岸流西向输运，进而改变高密度陆架水的盐度。2011年以来，阿蒙森海低压快速加强，加大了罗斯海纬向气压梯度，使得经向环流加强，西向沿岸流减弱，上游阿蒙森海向罗斯海输送的冰架融水减少，从而导致了罗斯海西侧冰间湖内盐度在2015年以后快速回升（Guo et al., 2021）。

我国学者在罗斯海区域构建了国际上第一个具有真实冰架形状且融合了潮汐过程的高分辨率海洋-海冰-冰架耦合模式，对罗斯冰间湖、特拉诺瓦湾冰间湖以及整个罗斯海陆架区域进行了盐度季节循环的收支分析。结果显示，高盐陆架水在陆架坡折处的溢流在秋季达到年度最大值，而南大洋变性绕极深层水对陆架的入侵也随之增强。罗斯海陆架盐度的季节变化主要由海冰的生消、变性绕极深层水的跨陆坡侵入和高盐陆架水的跨陆坡溢流共同主导，而罗斯冰架融化的贡献相对较小（Yan et al., 2023）。

新形成的达恩利角底层水（Cape Darnley Bottom Water，CDBW）主要出现在东部合作海（Cooperation Sea）大陆斜坡上（64.5°—70°E）和深海（57°—64.5°E）。达恩利角底层水起源于达恩利角冰间湖（Cape Darnley Polynya，CDP），并流经怀尔德（Wild）海底峡谷和戴利（Daly）海底峡谷，最终在西北部的深海中积累（图3-4）。

由于戴利海底峡谷的高密度陆架水羽流增加和随后温暖的中层变性绕极深层水的卷夹增强，导致更多的达恩利角底层水生成，使新形成的达恩利角底层水的位势温度、盐度、溶解氧和中性密度在2003—2006年与2013—2020年呈现出年代际变化。新形成的达恩利角底层水的变化与达恩利角冰间湖中的产冰量（Sea Ice Production，SIP）变化有关。在2002—2020年，达恩利角冰间湖中的产冰量显示出显著的增长趋势［0.52 m /（10 a）］，增幅达12.5%。这表明受海冰形成和伴随的盐析作用，该区域陆架水的形成增加，从而增加了达恩利角底层水的生成（Gao et al., 2022b）。

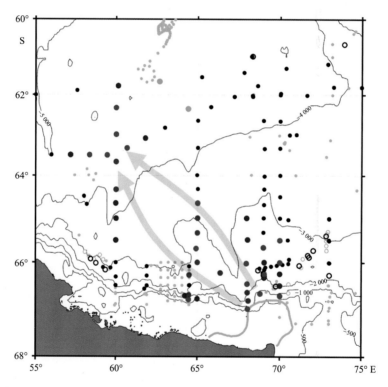

图 3-4　新形成的达恩利角底层水在底部300 m水体性质中的占比分布。绿色点表示达恩利角底层水占比为1%～10%的站点，蓝色点表示占比为10%～50%的站点，紫色点表示占比为50%～90%的站点，红色点表示占比为90%以上的站点。灰色点表示南极底层水占比小于1%的站点，灰圈表示占比为1%～50%的站点，黑圈表示占比为50%～90%的站点，黑点表示占比为90%以上的站点。青线表示达恩利角冰间湖。粉色箭头表示新形成的达恩利角底层水的路径（改自Gao et al., 2022b）

3.2.2　绕极深层水入侵陆架的途径及变化

南大洋对减缓全球气候变暖具有至关重要的作用，近20年来全球变暖所增加的

常和负异常，呈现出偶极子式的变化（Zhang et al., 2021b）；④发现多数大气和海洋变量对南半球气候变率主导模态——南半球环状模变异的响应在夏季表现为环状分布模式，在非夏季表现出较大的纬向不对称性（Zhang et al., 2018）。揭示了厄尔尼诺-南方涛动和南半球环状模共同作用下南极海冰变化及其机制，发现它们同相时海冰异常主要来源于冰缘的热力作用和内部海冰经向漂移，反相时纬向海冰漂移发挥重要作用（Wang et al., 2023a）；⑤南印度洋中高纬度区域的一个偶极子海温模态被发现可以通过引发一个从南印度洋到威德尔海的波列，影响南印度洋、罗斯海和威德尔海上空的大气环流和水汽异常，由此造成地表净通量变化并引起这些区域的海冰变化（Dou et al., 2023a）。此外，研究发现利用南印度洋偶极子（Southern Indian Ocean Dipole, SIOD）能够对2016年春季海冰范围跌破历史纪录的急剧缩减现象以及1979—2014年罗斯海地区海冰60%左右的增长趋势给出合理解释。

在年代际和百年时间尺度海冰变化方面，国内代表性成果主要包括：①发现南北极海冰范围相反变化的模态在过去100余年经常发生，遥相关分析表明，太平洋和大西洋海温年代际变化解释了57%的南北极海冰范围反相变化（Yu et al., 2022b）；②使用多点、年分辨率的冰芯和固定冰记录重建了南大洋不同区域的海冰边缘最北纬度，发现其在20世纪总体呈现下降趋势，卫星观测到的增长趋势直到20世纪80年代初才开始出现（图3-7）（Yang et al., 2021b）；③发现厄尔尼诺-南方涛动对南极海冰的主模态——南极偶极子（Antarctic Dipole, ADP）的影响存在着显著的年代际变化，两者之间的联系在进入21世纪后显著减弱（Dou et al., 2023b）。机理分析表明，21世纪初以前（1979—2001年）塔斯曼海对厄尔尼诺-南方涛动的响应较强且可以持续到随后的冬春季，激发下游南太平洋-南美遥相关波列，随后引起南极偶极子海冰异常。而21世纪前两个十年（2002—2020年），塔斯曼海对厄尔尼诺-南方涛动的响应显著减弱并且难以持续，因而在随后季节无法通过遥相关联系南极偶极子，导致两者之间的联系不复存在。

在南大洋气旋追踪研究方面，我国学者基于欧洲中期天气预报中心第五代再分析资料（ECMWF Reanalysis v5，ERA5）开发了1980—2022年高分辨率南大洋气旋数据集，发现应用高时间频率数据进行气旋追踪可更好地捕捉到地形附近及冰区的气旋轨迹（Zhong et al., 2022）。基于该数据集诊断研究了2022年10月阿蒙森-别林斯高晋海破纪录强度的南大洋气旋成因，发现该极端气旋是由高层急流和对流层顶折叠带来的上层动力强迫触发，而低层潜热释放进一步增加了其强度。进一步统计发现卫星时代以来，南大洋极端气旋数量呈现显著增加趋势，尤其是2010年以来增加趋势加剧（Lin et al., 2023a）。

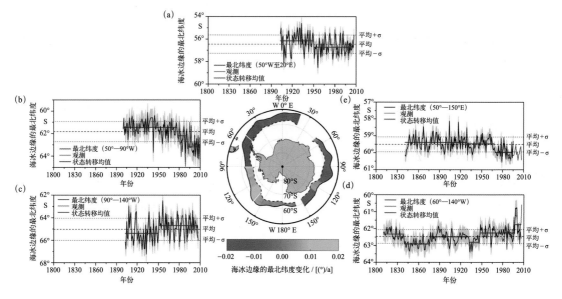

图3-7　过去200年海冰边缘最北纬度的重建结果（改自Yang et al., 2021b）

在南极固定冰变化规律及其气-海相互作用调控机制方面，近年来取得的主要研究进展有：①基于海冰柱模式评估了不同大气强迫对南极中山站固定冰模拟的影响，发现ERA5中显著的降水偏差是导致海冰厚度和积雪深度模拟偏差的主要原因（Gu et al., 2022）；②基于海冰物质平衡浮标（Ice Mass-Balance buoy，IMB）观测数据发现，沿岸固定冰的增长率在冻结期由大气温度调制，在融化期，增加的海洋热通量会抑制沿岸固定冰的增长率（Li et al., 2023b）；③基于海洋综合观测系统对沿岸固定冰底的海洋热力与动力要素进行观测，揭示了局地潮汐振荡影响海洋热通量的变化以及大尺度海冰分布和海洋环流对海洋要素季节性演变的影响（Hu et al., 2023）。

3.3.2　南大洋海洋-冰架相互作用

近10年来，我国学者围绕南极冰架和冰盖在短期及长期尺度上的质量平衡与变化特征和机理、对海平面变化的作用以及冰架-海洋相互作用物理机制等方面开展了深入研究（Cheng et al., 2017b, 2019a, 2020, 2022a; Liang et al., 2023b; Xia et al., 2023）。

在冰架-冰盖质量平衡与变化规律及机制方面，取得的主要研究成果包括：①利用36个气候模式输出驱动南极冰盖的三维数值模式，模拟了南极冰盖在各模式气候场下的平衡态和历史—未来演变，系统探讨了源自气候模式的未来南极冰盖变化预估不确定范围，揭示了同一冰盖模式在不同气候模式提供的气候场驱动下的平衡态和演变轨迹可能显著不同（Li et al., 2023a）；②基于高时间分辨率的遥感观测与海洋观测数据，发现由汤加火山剧烈喷发引发的海啸在传播超过6 000 km之后，造成南极德里加尔斯基（Drygalski）冰舌前缘的崩解，进而证实了海啸与冰架崩解之间的联系，并为南极冰架稳定性可能受到极地以外区域极端事件的影响提供了新证据（图3-8）（Liang et al., 2023b）；③利用可解析涡与潮汐过程的高分辨率数值模式，模拟了东南极托腾（Totten）冰架和莫斯科大学冰架海洋驱动的底部融化，研究了1992—2017年的时空演变，揭示了这两个冰架的底部融化分别由涡和潮汐过程主导（Xia et al., 2023）。

在冰架-海洋相互作用的物理机制研究方面，主要进展包括：①在冰架下羽流模式中引入了冰晶浓度垂向分布，考虑了冰晶浓度与热力强迫的耦合效应，改进了南极冰架下海洋冰分布的模拟结果（Cheng et al., 2017b）；②在冰架-海洋边界流垂向一维模式中引入了冰晶过程，再现了东南极埃默里冰架下融水边界流垂向结构，强调了冰晶对边界流内紊动的抑制作用（Cheng et al., 2020）；③将上述垂向一维边界流模式拓展至立面2.5维，研究了边界流内冷/暖水界面处的剪切不稳定性，量化了各动力过程对边界流内热量变化的贡献，评估了现有羽流模式中挟带参数化的适用性（Cheng et al., 2022a）；④利用包括机载无线电回波测深数据、表面高程与冰厚数据、陆架与冰腔水文数据以及基于卫星的冰流数据等综合数据集，发现并分析了20世纪90年代至2019年东南极埃默里冰架复杂的底部通道系统的时空分布特征，揭示了冰架最南端接地线的最深处通道是因融水羽流而形成，且线性、较薄通道区易受海水侵蚀；划分了暖水与冷水两种通道类型，冷水通道可汇集冰架融水并将其排出冰腔至邻近的马更些湾（Mackenzie Bay）冰间湖，进而阻止局地暖水入侵冰架（Wang et al., 2023b）。

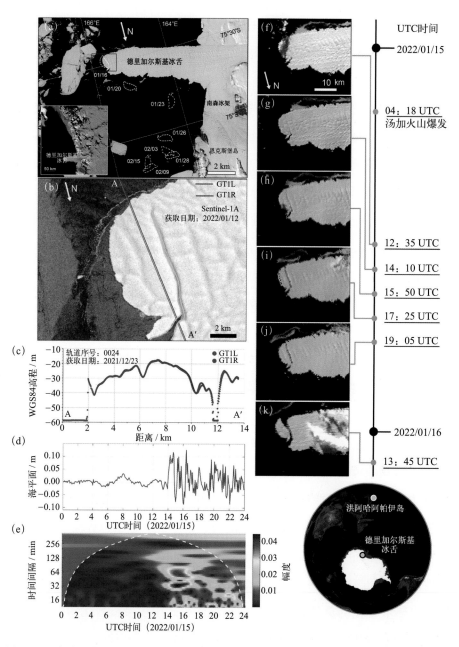

图3-8　汤加火山引发的海啸导致南极德里加尔斯基冰舌前缘的崩解（改自Liang et al., 2023b）

3.3.3　南极海冰预测

　　近年来，我国学者围绕模拟预测能力提升、海冰同化系统和再分析资料产品研制等，开展了遥感和数值模拟方面的系列研究工作，为提升南极海冰预测能力提供

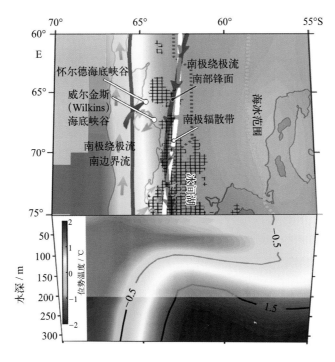

图3-10　合作海离岸冰间湖形成机制示意图（改自Qin et al., 2022）

3.4.2　影响近岸冰间湖的大气与冰冻圈过程

　　罗斯冰架冰间湖是南极沿岸产冰量最高的冰间湖，是人们最早发现的南极底层水源地之一。该冰间湖是一个典型的风生冰间湖，风速与冰间湖面积和产冰量显著相关（Cheng et al., 2019b）。进一步分析发现，风速对冰间湖产冰量的影响分为两个方面：一是对冰间湖面积的影响；二是对热交换及冰-水相变的影响。这两种机制在不同的天气事件中表现出的重要程度不同，因此不同季节的强风事件对罗斯冰架冰间湖产冰量影响也不同。2003—2015年，虽然冰间湖的总产冰量没有明显的长期变化趋势，但是冰间湖中的产冰速率的变化存在空间差异（Cheng et al., 2017a）。紧贴冰架前缘的小范围呈现减少趋势，主要是由于冰架北扩造成的。在冰间湖中停留的大型冰山，也会造成局部区域的产冰速率显著减小。

　　特拉诺瓦湾冰间湖也位于罗斯海，新近研究（Lin et al., 2023b）发现这个典型的风生沿岸冰间湖面积的变化还会受到流经此处的固结冰的影响。通过对2013—

2020年寒季的统计，发现该冰间湖的面积与流经的固结冰厚度高度相关，说明厚冰通过阻止冰间湖内的新冰离开而限制了冰间湖的面积。

普里兹湾是中国南极科学考察的重点海域，在这里发现了5个冰间湖（Hou et al., 2021）。每个冰间湖均存在一个特定方向，冰间湖的面积与风在该方向的分量相关系数最大；这个方向是由阻挡海冰进入冰间湖的冰障的形状与走向所决定的。普里兹湾东部有3个离岸冰间湖，阻挡海冰进入冰间湖的冰障主要是由搁浅在浅滩上的小冰山群所锚定不动的固定冰（图3-11）。偶然搁浅在普里兹湾中的大型冰山会改变海冰的输运，进而影响多个冰间湖的形状和面积。以上分析结果凸显了冰山在近岸冰间湖形成与发展中的关键作用。

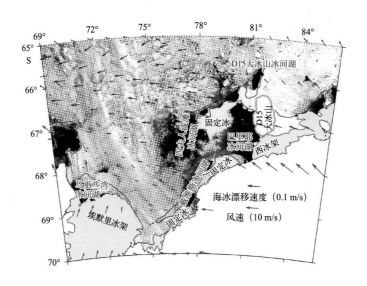

图3-11　可见光图像（2005年10月28日）中的普里兹湾冰间湖。红色线表示多年平均的冰间湖外缘线；白色点表示海冰密集度大于75%；蓝色和品红色箭头分别为当天的海冰漂移速度和前一日的风速（改自Hou et al., 2021）

以往认为普里兹湾的冰间湖均属于风生冰间湖，我国布放的冰下海洋潜标取得了海洋暖水贡献于冰间湖发展的直接观测证据（Guo et al., 2019）。入侵到陆架的变性绕极深层水所携带的热量可以遏制冰间湖的结冰过程，通过垂向对流向海表面输送热量，使得产冰量降低45%。

目前对于冰间湖产冰量的估算，无论是基于卫星遥感数据还是通过冰-海耦合数值模拟，都需要用到再分析的气象数据。数值试验的对比结果（Zhang et al., 2015）表明，产生全球大气再分析资料的大气环流模式中由于缺乏对南极次网格地形应力的特殊参数化处理，会导致对南极近岸风强度以及冰间湖产冰量的高估。

3.4.3 底层水产生和外流动力过程

通过对罗斯冰架冰间湖的模拟结果分析（Wang et al., 2023d）发现，虽然空间尺度不同的气旋对冰间湖产冰速率的影响存在空间差异，但是所形成的高密度陆架水主要集中在冰间湖西侧区域，并随着结冰速率的增加而增强。在气旋衰减后，高密度陆架水生成过程仍然能够持续12～60 h（图3-12）。

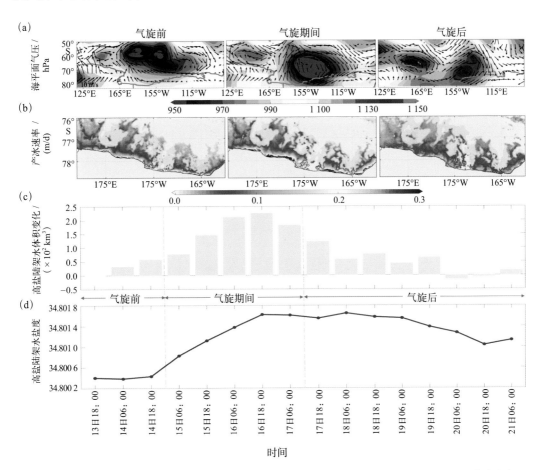

图3-12 2005年7月13日至21日气旋发生前后罗斯冰架冰间湖。（a）：海平面气压；（b）：产冰速率；（c）：高盐陆架水体积变化量；（d）：高盐陆架水盐度变化曲线（改自Wang et al., 2023d）

针对东南极的普里兹湾东部冰间湖和沙克尔顿冰间湖的研究（Wang et al., 2021b）表明，冰间湖区域高密度陆架水对强风事件的响应具有滞后效应，在事件结束后10～15 d，冰间湖区域表层至800 m深度的高密度陆架水体积明显增加。年际变化研究揭示，南半球冬季强风事件总持续时间较长的年份，冰间湖及邻近区域深层高密度陆架水的分布范围更广且信号更强。

高密度陆架水形成后会沿着陆架上的凹槽逐渐流向外海，并穿过陆架坡折以重力流的形式跨陆坡下沉到深海。在这个过程中，重力流如何克服地转偏向力下沉到深海，以及如何与上层水团混合是决定南极底层水形成的关键。通过观测、理论和理想试验相结合的方法进行分析，研究发现潮汐和地形罗斯贝波在重力流下沉过程中起主导作用：当地形坡度较小时，重力流激发地形罗斯贝波，并加速向深海下沉以实现重力势能向波动能的转化（Han et al., 2022a，2023）；当地形坡度较大时，地形罗斯贝波被抑制，此时大陆坡宽度较小，潮汐离岸平流可以有效地把高密度陆架水带入深海。两种机制都能加速重力流下沉，有利于形成更高密度的南极底层水（Han et al., 2024）。基于以上发现，可以把环南极重力流划分为4种不同的动力形态（图3-13），为未来实施底层水观测计划提供理论指导。

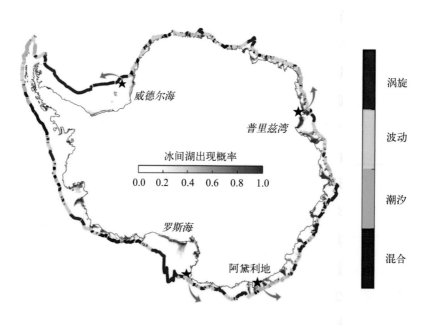

图3-13　环南极重力流4种不同的动力形态（改自Han et al., 2024）

3.5 物理过程对生物地球化学过程和生态系统的影响

南大洋是全球大洋生物生产力的高值区和重要碳汇区，这里的生物地球化学过程和生态系统受水团分布、海洋环流、层化混合及海冰生消等物理过程在多时空尺度上的影响。物理过程通过调控营养盐和痕量元素输运、光照强度、浮游生物分布、碳的吸收和垂直输送等对生物生产力及碳循环产生重要作用。主要气候模态的变异通过影响南大洋的大气环流、海水温度、水团分布和海冰场对不同营养级生物的生物量与分布特征演变发挥显著效应。

3.5.1 初级生产力变化的气候调控因子与机制

南大洋及其边缘海中浮游生物种群演替及其导致的生物能量通道和生态系统效率变化是近几十年国内外气候变化研究的重点之一。我国学者在此领域的代表性研究进展包括：①整合了1990—2002年中国南极考察队在普里兹湾获取的浮游植物和叶绿素a的历史数据，发现厄尔尼诺/拉尼娜现象同普里兹湾海水的温度、盐度、营养盐和溶解氧含量存在明显关联，并进一步影响叶绿素a浓度。在厄尔尼诺期间，叶绿素a浓度和浮游植物群落结构发生了显著变化，硅藻的相对比例增大，而甲藻所占比例减小。在拉尼娜期间，硅藻的比例减小，金褐藻和蓝藻所占比例显著增加。浮游植物群落的变化直接影响了湾内的生物多样性（Zhang et al., 2014）；②综合利用卫星遥感数据和南极半岛北部的长期观测资料，揭示了该区域垂向混合、绕极深层水入侵等物理过程的年际变化同南半球环状模存在显著关联。南半球环状模向正相位发展时，西风增强使混合层加深，同时云量减少导致光合有效辐射增加，此外也促进了富含营养盐的绕极深层水向陆架海区的入侵，导致生物生产力增加（图3-14）。进一步基于CMIP5对未来南半球环状模变化趋势的预估及建立的南半球环状模同叶绿素质量浓度的统计关系，估算了未来50年南极半岛北部海区叶绿素质量浓度的变化量（Zhang et al., 2020）；③聚焦南极8个近岸冰间湖，利用2001—2020年水色遥感数据揭示了冰间湖中夏季叶绿素a浓度表征的年际变化特征，并通过相关性分析量化了叶绿素a浓度年际变化与南半球环状模之间的相关性。发现在西南极的玛格丽特湾（Marguerite Bay）、东南极的戴维斯海（Davis Sea）和默茨冰间湖（Mertz Polynya）中，浮游植物量的年际变化与南半球环状模显著相关，这种相关性的建立与南半球环状模引起的风场、降水、云量变化及其导致的海洋混合、光照强度和营养盐补充有关（Jiang et al., 2024）。

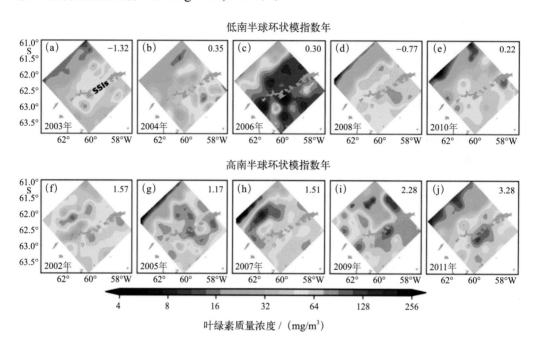

图3-14 南极半岛的南设得兰群岛附近海域在低南半球环状模指数年份［（a）至（e）］和高南半球环状模指数年份［（f）至（j）］上100 m层积分的叶绿素浓度分布图（改自Zhang et al., 2020）

3.5.2 浮游植物群落演替与生态系统变化的关键物理及生化控制因子

南大洋及其边缘海中棕囊藻和硅藻的季节性演替直接改变了生态结构及碳埋藏效率，是南极生态研究的核心瓶颈问题之一。在此领域，我国学者关注了罗斯冰间湖浮游植物群落由南极棕囊藻占优被硅藻取代的季节演替现象及其对当地食物网的重要影响（图3-15）（Zhang et al., 2023a）。研究基于罗斯冰架冰间湖混合层生态系统模型（Ross Ice Shelf Polynya Ecosystem Model，RISPEM）探究了浮游植物群落演替的主导因素。在春季溶解铁充足的环境中，光启动了棕囊藻水华；至11月下旬，棕囊藻的生物量逐渐下降。棕囊藻在水华末期所受的铁限制对于演替的形成必不可少，同时小型浮游动物对棕囊藻的摄食也不可或缺，而中型浮游动物则几乎不摄入棕囊藻，故该低营养级生态系统内的摄食压力是非均匀的。敏感性实验结果表明：铁对棕囊藻生长的限制与浮游动物对浮游植物的非均匀摄食压力的耦合作用，是棕囊藻水华被硅藻取代的关键原因。此外，低频的铁补充通过支持硅藻的生长来促进演替发生。在此基础上，基于NEMO3.6-LIM3-PISCESv2的全球模式框架发展了我国首个适用于罗斯海的高分辨率三维海洋–海冰–生态系统耦合模式（Ross Sea Ocean-Sea Ice-Ecosystem coupled model，ROSE）。ROSE生态系统模块包含24个预报变量，用于描述海洋低营养层生态过程以及碳和主要营养盐的生物地球化学循环。利用观测数据对ROSE评估表明，模式模拟了罗斯海海冰时空变化、环流格局、水团结构、溶解铁与初级生产分布特征以及棕囊藻–硅藻季节演替过程，模拟能力处于国际同类模式先进水平。

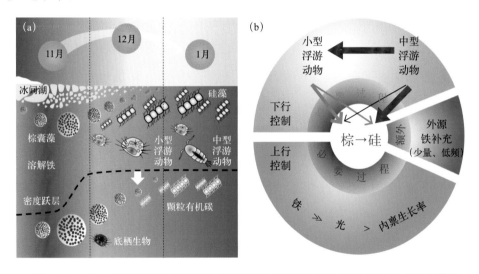

图3-15　RISPEM模拟罗斯冰架冰间湖的环境变量与浮游生物组成随时间变化的概念模型

（改自Zhang et al., 2023a）

3.5.3　南大洋碳循环与水团和海冰变化的关联机制

南大洋是调节全球气候变化的核心区域之一，其贡献了约40%的海洋碳汇，但该数值具有较大的不确定性。近10年来，随着新兴的自动化观测平台的使用，海洋碳参数的观测数据量和覆盖面呈指数型增长。卫星遥感和数值模型被广泛用于估算海洋碳输出的大规模变化，但表层海洋有机碳下沉的输出效率（e比率）与其驱动因素之间的关系仍知之甚少，尤其是在南大洋区域。国内学者结合1997—2013年原位测量的颗粒有机碳输出通量、卫星产品环境参数以及海洋生物地球化学模型的输出结果，评估了温度和初级生产力对e比率的作用（Fan et al., 2020）。结果显示，"高生产力-低e比率"是亚南极区和极锋区的普遍现象，而在更南的海域不太明显，e比率在6℃以下对温度几乎没有依赖性。这些发现表明，非下沉有机碳、生态系统结构和区域特定的e比率参数化方案是量化南大洋碳输出的关键因素。

南大洋吸收和储存了大量的人为二氧化碳，但主要因为季节性数据和覆盖率不足，人们很少关注60°S以南的南极沿岸地区。在此区域，高密度陆架水为从陆架斜坡向深海输送二氧化碳提供了一个有效机制，特别是在南极底层水形成区附近。然而，南极底层水的形成对人为碳封存的贡献及其后果仍不清楚，模型的准确性也因为与陆架水形成相关的过程过于复杂而备受挑战。因此，基于实测数据的底层水生成区对人为碳封存的研究亟待开展，也是目前南大洋在碳封存方面面临的一大挑战。我国学者基于综合观测数据集（1974—2018年），通过TrOCA、ΔC*和TTD 3种经典定量方法揭示了南极近岸四大区域，包括罗斯海、阿黛利地、普里兹湾、威德尔海底层水的人为碳分布趋势，发现其与南极底层水的形成过程紧密相关，并由此促进人为碳的跨陆架输送与深海封存，引发底层水体年代际酸化，以上过程继而促进该区域上层水体对大气二氧化碳的吸收（图3-16）（Zhang et al., 2023b）。该研究强调了这些底层水生成区在深海碳封存中的重要作用，为气候变化背景下南大洋碳汇的准确估算提供了重要参考。

海水中颗粒碳的沉降是海洋碳循环的关键组成部分。利用普里兹湾多年冰区2010—2011年的沉积物捕获器数据，发现颗粒物通量表现出明显的季节变化，夏季和冬季分别记录到最大通量和最小通量。生物硅是总质量通量的主要贡献者，与颗粒有机碳通量高度相关。通过比较上层水柱中的海冰和叶绿素遥感数据，碳通量变化与海冰的变化密切相关。冰藻可能在初夏的生物泵过程中发挥着关键作用。除了冰藻藻华期，碳通量的变化通常与上层水域中浮游植物藻华相对应。海冰运动产生了第一次颗粒物输出事件，并在融化期间增强了颗粒物的沉降效率（Han et al., 2019）。在普里兹湾外的南大洋收集了在海冰融化季和其后的表层水样品，测量了溶解有机碳（DOC）的浓度和溶解有机物（DOM）的组成。融化季的平均DOC浓度比后融化季期间高1.3倍，而a350值（表征色质DOM的指标）则约为后融化季的

35%。统计分析显示，DOM与海冰融化/相关环境因素（如水温、盐度和微生物活动）之间存在显著相关性。海冰融化是导致普里兹湾表层水中DOM从易降解到难降解转变的重要因素，这可能对极地海洋生态系统和碳循环产生深远影响（Yu et al., 2023）。

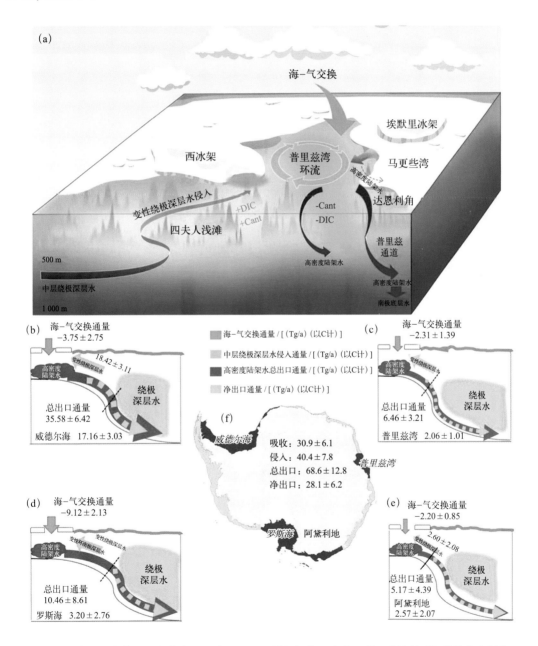

图3-16　泛南极人为碳（C$_{ant}$）输出通量（Tg/a，以C计）概览。（a）：普里兹湾的无机碳输送示意图；（b）至（e）：4个冷的南极底层水形成区的碳输出通量（改自Zhang et al., 2023b）

在古海洋学尺度上，我国学者从海洋内部海水数据提取了示踪海-气二氧化碳交换的指标——DICas，结合数值模拟，揭示了末次冰消期海洋内部与大气之间的二氧化碳交换过程，并提出了Bølling时期（大约1.46万年前）南极中层水的扩张导致百年尺度二氧化碳快速上升的观点，为理解海洋内部水体的大气二氧化碳封存能力和洋流循环的耦合过程提供了新的见解（Yu et al., 2022a）。通过高纬地区深海珊瑚同位素分析，揭示了全新世（1.15万年）极地海洋表层水与深层水之间的混合没有发生明显变化，推翻了以往认为洋流导致全球大气二氧化碳浓度上升的观点，提出了海洋和陆地营养元素与碳的再分配可能对碳循环变化起主导作用的观点，为深入理解海洋与地球气候系统之间复杂的相互作用提供了新的约束（Chen et al., 2023）。

3.5.4　气候变化对南大洋高营养级生物种群变化的影响与机理

在全球气候变化背景下，南大洋海温、海冰和大气的变化对磷虾、企鹅等高营养级生物的生物量和分布特征也产生了显著影响。我国学者基于2013/2014年中国南极科学考察数据以及汇编的丰度数据（KRILLBASE: 1926—2016），分析了南极磷虾环极分布的变化（Yang et al., 2021a）。20世纪二三十年代，大西洋-别林斯高晋海扇区的平均磷虾密度是其他区域的8倍，然而最近该数值已降至2倍左右。磷虾密度在增暖且海冰减退的大西洋-别林斯高晋海扇区下降，在气候变化趋势相反的罗斯海-太平洋扇区可能有所增加，而在更稳定的拉扎列夫海-印度洋扇区则没有显著变化。基于中国南极科学考察和历史数据，研究进一步分析了磷虾与其他浮游动物同位素值的环极趋势，解释了捕食者对磷虾的依赖性。总体而言，印度洋-太平洋扇区充当了环极磷虾资源的庇护所，而磷虾在大西洋扇区的状况迅速恶化。在古海洋学方面，我国学者基于从罗斯海恩克斯堡岛收集的13个企鹅粪沉积剖面，通过使用镉/磷（Cd/P）作为变性绕极深层水的指标，重建了过去6 000年来变性绕极深层水入侵罗斯海的变异特征（Xu et al., 2021c）。在0.7～1.6 ka和2.8～6.0 ka的间隔期，增强的变性绕极深层水入侵使得罗斯海表层水变暖，降低了沿岸海冰密集度；相比之下，在1.6～2.8 ka，减弱的变性绕极深层水入侵导致了企鹅种群的减少。变性绕极深层水可能通过限制食物供应和/或增加海冰密集度来发挥作用。因此，变性绕极深层水的变化推动了罗斯海海冰和企鹅种群的千年变化（图3-17）。结合最新的观测/模拟数据库，我国学者量化了自20世纪80年代以来西南极半岛生物群落向极方向的重新分布，并探讨了它们对数个气候振荡的响应规律（Gao et al., 2023）。西南极半岛区域阿德利企鹅、南极磷虾和浮游植物的丰度都表现出北部减少、南部增加的趋势，导致它们的分布中心向极地方向移动了0.8°～2.3°。大西洋多年代际振荡的正相位对于浮游植物、磷虾及企鹅向极地方向的重新分布产生作用。春季的大西洋多年代际振荡正相位导致西南极半岛北部的海冰减少、海冰减退提前并且风力加强，限制了浮游植物藻华的发生和磷虾的繁殖，从而使磷虾补充量在1年后减少，最终导致企鹅补充量在5年后减少。在西南极半岛南部，20世纪80年代海冰覆盖几乎是永久性的，之后海冰的减少和海冰减退的提前促进了浮游植物的生长和磷虾、企鹅的繁殖。

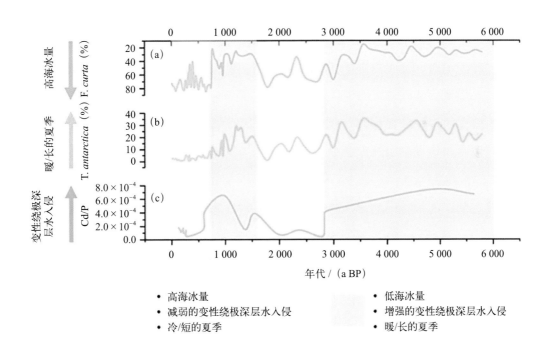

图3-17　西罗斯海的海冰/温度代用指标。（a）：以短拟脆杆藻（F. curta）百分比表示的沿岸海冰密集度；（b）：以南极海链藻（T. antarctica）百分比表示的夏季持续时间/夏季温度；（c）：以恩克斯堡岛鸟粪沉积Cd/P记录表示的变性绕极深层水入侵时间间隔（改自Xu et al., 2021）

3.6 南大洋多尺度物理过程的全球效应

南大洋通过大气、海洋和地球生物化学过程影响全球变化。我国学者在20世纪90年代就开展了南极海冰异常对全球大气环流和东亚气候的影响研究。近10年来，我国学者在热带-南极相互作用方面开展了一系列研究，进一步揭示了南极海冰异常对中国和东亚地区的影响机理。开始涉足南大洋动力过程的全球效应研究，如南大洋变暖和深对流对全球的影响。也开展了生物化学过程研究，对南大洋生物地球化学浮标（Biogeochemical-Argo，BGC-Argo）的二氧化碳分压（pCO_2）数据开展评估研究，揭示了南极底层水形成对人为碳的深海封存作用。

3.6.1 南大洋全球效应的大气过程

自卫星观测以来，我们监测极地气候变化的能力大大提升。其中，南大洋和南极陆地区域气候变化呈现出纬向不对称性。然而近期的站点观测表明，21世纪初表面气温趋势的不对称分布出现了反转。此外，在2015年以后，南极海冰整体范围持续增加的趋势发生了反转。南极气候变化还通过大气桥以及大气-海冰-海洋过程与热带和中纬度的气候变率相互作用。我国学者对此进行了大量研究，取得的成果有助于了解南极与热带和中纬度的遥相关关系，为制定应对未来气候变化的措施提供有力的科学支持。

研究表明，南极气候变率对热带和中纬度气候有显著影响。我国学者的综述文章（Cai et al., 2023a）指出，在全球变暖的情况下，南大洋表面增暖相比北半球海洋较慢，引起了由南向北的跨赤道哈得来环流和热带辐合带（Intertropical Convergence Zone，ITCZ）的北移；与之相反，北半球更强的人为气溶胶冷却导致南大洋热吸收的主导地位，有利于热带辐合带的南移。此外，在外部热强迫扰动南大洋时，热带辐合带同样南移（Liu et al., 2021）。南极涛动（Antarctic Oscillation，AAO）是南半球大气环流的主导模态，9—10月的南极涛动激发南大洋偶极子型的海温异常，引起了北大西洋涛动型的大气响应（Yuan et al., 2022）。同时，南极臭氧损耗对南半球温带降水的增多也有重要作用（Bai et al., 2016）。

南极气候变率同样影响着我国的天气和气候系统。我国学者揭示了南极海冰范围异常引起东亚地区气温异常的过程（Jiang et al., 2022），9—10月的南极涛动通过调节来自北部（南部）的干冷（湿暖）气流影响我国南部1—2月的降水-温度（Yuan et al., 2022）；此外，8—10月的南极涛动增强可能增加我国华北地区的冬季雾霾（Zhang et al., 2019）。

热带和中纬度的气候变率也会引起南极气候变化，我国学者对此进行了总结（图3-18）（Li et al., 2021, 2023c）。在年际尺度上，厄尔尼诺-南方涛动起主要作用，在厄尔尼诺期间，从热带太平洋到南美地区的罗斯贝波列被激发，导致阿蒙森海低压变浅，进一步影响南极气候；在年代际和更长尺度上，太平洋年代际振荡和大西洋多年代际振荡通过相似机制（Li et al., 2014）驱动了南极多年代际变化。值得注意的是，不同类型的厄尔尼诺激发的罗斯贝波列在南极区域产生的反气旋位置不同（Zhang et al., 2021a）。此外，春季南大西洋海温与夏季风暴路径活动之间的相互作用调节了大气环流，进一步改变了南极夏季海冰密集度（Zhang et al., 2021b）。

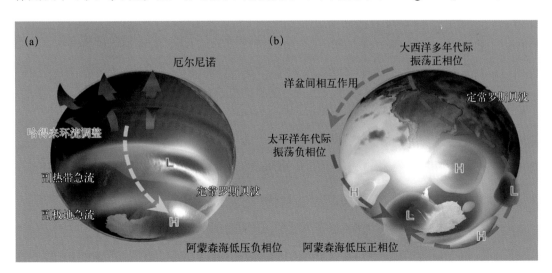

图3-18　分别由年际和年代际海温变率激发的遥相关型。（a）：厄尔尼诺事件引起的热带-南极大气遥相关型示意图；（b）：大西洋多年代际振荡正相位和太平洋年代际振荡负相位引起的大气遥相关型示意图（改自Li et al., 2023c）

3.6.2 南大洋全球效应的海洋动力过程

使用热力学平板海洋模式的研究发现，南北半球不对称对热带辐合带位置有影响，但平板海洋模式中的热带辐合带移动很大程度上被高估了（Liu et al., 2021）。考虑海洋动力过程的模拟表明，南大洋热力强迫产生的跨赤道能量输送异常主要发生在海洋中，使得热带辐合带的位移为原来的1/10，且主要是由海-气热相互作用驱动的温盐响应。

海洋热量输送具有半球不对称的向极热量输送特征，由其欧拉平均分量主导，但在南大洋，涡旋起主导作用。印度洋-太平洋和大西洋主要通过改变其欧拉平均环流（动力分量）对跨赤道海洋热量输送作贡献，而热量的变化可以解释大西洋约30%的跨赤道海洋热量输送响应。

引起海洋热量输送响应的主要欧拉平均环流变化是南半球副热带环流下方的顺时针异常翻转环流，其上下分支之间巨大的温差使其能够有效地向北输送能量，并在印度洋-太平洋和大西洋中穿越赤道。环流的变化在很大程度上归因于温盐作用（图3-19）。

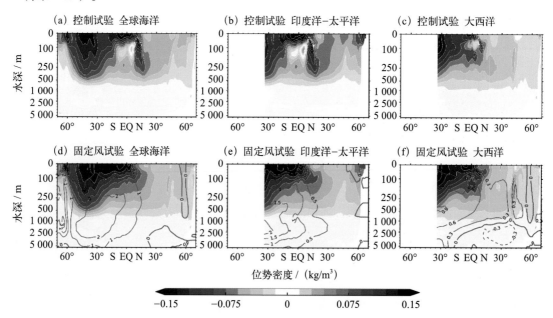

图3-19 全耦合控制试验和使用气候态风场试验的纬向平均位势密度。（a）（d）：全球海洋；（b）（e）：印度洋-太平洋；（c）（f）：大西洋。（d）至（f）中叠加的是使用气候态风场试验的欧拉平均经向翻转异常，即仅由密度变化驱动（没有风应力变化）。EQ：赤道（改自 Liu et al., 2021）

卫星观测海冰范围以来，发现在20世纪70年代中期威德尔海出现了大型离岸冰间湖，平均范围约为$250 \times 10^3 \text{ km}^2$，表明在南大洋高纬度发生了强烈的深对流。

为了研究深对流对南极底层水生成和南极冰架底部融化的影响，我国学者采用基于麻省理工学院环流模式的全球高分辨率海洋–海冰耦合模式模拟威德尔冰间湖的生成过程及其影响（Wang et al., 2017）。发现当冰间湖范围变大时，南极底层水体量持续增加，威德尔环流也大幅度加强。

深对流也同样会影响威德尔海的温度。最大的冷却发生在深对流的核心，强烈的垂向混合将冷的表层水带到这一层。沿着南极大陆，深对流导致海表附近变暖，并通过垂向混合导致深层冷却。当深对流范围更大并持续数年以上时，冷却甚至会渗透到底部。

当冰间湖的范围与观测的20世纪70年代中期范围相当时，深对流引起的南极底层水生成量约为5 Sv，亚极地环流强度增加了4 Sv。深对流还通过冷水的向极输送导致陆架次表层水显著冷却，表明南大洋深对流对南极冰架质量平衡有重要影响。

3.6.3 南大洋全球效应的生物化学过程

南大洋通过吸收和储存大气中的二氧化碳，在百年–千年时间尺度上调节地球气候。南大洋独特的环流确保了对二氧化碳的持续吸收，并主要由南极中层水、亚南极模态水和南极底层水向海洋内部输送。评估南大洋碳源/汇格局的工作主要集中在量化海–气二氧化碳通量和经向翻转流上层的人为碳存量，而对受翻转流下层影响的南极沿岸地区的研究则较少。

最近的一些研究（Gao et al., 2022a）表明，南极底层水具有较高的人为碳（C_{ant}）浓度，甚至可能通过平流影响邻近深海（如南大西洋）。我国学者基于全球海洋观测数据集，以气候态（1974—2018年的平均状态）方式揭示了南极底层水形成对人为碳的输送和存储过程（Zhang et al., 2023b），并进一步诊断和评估了由此导致的南极底层水长期酸化。研究表明，在南极底层水形成区（图3-20），人为碳由陆架向深海（>2 000 m）输送，并通过人为碳的深层渗透，实现其在南极底层水形成路径上相对较高的浓度。环南极四大底层水形成区域由陆架向海盆的人为碳净输送通量为（25.0 ± 4.7）Tg/a（以C计），并维持了表层海洋较强的二氧化碳吸收能力［（16.9 ± 3.8）Tg/a（以C计）］。

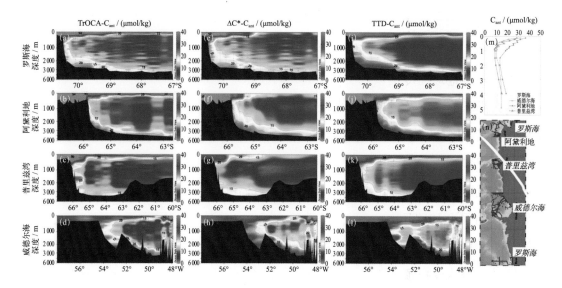

图3-20　利用TrOCA、ΔC* 和 TTD 方法计算的罗斯海、阿黛利地、普里兹湾、威德尔海的人为碳垂直分布
（改自 Zhang et al., 2023b）

除南极底层水外，南大洋的上升流过程也备受关注，深层水上涌并携带大量二氧化碳进入表层海洋，从而很大程度上削弱了南大洋的整体碳汇。BGC-Argo通过搭载pH传感器，实现高分辨率的水体pH测定，结合基于温度、盐度和溶解氧浓度等参数计算的总碱度，计算得到对应的$p\mathrm{CO_2}$数值。BGC-Argo的部署，尤其在多风暴的秋冬季，为全年提供了关键数据，然而，基于BGC-Argo的结果显示，高纬度南大洋向大气中释放的二氧化碳量远超过以往基于船基观测的估计，在国际上引发了热烈争议。

我国学者基于BGC-Argo测定的溶解氧浓度准确度和稳定度都显著高于pH这一事实，开发了基于碳-氧耦合的数据质控方法（简称CORS），用溶解氧浓度及碳氧化学计量比例来约束二氧化碳浓度值并进行数据质量评估，以此及时甄别偏离正常比例的"问题"数据（Wu et al., 2022）。通过对比BGC-Argo和全球海洋船基观测的CORS图谱，可以有效地发现存在数据偏差的个别漂流浮标。进一步通过比较南大洋BGC-Argo漂流浮标与传统船基观测之间$p\mathrm{CO_2}$数据的差异，揭示了$p\mathrm{CO_2}$数据偏差很大可能来自BGC-Argo测定和计算过程的误差（Wu et al., 2023）。因此，虽然BGC-Argo数据为理解南大洋碳循环提供了重要参考，但在使用BGC-Argo数据时需要谨慎。

3.7　总结与展望

作为整个地球的冷极，南极在全球气候系统中起着至关重要的作用。我国学者针对南大洋环流变化及其区域和全球效应取得了一系列显著进展，揭示了南大洋海温变化及其影响因子；指出了南大洋增暖背后诸多物理过程的复杂性；探讨了南大洋水团对气候变暖的响应与反馈；发现了绕极深层水向南极陆架的涡旋入侵机制和地形影响机制；发现了由冰架融化、海冰形成产生的表面浮力输入对绕极深层水跨陆架输运的强度和空间结构有着显著调控作用；研究了气–冰和海–冰热量交换对南极冰架融化、固定冰和冰间湖变化的影响；研制了海冰同化系统和再分析资料产品，提升了海冰模拟预报能力；发现了合作海的离岸冰间湖并揭示其成因；明确了普里兹湾、罗斯海、宇航员海等海域冰间湖的形成与发展机制；揭示了气旋对冰间湖内高密度陆架水形成及输出的调控作用，阐明了重力流跨陆坡的下沉机制；探究了多种物理过程对南大洋生态系统中营养盐和痕量元素、光照、浮游生物输送、碳通量和高营养级生物量的作用；自主研发了罗斯海高分辨率物理–生态和海洋–海冰–冰架耦合模式；探讨了南大洋及南极陆地区域对中低纬度的大气环流、降水以及我国的天气和气候系统存在的显著影响，热带和中纬度的气候变率反过来会通过大气桥和海–气相互作用等过程引起南极的气候变化；模拟了南大洋深对流对南极底层水形成的促进及对全球海洋环流的影响；阐明了全球变暖背景下，全球翻转流减弱可能导致深海碳输出减少，增加海洋对人为碳吸收的复杂性。

以上研究为深入认知南大洋海洋环境变化及其气候影响奠定了坚实的基础，为提升南极海洋环境保障能力提供了重要的科学依据。但南大洋环流变化涉及诸多物理和生物地球化学过程，关联到大气、海洋、海冰、冰架和生态系统的相互作用，多学科交叉，关系错综复杂，科学探索道路艰辛。这就要求对南大洋海洋环境进行更大范围、更加密集的持续观测与深入研究，尤其依托新建站——南极秦岭站加快气–冰–海耦合观测系统的构建，加深对下降风、冰间湖和底层水以及罗斯海生态系统的认识。但受观测环境和观测能力的限制，且南极卫星观测资料十分缺乏，南大洋常规海洋环境观测则主要聚焦于春夏季过程，对南大洋物理过程、生态系统和碳循环的秋冬季过程了解较少。而秋冬季是南大洋对流和混合最强的季节，因此未来可充分发挥"雪龙2"号破冰船先进的调查能力，以及浮标、潜标等无人观测装备的观测能力，借助海豹和企鹅等海洋生物，加强对南大洋的秋冬季调查能力。此外，在全球变暖背景下，南极冰架的加速融化对南大洋和全球气候系统有重要反馈作用。未来，发展多圈层耦合观测和数值模拟技术来加强对南极气候和生态系统的研究十分必要。

参 考 文 献

BAI K X, CHANG N B, GAO W, 2016. Quantification of relative contribution of Antarctic ozone depletion to increased austral extratropical precipitation during 1979–2013[J]. Journal of Geophysical Research: Atmospheres, 121(4): 1459–1474. DOI:10.1002/2015JD024247.

CAI W J, GAO L B, LUO Y Y, et al., 2023a.Southern Ocean warming and its climatic impacts[J]. Science Bulletin, 68(9):946–960. https://doi.org/10.1016/j.scib.2023.03.049.

CAI W J, JIA F, LI S J, et al., 2023b. Antarctic shelf ocean warming and sea ice melt affected by projected El Niño changes[J]. Nature Climate Change, 13(3):1–5. https://doi.org/10.1038/s41558-023-01610-x.

CAI Y Q, CHEN D K, MAZLOFF M R, et al., 2022. Topographic modulation of the wind stress impact on eddy activity in the Southern Ocean[J]. Geophysical Research Letters, 49(13):e2022GL097859. DOI:49.10.1029/2022GL097859.

CHEN T Y, ROBINSON L F, LI T, et al., 2023. Radiocarbon evidence for the stability of polar ocean overturning during the Holocene[J]. Nature Geoscience, 16(7): 631–636. https://doi.org/:10.1038/s41561-023-01214-2.

CHENG C, JENKINS A, HOLLAND P R, et al., 2019a. Responses of sub-ice platelet layer thickening rate and frazil-ice concentration to variations in ice-shelf water supercooling in Mcmurdo Sound, Antarctica[J]. The Cryosphere, 13(1): 265–280. https://doi.org/10.5194/tc-13-265-2019.

CHENG Z, PANG X P, ZHAO X, et al., 2019b. Heat flux sources analysis to the Ross Ice Shelf Polynya ice production time series and the impact of wind forcing[J]. Remote sensing, 11(2): 188. https://doi.org/10.3390/rs11020188.

CHENG C, JENKINS A, WANG Z M, et al., 2020. Modeling the vertical structure of the ice shelf-ocean boundary current under supercooled condition with suspended frazil ice processes: a case study underneath the Amery Ice Shelf, East Antarctica[J]. Ocean Modelling, 80(5): 1307–1327. https://doi.org/10.1016/j.ocemod.2020.101712.

CHENG Z, PANG X P, ZHAO X, et al., 2017a. Spatio-temporal variability and model parameter sensitivity analysis of ice production in Ross Ice Shelf Polynya from 2003 to 2015[J]. Remote Sensing, 9(9): 934. https://doi.org/10.3390/rs9090934.

CHENG C, WANG Z M, LIU C Y, et al., 2017b. Vertical modification on depth-integrated ice shelf water plume modeling based on an equilibrium vertical profile of suspended frazil ice concentration[J]. Journal of Physical Oceanography, 47(11): 2773–2792. https://doi.org/10.1175/JPO-D-17-0092.1.

CHENG C, WANG Z M, SHEN L Y, et al., 2022a. Modeling the thermal processes within the ice shelf-ocean boundary current underlain by strong pycnocline underneath a cold-water ice shelf using a 2.5-dimensional vertical slice model[J]. Ocean Modelling, 177: 102079. https://doi.org/10.1016/j.ocemod.2022.102079.

CHENG L J, VON SCHUCKMANN K, ABRAHAM J, et al., 2022b. Past and future ocean warming[J]. Nature Reviews Earth & Environment, 3:776–794. https://doi.org/10.1038/s43017-022-00345-1.

DONG X R, NIE Y F, WANG J F, et al., 2024. Deep learning shows promise for seasonal prediction of antarctic sea ice in a rapid decline scenario[J]. Advances in Atmospheric Sciences: s00376-024-3380-y. https://doi.org/10.1007/s00376-024-3380-y.

DOU J, ZHANG R H, 2023a. Impact of the sea surface temperature in extratropical Southern Indian Ocean on the Antarctic sea ice in austral spring[J]. Journal of Climate, 36(23): 8259–8275. https://doi.org/10.1175/JCLI-D-22-0655.1.

DOU J, ZHANG R H, 2023b. Weakened relationship between ENSO and Antarctic sea ice in recent decades[J].Climate Dynamics, 60(5): 1313–1327. https://doi.org/10.1007/s00382-022-06364-4.

FAN G J, HAN Z B, MA W T, et al., 2020. Southern Ocean carbon export efficiency in relation to temperature and primary productivity[J]. Scientific Reports, 10(1): 13494. https://doi.org/:10.1038/s41598-020-70417-z.

GAO H, CAI W J, JIN M B, et al., 2022a. Ocean ventilation controls the contrasting anthropogenic CO_2 uptake rates between the western and eastern South Atlantic Ocean basins[J]. Global Biogeochemical Cycles, 36(6): e2021GB007265. DOI: 10.1029/2021GB007265.

GAO L B, ZU Y C, GUO G J, et al., 2022b. Recent changes and distribution of the newly-formed Cape Darnley Bottom Water, East Antarctica[J]. Deep Sea Research Part Ⅱ: Topical Studies in Oceanography, 201: 105119. https://doi.org/10.1016/j.dsr2.2022.105119.

GAO L B, RINTOUL S R, YU W D, 2018. Recent wind-driven change in Subantarctic Mode Water and its impact on ocean heat storage[J].Nature Climate Change, 8: 58–63. DOI:10.1038/s41558-017-0022-8.

GAO L B, YUAN X J, CAI W J, et al., 2024. Persistent warm-eddy transport to Antarctic ice shelves driven by enhanced summer westerlies[J]. Nature Communications, 15: 671. https://doi.org/10.1038/s41467-024-45010-x.

GAO Y S, YANG L J, LIU H W, et al., 2023. Positive Atlantic Multidecadal Oscillation has driven poleward redistribution of the West Antarctic Peninsula biota through a food-chain mechanism[J]. Science of The Total Environment, 881: 163373. https://doi.org/:10.1016/j.scitotenv.2023.163373.

GU F G, YANG Q H, KAUKER F, et al., 2022. The sensitivity of landfast sea ice to atmospheric forcing in single-column model simulations: a case study at Zhongshan Station, Antarctica[J]. The Cryosphere, 16(5): 1873–1887. https://doi.org/10.5194/tc-16-1873-2022.

GUO G J, GAO L B, SHI J X, 2021. Modulation of dense shelf water salinity variability in the western Ross Sea associated with the Amundsen Sea Low[J]. Environmental Research Letters, 16: 014004. https://doi.org/10.1088/1748-9326/abc995.

GUO G J, GAO L B, SHI J X, et al., 2022. Wind-driven seasonal intrusion of modified

Circumpolar Deep Water onto the continental shelf in Prydz Bay, East Antarctica[J]. Journal of Geophysical Research: Oceans, 127: e2022JC018741. https://doi.org/10.1029/2022JC018741.

GUO G J, SHI J X, GAO L B, et al., 2019. Reduced sea ice production due to upwelled oceanic heat flux in Prydz Bay, East Antarctica[J]. Geophysical Research Letters, 46(9): 4782–4789. https://doi.org/10.1029/2018GL081463.

HAN X X, STEWART A L, CHEN D K, et al., 2022a. Topographic Rossby wave-modulated oscillations of dense overflows[J]. Journal of Geophysical Research: Oceans, 127: e2022JC018702. https://doi.org/10.1029/2022JC018702.

HAN Y X, SHI J X, HOU S S, et al., 2022b. Numerical simulation of the dynamic effects of grounding icebergs on summer circulation in Prydz Bay, Antarctica[J] Advances in Polar Science, 33(2): 135–144. https://doi.org/10.13679/j.advps.2022.0002.

HAN X X, STEWART A L, CHEN D K, et al., 2023. Controls of topographic Rossby wave properties and downslope transport in dense overflows[J]. Journal of Physical Oceanography, 53(7): 1805–1820. https://doi.org/10.1175/JPO-D-22-0237.1.

HAN X X, STEWART A L, CHEN D K, et al., 2024. Circum-Antarctic bottom water formation mediated by tides and topographic waves[J]. Nature Communications, 15:2049. https://doi.org/10.1038/s41467-024-46086-1.

HAN Z B, HU C Y, SUN W P, et al., 2019. Characteristics of particle fluxes in the Prydz Bay polynya, Eastern Antarctica[J]. Science China Earth Sciences, 62(4): 657–670. https://doi.org/:10.1007/s11430-018-9285-6.

HE Q Q, ZHAN W K, CAI S Q, et al., 2023. Enhancing impacts of mesoscale eddies on Southern Ocean temperature variability and extremes[J]. Proceedings of the National Academy of Sciences, 120(39): e2302292120. DOI:10.1073/pnas.2302292120.

HONG Y, DU Y, QU T D, et al., 2020. Variability of the Subantarctic Mode Water volume in the South Indian Ocean during 2004–2018[J]. Geophysical Research Letters, 47(10): e2020GL087830. https://doi.org/10.1029/2020gl087830.

HONG Y, DU Y, XIA X Y, et al., 2021. Subantarctic Mode Water and Its Long-Term Change in CMIP6 Models[J]. Journal of Climate, 34(23):9385–9400. https://doi.org/10.1175/JCLI-D-21-0133.1.

HOU S S, SHI J X, 2021. Variability and formation mechanism of polynyas in Eastern Prydz Bay, Antarctica[J]. Remote Sensing, 13(24): 5089. https://doi.org/10.3390/rs13245089.

HU H, ZHAO J, HEIL P, et al., 2023. Annual evolution of the ice–ocean interaction beneath landfast ice in Prydz Bay, East Antarctica[J]. The Cryosphere, 17(6): 2231–2244. https://doi.org/10.5194/tc-17-2231-2023.

JIANG N, ZHANG Z R, ZHANG R F, et al., 2024. The connection of phytoplankton biomass in the Marguerite Bay polynya of the western Antarctic peninsula to the Southern Annular Mode[J]. Acta Oceanologica Sinica, 43: 35–47. https://doi.org/:10.1007/s13131-023-2201-y.

JIANG S W, HU H B, PERRIE W, et al., 2022. Different climatic effects of the Arctic and Antarctic ice covers on land surface temperature in the Northern Hemisphere: application of Liang-Kleeman information flow method and CAM4.0[J]. Climate Dynamics, 58: 1237–1255. DOI: 10.1007/s00382-021-05961-z.

JING W D, LUO Y Y, 2021. Volume budget of Subantarctic Mode Water in the Southern Ocean from an Ocean General Circulation Model[J]. Journal of Geophysical Research: Oceans, 126(10): e2020JC017040.DOI: 10.1029/2020JC017040.

LI D, DECONTO R M, POLLARD D, 2023a. Climate model differences contribute deep uncertainty in future Antarctic ice loss[J]. Science Advances, 9(7): eadd7082. https://doi.org/10.1126/sciadv.add7082.

LI N, LEI R B, HEIL P, et al., 2023b. Seasonal and interannual variability of the landfast ice mass balance between 2009 and 2018 in Prydz Bay, East Antarctica[J]. The Cryosphere, 17(2): 917–937. https://doi.org/10.5194/tc-17-917-2023.

LI X C, CHEN X Y, WU B Y, et al., 2023c. China's recent progresses in polar climate change and its interactions with the global climate system[J]. Advances in Atmospheric Sciences, 40(8): 1401–1428. DOI: 10.1007/s00376-023-2323-3.

LI Q X, LUO Y Y, LU J, et al., 2022. The role of ocean circulation in Southern Ocean heat uptake, transport, and storage response to quadrupled CO_2[J]. Journal of Climate, 35(22):

7165–7182. https://doi.org/10.1175/JCLI-D-22-0160.1.

LI X C, CAI W J, MEEHL G A, et al., 2021. Tropical teleconnection impacts on Antarctic climate changes[J]. Nature Reviews Earth & Environment, 2(10): 680–698. DOI: 10.1038/s43017-021-00204-5.

LI X C, HOLLAND D M, GERBER E P, et al., 2014. Impacts of the north and tropical Atlantic Ocean on the Antarctic Peninsula and sea ice[J]. Nature, 505(7484): 538–542. DOI: 10.1038/nature12945.

LIANG Q, LI T, HOWAT I, et al., 2023a. Ice tongue calving in Antarctica triggered by the Hunga Tonga Volcanic Tsunami, January 2022[J]. Science Bulletin, 68(5): 456–459. https://doi.org/10.1016/j.scib.2023.02.022.

LIANG K X, WANG J F, LUO H, et al., 2023b. The role of atmospheric rivers in Antarctic sea ice variations[J]. Geophysical Research Letters, 50(8): e2022GL102588. https://doi.org/10.1029/2022GL102588.

LIN P Y, ZHONG R, YANG Q H, et al., 2023a. A record-breaking cyclone over the Southern Ocean in 2022[J]. Geophysical Research Letters, 50(14): e2023GL104012. https://doi.org/10.1029/2023GL104012.

LIN Y C, YANG Q H, MAZLOFF M, et al., 2023b. Transiting consolidated ice strongly influenced polynya area during a shrink event in Terra Nova Bay in 2013[J]. Communications Earth & Environment, 4(1): 54. https://doi.org/10.1038/s43247-023-00712-w.

LIN Y C, YANG Q H, SHI Q, et al., 2023c. A volume-conserved approach to estimating sea-ice production in Antarctic polynyas[J]. Geophysical Research Letters, 50(4): e2022GL101859. https://doi.org/10.1029/2022GL101859.

LIU C Y, Wang Z M, Cheng C, et al., 2017. Modeling modified Circumpolar Deep Water intrusions onto the Prydz Bay continental shelf, East Antarctica[J]. Journal of Geophysical Research: Oceans, 122: 5198–5217. https://doi.org/10.1002/2016JC012336.

LIU C Y, Wang Z M, Cheng C, et al., 2018. On the modified Circumpolar Deep Water upwelling over the Four Ladies Bank in Prydz Bay, East Antarctica[J]. Journal of Geophysical Research: Oceans, 123: 7819–7838. https://doi.org/10.1029/2018JC014026.

LIU C Y, Wang Z M, Liang X, et al., 2022. Topography-Mediated Transport of Warm Deep Water across the Continental Shelf Slope, East Antarctica[J]. Journal of Physical Oceanography, 52: 1295–1314. https://doi.org/10.1175/JPO-D-22-0023.1.

LIU F K, LUO Y Y, LU J, et al., 2021. The role of ocean dynamics in the cross-equatorial energy transport under a thermal forcing in the Southern Ocean[J]. Advances in Atmospheric Sciences, 38: 1737–1749. DOI: 10.1007/s00376-021-1099-6.

LUO F Y, YING J, LIU T Y, et al., 2023a. Origins of Southern Ocean warm sea surface temperature bias in cmip6 models[J]. npj Climate and Atmospheric Science, 6(1): 1–8. https://doi.org/10.1038/s41612-023-00456-6.

LUO H, YANG Q H, MAZLOFF M, et al., 2023b. A balanced atmospheric ensemble forcing for sea ice modeling in Southern Ocean[J]. Geophysical Research Letters, 50(5): e2022GL101139. https://doi.org/10.1029/2022GL101139.

LUO H, YANG Q H, MAZLOFF M, et al., 2023c. The impacts of optimizing model-dependent parameters on the Antarctic sea ice data assimilation[J]. Geophysical Research Letters, 50(22): e2023GL105690. https://doi.org/10.1029/2023GL105690.

LUO H, YANG Q H, MU L J, et al., 2021. Dasso: A data assimilation system for the Southern Ocean that utilizes both sea-ice concentration and thickness observations[J]. Journal of Glaciology, 67(266): 1235–1240. https://doi.org/10.1017/jog.2021.57.

NIE Y F, LIN X, YANG Q H, et al., 2023a. Differences between the CMIP5 and CMIP6 Antarctic sea ice concentration budgets[J]. Geophysical Research Letters, 50(23): e2023GL105265. https://doi.org/10.1029/2023GL105265.

NIE Y F, LI C K, VANCOPPENOLLE M, et al., 2023b. Sensitivity of NEMO4.0-SI3 model parameters on sea ice budgets in the Southern Ocean[J]. Geoscientific Model Development, 16(4): 1395–1425. https://doi.org/10.5194/gmd-16-1395-2023.

PEI Y H, 2021. Cyclostationary EOF modes of Antarctic sea ice and their application in prediction[J]. Journal of Geophysical Research: Oceans, 126(10): e2021JC017179. https://doi.org/10.1029/2021JC017179.

QIN Q, WANG Z M, LIU C Y, et al., 2022. Open-Ocean Polynyas in the Cooperation

Sea, Antarctica[J]. Journal of Physical Oceanography, 52(7): 1363–1381. https://doi.
org/10.1175/JPO-D-21-0197.1.

QIU Z S, WEI Z X, NIE X W, et al., 2021. Southeast Indian Subantarctic mode water
in the CMIP6 coupled models[J]. Journal of Geophysical Research: Oceans, 126(7):
e2020JC016872. https://doi.org/10.1029/2020JC016872.

SHI F, LUO Y Y, WU R H, et al., 2023. Contrasting trends in short-lived and long-lived
mesoscale eddies in the Southern Ocean since the 1990s[J]. Environmental Research
Letters, 18(3): 034042. https://doi.org/10.1088/1748-9326/acbf6b.

WANG C N, ZHANG Z R, ZHONG Y S, et al., 2024. A model study of Buoyancy
Driven Cross-Isobath Transport Over the Ross Sea Continental Shelf Break[J].
Journal of Geophysical Research: Oceans, 129: e2023JC020078. https://doi.
org/10.1029/2023JC020078.

WANG G J, CAI W J, SANTOSO A, et al., 2022a. Future Southern Ocean warming linked
to projected ENSO variability[J].Nature Climate Change, 12:649–654. https://doi.
org/10.1038/s41558-022-01398-2.

WANG J F, LUO H, YANG Q H, et al., 2022b. An unprecedented record low Antarctic sea-
ice extent during austral summer 2022[J]. Advances in Atmospheric Sciences, 39(10):
1591–1597. https://doi.org/10.1007/s00376-022-2087-1.

WANG J, LUO H, YU L, et al., 2023a. The impacts of combined SAM and ENSO on
seasonal Antarctic sea ice changes[J]. Journal of Climate, 36(11): 3553–3569. https://doi.
org/10.1175/JCLI-D-22-0679.1.

WANG T, ZHOU C X, QIAN Y D, et al., 2023b. Basal channel system and polynya
effect on a regional air-ice-ocean-biology environment system in the Prydz Bay, East
Antarctica[J]. Journal of Geophysical Research-Earth Surface, 128(9): 1–17. https://doi.
org/10.1029/2023JF007286.

WANG Y H, YUAN X J, REN Y B, et al., 2023c. Subseasonal prediction of regional
Antarctic sea ice by a deep learning model[J]. Geophysical Research Letters, 50(17):
e2023GL104347. https://doi.org/10.1029/2023GL104347.

WANG X Q, ZHANG Z R, DINNIMAN M S, et al., 2023d. The response of sea ice and high-salinity shelf water in the Ross Ice Shelf Polynya to cyclonic atmosphere circulations[J]. The Cryosphere, 17(3): 1107–1126. https://doi.org/10.5194/tc-17-1107-2023.

WANG L N, LYU K W, ZHUANG W, et al., 2021a. Recent shift in the warming of the southern oceans modulated by decadal climate variability[J]. Geophysical Research Letters, 48: e2020GL090889.

WANG X Q, ZHANG Z R, WANG X Z, et al., 2021b. Impacts of strong wind events on sea ice and water mass properties in Antarctic coastal polynyas[J].Climate Dynamics, 57: 3505–3528. https://doi.org/10.1007/s00382-021-05878-7.

WANG Z M, WU Y, LIN X, et al., 2017. Impacts of open-ocean deep convection in the Weddell Sea on coastal and bottom water temperature[J]. Climate Dynamics, 48: 2967–2981. https://doi.org/10.1007/s00382-016-3244-y.

WANG Z M, ZHANG X D, GUAN Z Y, et al., 2015. An atmospheric origin of the multi-decadal bipolar seesaw[J]. Scientific Reports, 5: 8909. https://doi.org/10.1038/srep08909.

WEI Z, ZHANG Z R, WANG X Q, et al., 2022. The thermodynamic and dynamic control of the sensible heat polynya in the western Cosmonaut Sea[J]. Deep Sea Research Part II: Topical Studies in Oceanography, 195: 105000. https://doi.org/10.1016/j.dsr2.2021.105000.

WU Y X, BAKKER D C E, ACHTERBERG E P, et al., 2022. Integrated analysis of carbon dioxide and oxygen concentrations as a quality control of ocean float data[J]. Communications Earth & Environment, 3(1): 92. DOI: 10.1038/s43247-022-00421-w.

WU Y X, QI D, 2023. The controversial Southern Ocean air-sea CO_2 flux in the era of autonomous ocean observations[J]. Science Bulletin, 68(21): 2519–2522. DOI: 10.1016/j.scib.2023.08.059.

XIA X Y, XU L X, XIE S P, et al., 2021. Fast and slow responses of the Subantarctic Mode Water in the South Indian Ocean to global warming in CMIP5 extended RCP4.5 simulations[J]. Climate Dynamics, 56:3157–3171. https://doi.org/10.1007/s00382-021-05635-w.

XIA X Y, HONG Y, DU Y, et al., 2022. Three types of Antarctic Intermediate Water revealed by a machine learning approach[J]. Geophysical Research Letters, 49(21):

e2022GL099445. https://doi.org/10.1029/2022GL099445.

XIA Y W, GWYTHER D E, GALTON-FENZI B, et al., 2023. Eddy and tidal driven basal melting of the Totten and Moscow University ice shelves[J]. Frontiers in Marine Science, 10:1159353. https://doi.org/10.3389/fmars.2023.1159353.

XIE C H, SHI J X, SUN Y M, et al., 2023. Modified Circumpolar Deep Water inflow to the Dotson-Getz Trough in the summers of 2020 and 2022[J]. Advances in Polar Science, 34(2): 80–90. https://doi.org/10.12429/j.advps.2023.0002.

XU L X, DING Y, XIE S P, 2021a. Buoyancy and wind driven changes in Subantarctic Mode Water during 2004–2019[J]. Geophysical Research Letters, 48(8): e2021GL092511. https://doi.org/10.1029/2021GL092511.

XU Y, LI H, LIU B J, et al., 2021b. Deriving Antarctic sea-ice thickness from satellite altimetry and estimating consistency for Nasa's ICESat/ICESat-2 Missions[J]. Geophysical Research Letters, 48(20): e2021GL093425. https://doi.org/10.1029/2021GL093425.

XU Q B, YANG L J, GAO Y S, et al., 2021c. 6, 000-Year Reconstruction of modified circumpolar deep water intrusion and its effects on sea ice and penguin in the Ross Sea[J]. Geophysical Research Letters, 48(15): e2021GL094545. https://doi.org/:10.1029/2021GL094545.

XU X Q, LIU J P, HUANG G, 2022. Understanding sea surface temperature cooling in the central-east Pacific sector of the Southern Ocean during 1982–2020[J]. Geophysical Research Letters, 49(10): e2021GL097579. https://doi.org/10.1029/2021GL097579.

YAN L J, WANG Z M, LIU C Y, et al., 2023. The salinity budget of the Ross Sea continental shelf, Antarctica[J]. Journal of Geophysical Research: Oceans, 128: e2022JC018979. https://doi.org/10.1029/2022JC018979.

YANG G, ATKINSON A, HILL S L, et al., 2021a. Changing circumpolar distributions and isoscapes of Antarctic krill: Indo-Pacific habitat refuges counter long-term degradation of the Atlantic sector[J]. Limnology and Oceanography, 66(1): 272–287. https://doi.org/:10.1002/lno.11603.

YANG J, XIAO C D, LIU J P, et al., 2021b. Variability of Antarctic sea ice extent over the past 200 years[J]. Science Bulletin, 66(23): 2394–2404. https://doi.org/10.1016/j.scib.2021.07.028.

YAO W J, SHI J X, ZHAO X L, 2017. Freshening of Antarctic Intermediate Water in the South Atlantic Ocean in 2005 - 2014[J]. Ocean Science, 13(4):521–530. DOI:10.5194/os-13-521-2017.

YU J C, ZHU G P, WANG Y S, et al., 2023. Sea ice melting drives substantial change in dissolved organic matter in surface water off Prydz Bay, East Antarctic[J]. Journal of Geophysical Research: Biogeosciences, 128(3): e2023JG007415. https://doi.org/:10.1029/2023JG007415.

YU J M, OPPO D W, JIN Z D, et al., 2022a. Millennial and centennial CO_2 release from the Southern Ocean during the last deglaciation[J]. Nature Geoscience, 15(4): 293–299. https://doi.org/:10.1038/s41561-022-00910-9.

YU L J, ZHONG S Y, SUN B, 2022b. Synchronous variation patterns of monthly sea ice anomalies at the Arctic and Antarctic[J]. Journal of Climate, 35(9): 2823–2847. https://doi.org/10.1175/JCLI-D-21-0756.1.

YUAN Z X, QIN J, LI S L, et al., 2022. Impact of boreal autumn Antarctic oscillation on winter wet-cold weather in the middle-lower reaches of Yangtze River Basin[J]. Climate Dynamics, 58(1–2): 329–349. DOI: 10.1007/s00382-021-05906-6.

ZHANG C, LI T, LI S L, 2021a. Impacts of CP and EP El Niño events on the Antarctic sea ice in austral spring[J]. Journal of Climate, 34(23): 9327–9348. DOI: 10.1175/JCLI-D-21-0002.1.

ZHANG L, GAN B L, LI X C, et al., 2021b. Remote influence of the midlatitude south Atlantic variability in spring on Antarctic summer sea ice[J]. Geophysical Research Letters, 48(1): 2020GL090810. https://doi.org/10.1029/2020GL090810.

ZHANG Y, DU Y, QU T D, et al., 2021c. Changes in the Subantarctic Mode Water Properties and Spiciness in the Southern Indian Ocean based on Argo Observations[J]. Journal of Physical Oceanography, 51(7):2203–2221.DOI: 10.1175/JPO-D-20-0254.1.

ZHANG H S, HAN Z B, ZHAO J, et al., 2014. Phytoplankton and chlorophyll a relationships with ENSO in Prydz Bay, East Antarctica[J]. Science China Earth Sciences, 57: 3073–3083. https://doi.org/:10.1007/s11430-014-4939-8.

ZHANG L, REN X Y, WANG C Y, et al., 2024. An observational study on the interactions between storm tracks and sea ice in the southern hemisphere[J]. Climate Dynamics, 62: 17–36 . https://doi.org/10.1007/s00382-023-06894-5.

ZHANG Y L, ZHAO W, WEI H, et al., 2023a. Iron limitation and uneven grazing pressure on phytoplankton co-lead the seasonal species succession in Ross Ice Shelf Polynya[J]. Journal of Geophysical Research: Oceans, 128:e2022JC019026. https://doi.org/10.1029/2022JC019026.

ZHANG S, WU Y X, CAI W J, et al., 2023b. Transport of anthropogenic carbon from the Antarctic shelf to deep Southern Ocean triggers acidification[J]. Global Biogeochemical Cycles, 37(12): e2023GB007921. https://doi.org/:10.1029/2023GB007921.

ZHANG Z R, HOFMANN E E, DINNIMAN M S, et al., 2020. Linkage of the physical environments in the northern Antarctic Peninsula region to the Southern Annular Mode and the implications for the phytoplankton production[J]. Progress in Oceanography, 188: 102416. https://doi.org/:10.1016/j.pocean.2020.102416.

ZHANG Z R, UOTILA P, STöSSEL A, et al., 2018. Seasonal southern hemisphere multi-variable reflection of the Southern Annular Mode in atmosphere and ocean reanalyses[J]. Climate Dynamics, 50(3–4): 1451–1470. https://doi.org/10.1007/s00382-017-3698-6.

ZHANG Z R, VIHMA T, STÖSSEL A, et al., 2015. The role of wind forcing from operational analyses for the model representation of Antarctic coastal sea ice[J]. Ocean Modelling, 94: 95–111. https://doi.org/10.1016/j.ocemod.2015.07.019.

ZHANG Z Y, GONG D Y, MAO R, et al., 2019. Possible influence of the Antarctic oscillation on haze pollution in North China[J]. Journal of Geophysical Research: Atmospheres, 124(3): 1307–1321. DOI: 10.1029/2018JD029239.

ZHONG R, YANG Q H, HODGED K I, et al., 2022. Impact of data resolution on tracking Southern Ocean cyclones[J]. Monthly Weather Review, 151(1): 3–22. https://doi.org/10.1175/MWR-D-22-0121.1.

胡健民 / 供图

第4章
南北极地质过程及环境效应

....

　　南北极是全球地学研究的最薄弱区域，研究极地陆地、海洋地质及其环境效应有助于补足地球系统科学中的短板。近10年来，我国对南北极陆海域地质考察和研究领域不断扩展，获得了国际上第一幅全南极板块高精度三维地壳和岩石圈结构图，揭示出与泛非期陆块汇聚有关的臭霍面错断、冰下大地构造以及罗斯海的张裂过程；重塑了中—新元古代印度与东南极陆块间从岛弧增生、弧-陆碰撞到陆-陆碰撞的造山演化及泛非期冈瓦纳聚陆过程；重建了南极半岛与南美板块的分离过程及其控制下的德雷克海峡在古新世初始打开与环境效应；发现了更新世东南极和西南极冰川易受海水升温、绕极深层水上涌和海平面上升影响而崩塌，绕极深层水上涌与底部通风加强导致冰消期大气CO_2增加，以及太阳辐射量、厄尔尼诺-南方涛动与冰架下冷水输出量调控全新世南大洋表层海洋环境变化；查明了北极超慢速扩张洋中脊的地壳结构和美亚海盆的最早扩张时间；阐明了更新世北美和欧亚冰盖消长控制着北冰洋环流和水体物理化学性质的变化，北极冰盖和海冰消长的偏心率和岁差周期受到低纬度区域热量和水汽输送调控，以及泛北极地区河流热能排放在全新世北冰洋海冰消融过程中扮演着至关重要的角色。上述研究成果提升了我国南北极地质科学的认知水平。

4.1 南极板块三维地壳和岩石圈结构及冰（海）下地质构造

南极洲是地球上最古老的大陆之一，它经历并保存了地球形成和演化过程中一些重大地质事件的记录（图4-1），因此是研究地球演化过程和认识海陆构造格局不可或缺的重要环节。然而，由于南极洲自然条件极为恶劣，野外实施地球物理观测的难度较大，所以除整个大陆0.3%有基岩出露的地方外，人们对其余被冰雪覆盖下的南极内陆的深部结构知之甚少，从而造成对与南极大陆形成过程有关的很多问题都处于推测的状态。南极大陆的地球物理调查主要包括地面地球物理观测（冰雷达、天然地震、重力和大地电磁）、航空地球物理探测（冰雷达、重力和磁力）以及卫星地球物理勘探（主要是重力）。在这一领域，国际上开展的工作较早，但调查区域多集中在南极大陆边缘，对相对遥远的内陆探测调查非常有限。我国对南极大陆的地球物理调查工作直至第四个国际极地年（2007—2009年）才真正开始，经过10余年的努力，我们从大尺度全南极板块到局部区域的高精度地球物理观测均取得了明显的进步。

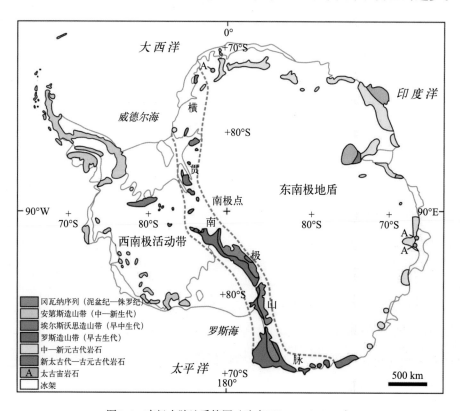

图4-1 南极大陆地质简图（改自Elliot et al., 2015）

4.1.1 全南极板块高精度三维地壳和岩石圈结构

在第四个国际极地年之前，人们对南极内陆（尤其是最高点附近）冰下地质了解甚少。为此，第四个国际极地年工作的重点是，探测南极最高点附近的冰下地形以及南极大陆地壳和岩石圈结构，试图解决南极大陆深部热供给与冰盖熔融和冰下湖之间的关系。地震学方法是最好的探测固体地球内部结构的手段。利用天然地震观测，可以探明南极大陆地壳和上地幔的结构，从中深入了解南极大陆的地球动力学信息，这是解决以上南极科学问题的关键。

从第四个国际极地年开始，国际上在南极实施了史上规模最大、基本覆盖整个南极大陆的天然地震野外观测。作为第四个国际极地年旗舰计划的一部分，我国科研团队在中山站至昆仑站之间部署了7个极低温宽频天然地震观测台，不仅成功获得了中山站至昆仑站的重要观测数据，还通过国际合作获得了南极大陆其他地区的天然地震观测数据。通过对这些海量数据的分析和计算，获得了南极板块的深部结构特征（冯梅等，2014; An et al.，2015a, 2015b, 2015c, 2016）。

利用我国科研团队开发的适合极地的等面积不规则网格层析成像反演和空间分辨率分析等技术，对基阶面波观测数据进行反演，首次获得了覆盖整个南极板块的1°侧向分辨率的三维地壳和岩石圈剪切波速结构图，据此得出了整个南极洲板块的莫霍面形态图（图4-2）（An et al.，2015b）；利用三维波速结构计算了南极板块三维地壳和岩石圈的温度结构，从而绘制了南极板块的岩石圈厚度图（An et al.，2015c），这也是迄今为止在南极大陆和相邻海域获得的最清晰的三维地壳和岩石圈结构图。整个南极大陆与海域的波速结构结果显示，较厚的地壳主要出现在从甘布尔采夫冰下山脉延伸到毛德皇后地的东南极山系（EAMOR）（最厚约61 km），这可能代表泛非造山运动（550～500 Ma）期间澳大利亚-南极陆块与印度-南极陆块之间的碰撞缝合带，由此推测大陆碰撞体系的高地形和厚地壳可以保持约500 Ma。而后，利用卫星和实测数据融合后的重力异常反演也获得了大致相同的地壳增厚区域（Ji et al., 2022），从而支持东南极山系可能代表古缝合带的假设。此外，在东南极下部200 km深处仍能发现很高的波速，特别是从冰穹A到冰穹C之间的地区，表明大陆岩石圈的下延已超过200 km。三维温度结构（An et al., 2015c, 2016）表明，南极大陆区域地表热流的高低与冰下湖的分布没有相关关系；在南极半岛之下仍残存有10 Ma之前的大洋俯冲板片，而在西南极之下虽未发现明显的俯冲板片，但90 Ma之前弧后体系热异常至今仍然存在；大洋岩石圈增厚速率不仅与其年龄有关（随年龄增加而增加），还与其形成时的洋中脊扩张速度有关，超慢速扩张洋中脊形成的岩石圈随年龄增加没有明显增厚。

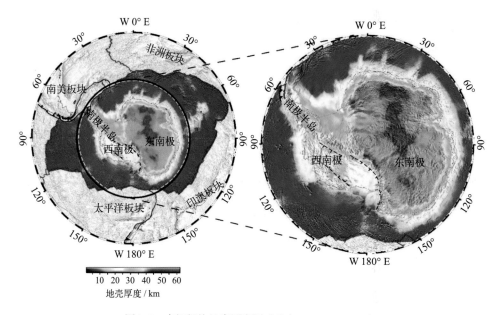

图4-2 南极板块地壳厚度图（改自An et al., 2015b）

我国的上述研究成果基本上解决了第四个国际极地年所关注的除冰下地形之外的其他科学问题，使人们对南极大陆内部地壳和岩石圈结构有了基于可靠观测的认识，解答了南极最高点所在山脉的形成、深部地质对冰川间相互作用等国际极地年最关注的问题，也探索了俯冲板片在大洋或大陆俯冲停止后的滞留时间、大洋岩石圈增厚与年龄的关系等与板块构造理论有关的科学问题。这项工作不仅提高了人们对整个南极大陆和相邻海域形成与演化的认知水平，也加深了对全球板块构造体系及演化的理解，为全球气候变化研究提供了来自深部的支撑。

4.1.2　东南极拉斯曼丘陵地区地壳精细结构

对东南极内部新识别出的泛非期普里兹造山带的性质存在碰撞造山和板内造山两种不同的认识，这直接影响到对罗迪尼亚和冈瓦纳两个超级大陆形成模式的理解。普里兹造山带由于冰雪覆盖，成为地球上地表出露最差的造山带之一，其内部结构、延展方向和连接问题存在争议。因此，在普里兹造山带核心部位的拉斯曼丘陵地区开展大地电磁观测和短周期地震观测，对于揭示地壳和上地幔的精细结构以及理解深部地球内部动力学过程至关重要，并将为探寻普里兹造山带的性质和走向提供重要约束。

中国南极中山站恰好建于拉斯曼丘陵，这为开展地球物理观测和研究提供了优越的条件。中国第36次南极科学考察期间（2019/2020年），科研团队利用100台短周期地震仪在拉斯曼丘陵地区布设了一条线性密集台阵，台间距为200 m，剖面长度为20 km，观测时间约1个月。通过对震级大于5.0级的约80个远震事件进行分析，获得了测线下方莫霍面深度和平均地壳泊松比［图4-3（a）］，发现莫霍面的平均深度约为30 km，在水平距离5～10 km处存在明显的莫霍面错断，该莫霍面错断区的平均泊松比约为0.28，明显高于相邻块（Fu et al., 2024）。利用震级大于5.5级的地震事件获得纵波接收函数成像图［图4-3（b）］，在约30 km处观察到显著的6～8 km莫霍面错断，这一地壳变化可能是由该地区大规模的构造活动造成的。背景噪声面波成像给出了拉斯曼丘陵冰盖及上地壳横波速度结构［图4-3（c）］（Fu et al., 2022），揭示测线下方存在一条近乎垂直的花岗岩侵入（破碎）带。与此同时，科研团队在同一测线完成了10个宽频带大地电磁数据观测（Guo et al., 2022; Xiao et al., 2023），每个站位的观测时长为3～7 d，点距为2～3 km，剖面总长约26 km。采用非线性共轭梯度方法反演得到的电阻率模型显示了地下复杂的电性结构［图4-3（d）］。大地电磁成像结果显示拉斯曼丘陵深部地壳存在一条明显的低阻通道，其位置与莫霍面错断区域相吻合。基于以上深部地球物理成像结果和地质背景，研究团队推测沿剖面5～10 km的莫霍扰动区域可能代表印度和东南极陆块之间古老的俯冲诱导缝合带。

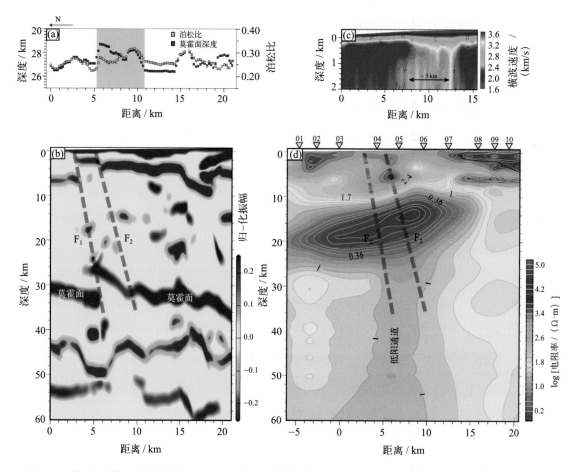

图4-3　利用短周期地震仪在拉斯曼丘陵地区开展地球物理观测。（a）：沿着剖面的莫霍面深度和泊松比；（b）：沿着剖面的接收函数成像结果；（c）：冰盖和上地壳的横波速度模型；（d）：沿着剖面的地壳电阻率模型。其中，（b）和（d）中标有F_1和F_2的两条虚线表示贯穿上莫霍面的两条深大断裂（改自Fu et al., 2024）

　　高精度的区域性地球物理调查是开展南极冰下地质研究的重要手段，开展地震学与大地电磁的联合观测有助于揭示地下岩石的物理和化学性质，进而深入理解区域地壳构造和演化历史。在拉斯曼丘陵（中山站）地区开展短周期密集地震台阵和大地电磁观测是我国在南极首次尝试性使用该方法来查明区域地壳精细结构，不仅成功地获得了高精度的电性结构和地震学结构，也发现了极为重要的莫霍面错断，不仅为泛非期普里兹缝合带位置的确定提供了深部地球物理证据，也为进一步研究东南极区域冈瓦纳大陆的拼接过程提供了重要信息。

4.1.3　东南极伊丽莎白公主地冰下地表热流和地质构造

南极大陆独特的自然地理条件使得传统的地面地球物理勘测受到极大的限制，现有的南极大陆重力和磁力异常数据库中的绝大部分数据都是通过航空地球物理调查获取的。我国于2015年引进了首架极地固定翼飞机"雪鹰601"，使我国的极地科学考察迈入了航空时代。依托中山站，我国的航空地球物理探测主要集中在东南极伊丽莎白公主地及其周边的冰盖区域，不仅积累了大量航空冰雷达、重力和磁力数据，也获取了冰盖结构、冰底界面和环境以及冰下基岩物性等关键参数，在伊丽莎白公主地冰下地表热流和冰下地质构造方面取得了重要进展。

基于"雪鹰601"在伊丽莎白公主地获得的大范围航磁数据，计算了该区域的等温居里面深度以及冰下地表热流（Li et al., 2021a）。整体上，伊丽莎白公主地居里面深度浅于以前估计的数值，高地热通量区域从甘布尔采夫冰下山脉北部起向北延伸，与靠近西冰架沿海高热通量区域相连（图4-4）。玛丽皇后地与接近西冰架区域具有相同量级的高地热通量，这可能是由新生代地壳隆升以及火山作用造成的。这一结果表明，伊丽莎白公主地东部相对于西部冰下地表热流比之前估计的要大，而之前由卫星测高确定的从甘布尔采夫冰下山脉一直延伸至西冰架海岸的大型冰下排水系统与地表热流具有明显的相关性，说明冰下地表热流对该区域冰盖底部融化的贡献大于之前的预期。实际上，这个高地热通量区域也与推测的数条冰下断层的位置基本吻合，有可能代表印度陆块与南极陆块之间的缝合线。另外，为了解西冰架以南布朗山地区冰下基岩的区域构造特征，利用"雪鹰601"固定翼飞机科学观测平台在2015—2017年中国南极科学考察期间收集的重磁数据，计算了冰下基岩的密度对比以及剖面磁化率模型，推断了其物理性质（Li et al., 2023）。结果表明，布朗山地区深层基岩磁化率和密度对比值存在突变，证实格林维尔期雷纳造山带向东延伸至布朗山，其延伸的终止边界可能代表泛非期南北方向板块碰撞的边界。同时确定出研究区冰下断层以及新老地层的叠加形式，证实该区东西方向存在大尺度逆冲倾覆结构，该结构是导致布朗山地区凸出冰下地形结构形成的原因。研究显示，西部盆地存在正断层，测线东北段存在岩性分离和走滑断层，这一地区可能是伊丽莎白公主地与诺克斯谷之间的边界。向内陆方向的深层基岩表现出明显不同的物理性质，说明存在古老的基底源，而内陆地区基岩的东西向不连续变化表明可能存在大型断裂构造或拼接带。

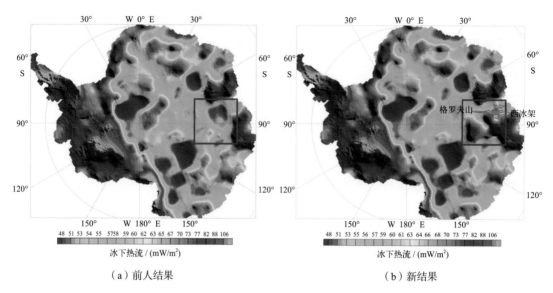

（a）前人结果　　　　　　　　　　　　（b）新结果

图4-4　对东南极伊丽莎白公主地冰下地表热流计算结果所做的改进（改自Li et al., 2021a）

航空地球物理调查是揭示南极冰下地质构造的重要手段。冰下地表热流的研究为冰下深部热结构分析、冰盖模式预测以及进一步揭示伊丽莎白公主地冰下水系统的分布和成因提供了支持，将为冰下地质构造划分以及模拟冰盖的动力学和演化模型提供更为精确的边界条件，从而有助于更确切地估算东南极冰盖的底部融化速率和对海平面上升的影响。重磁数据的反演推测出布朗山地区不同岩性和断层的分布以及可能的构造年龄，提供了对该地区冰下地质构造的新认识，确定了该地区对古大陆拼接过程和东南极基底重构的潜在贡献。

4.1.4　西南极罗斯海地壳和岩石圈结构及打开过程

西南极裂谷系统作为南极大陆内部最大的裂谷系统，是全球最重要的板块内部裂谷系统之一，其张裂过程对于我们理解地球上大型裂谷系统的演化及其环境效应具有重要的指示意义。罗斯海位于西南极裂谷系统的一端，西接横贯南极山脉，其构造历史是揭示西南极裂谷系统演化过程的关键。自冈瓦纳大陆破裂以来，罗斯海经历了从晚中生代的首次分散型裂谷活动到新生代的第二次集中型裂谷活动的突然转变。然而它的打开过程，尤其是第二次裂谷活动的空间范围、扩张方式及其对横贯南极山脉隆升的影响等若干细节仍不明了。

罗斯海首次裂谷活动发生在晚白垩世，随着西南极裂谷系统的打开形成了主要的裂谷基底。我国学者（Ji et al., 2017, 2018；纪飞等，2019）基于地质、地球物理等数据（地形、重力、沉积物厚度、热流及地震等），分别采用约束三维重力反演算法和谱相关技术获得了罗斯海地区精细的岩石圈结构和拉张因子、综合强度等参数，显示罗斯海盆地地壳垂向非均一拉张，下地壳减薄量大于上地壳。盆地中东部的高强度表明沉积后期下伏地壳具有一定强度，下地壳难以进一步拉张减薄，因此判定非均一拉张形成于首次裂谷活动，推测强度弱的下地壳是非均一拉张关键因素。西罗斯海存在一条由阿代尔盆地至维多利亚地盆地的岩石圈综合强度低值带，说明在新生代裂谷活动影响下岩石圈强度降低，因此可划分两次拉张的"热边界"，第二次拉张的宽度在200～400 km（图4-5）。此外，Ji等（2022）将高斯-傅里叶技术与频率域常规密度界面反演手段相结合，获得了南极大陆最新的高精度和高分辨率的地壳厚度模型，发现罗斯海新生代裂谷活动的南北向范围比预期更广，自阿代尔盆地向南延至罗斯冰架之下。同时，西罗斯海的低强度表明它向邻近冷的东南极进行水平热传导，使热量向横贯南极山脉聚集并产生浮力，造成横贯南极山脉的隆升。由此，将罗斯海打开过程总结为：晚中生代罗斯海首次打开，形成了现今大部分的盆地基底，彼时强度低的下地壳引发了垂向不均一拉张；第二期新生代拉张活动仅仅分布在罗斯海西部，裂谷活动范围东西向宽度在数百千米，沿着拉张轴向南延伸至罗斯冰架下方，南北向总长度达到上千千米。第二期裂谷活动强烈地减薄了地壳，致使海水的引入，从而使得上地幔橄榄岩发生了相变，而裂谷活动伴随的高温为紧邻的横贯南极山脉隆升提供了驱动力。

20世纪末以来，国内外众多研究机构获取了南极大量的航空和海洋重力数据。截至2024年年初，重力数据在南极大陆的覆盖率超过了70%，而在罗斯海区域基本实现了全覆盖。利用这些国际合作的重力数据，我国学者通过多种技术手段获得了罗斯海地区的岩石圈结构和强度特征，对罗斯海形成过程中的一些关键科学问题，如首次裂谷活动期间垂向非均一拉张的原因与机制、第二次裂谷活动的影响范围以及对横贯南极山脉隆升的影响等进行了细致的解答，为学界更好地理解西南极裂谷系统的演化提供了支撑。

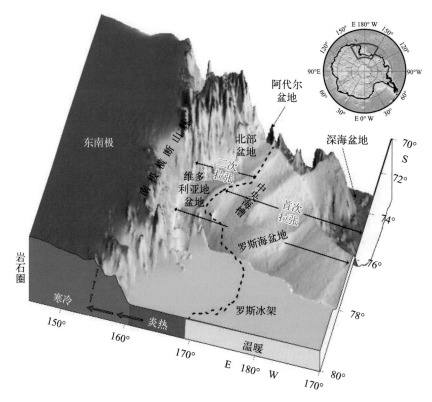

图4-5 罗斯海地区地形及拉张模式简图。岩石圈热结构的变化引起了热传导（红色箭头），黑色虚线表明两次裂谷活动的"热边界"（改自Ji et al., 2017）

4.2 东南极古陆中—新元古代多期次造山及超大陆演化

东南极古陆（地盾）的主体被东南极冰盖所覆盖，基岩主要沿其周边和横贯南极山脉出露。东南极古陆是一个典型的稳定陆块（克拉通），主要由多个太古宙古陆核以及围绕古陆核分布的中—新元古代格林维尔期和泛非期造山带组成。格林维尔期和泛非期两期构造热事件的普遍性及其相互叠加是东南极古陆最具特色的地质现象之一，而对每期构造热事件性质和时代的甄别与厘定又直接影响到造山带构造演化过程的建立，科学意义明确。因此，近10年来，我国在东南极印度洋扇区的地质研究工作主要聚焦在这两期构造热事件的识别及其对罗迪尼亚和冈瓦纳超大陆的响应这一领域。这一时期，我们以中山站为依托，将考察区域向东扩展到内陆布朗山，向西越过兰伯特裂谷抵达北查尔斯王子山，基本上查明了两期高级变质事件的影响范围、温度–压力–时间（*P-T-t*）演化轨迹及其所反映的碰撞造山过程。

4.2.1 格林维尔期构造热事件的厘定及造山过程

自从我国地质学家赵越于20世纪90年代初在原属于东冈瓦纳内部的环东南极格林维尔活动带（约10亿年）中识别出泛非期高级构造热事件（Zhao et al., 1992）之后，国际地学界做了大量的跟踪研究工作，得出格林维尔期（约10亿年）构造热事件仅为局部残存的认识。然而，随着研究工作的不断深入，人们又发现泛非事件并不像以前想象的那样占有支配地位。那么，格林维尔期高级变质事件在东南极面向印度洋扇区到底属于什么性质？其变质之前处于何种构造环境？中—新元古代经历了怎样的构造演化过程？为解答这些问题，我国学者对广布于北查尔斯王子山–布朗山地区的雷纳变质杂岩（图4-6）和西福尔丘陵（Vestfold Hills）变质基性岩墙开展了系统的研究。

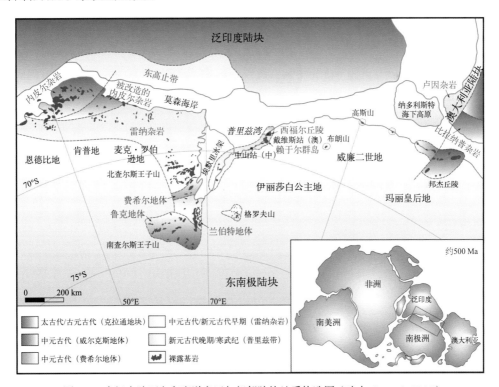

图4-6 南极大陆面向印度洋扇区与相邻陆块地质构造图（改自Liu et al., 2016）

对雷纳杂岩中镁铁质–长英质变质火成岩系统的同位素测年表明（Liu et al., 2014a, 2016, 2017），布朗山地区的原岩侵位时间较早，约为1 490 ~ 1 400 Ma，埃默里冰架东缘–普里兹湾地区原岩侵位的时间跨度较长，从约1 380 Ma延续至约1 020 Ma，而北查尔斯王子山地区的原岩侵位时间较晚，约为1 170 ~ 1 070 Ma。所有这些火成岩均具有大陆岛弧岩浆岩的属性，从而在印度与东南极陆块之间确定出一条延长大于2 000 km的中元古代长寿命（1 490 ~ 1 020 Ma）的大陆岛弧（称雷纳岛弧），岛弧增生过程长约500 Ma。尽管埃默里冰架东缘–普里兹湾地区已遭受到泛非期高温甚至超高温变质作用的强烈叠加，但精细的同位素年代学工作仍在很多露岩区都鉴别出格林维尔期变质事件的存在（Tong et al., 2019; Liu et al., 2021, 2024; Zong et al., 2021, 2023），并基于细致的岩相学观察和相平衡模拟在拉斯曼丘陵确定这一早期变质事件的峰期 P-T 条件达870 ~ 950℃和0.90 ~ 0.95 GPa（Tong et al., 2014, 2019; Zong et al., 2021）。而在泛非期构造热事件影响较弱的布朗山地区，岩石学与同位素年代学相结合限定的峰期变质条件为830 ~ 870℃和0.7 ~ 0.8 GPa，而后经历近等压冷却过程；高级变质作用及伴随的部分熔融发生在约920 ~ 900 Ma，与北查尔斯王子山地区的变质时代（945 ~ 915 Ma）接近（Liu et al., 2016，2017）。东南极西福尔丘陵是一个独特的太古宙—古元古代克拉通陆块，其最重要的特征之一是在元古宙（约2.47 ~ 1.24 Ga）发育一系列基性岩墙群，Liu等（2014b）在陆块西南部的基性岩脉中发现了不均匀麻粒岩化，并获得了格林维尔期变质作用的精确时代（约960 ~ 940 Ma）和 P-T 条件（820 ~ 870℃、0.84 ~ 0.97 GPa），证明原属于印度克拉通的西福尔丘陵在格林维尔期也卷入了雷纳造山作用过程。结合与印度东高止构造带的对比研究，重建了中—新元古代印度克拉通与东南极陆块之间从增生到碰撞的构造演化过程，提出格林维尔期造山作用是由弧–陆碰撞演化到陆–陆碰撞的两阶段碰撞构造模型。

格林维尔期雷纳造山带代表印度克拉通与东南极陆块之间的一条碰撞造山带，但人们对陆块碰撞之前的大洋俯冲/增生过程及碰撞过程还知之甚少。研究人员在雷纳杂岩中识别出一系列大于1 200 Ma的岛弧成因岩石，为长寿命（约500 Ma）的雷纳大陆岛弧的确定提供了可靠的年代学约束。同时，在兰伯特裂谷以东首次获得具有时代制约的格林维尔期变质条件和逆时针演化的 P-T 轨迹，证明西福尔丘陵也卷入了雷纳造山作用过程。这项研究不仅深化了对南极大陆格林维尔期构造热事件的认识，为印度克拉通和东南极陆块所建立的汇聚模型也成为罗迪尼亚超大陆演化的组成部分之一。

4.2.2 泛非期构造热事件的性质及冈瓦纳古陆重建

泛非期（约5亿年）构造热事件在东南极古陆的影响非常广泛，因其涉及冈瓦纳超大陆最终汇聚的过程和机制，所以一直是南极地学研究的前沿和热点。普里兹湾地区泛非期构造热事件的识别与持续研究最终促成了普里兹造山带的建立（Zhao et al., 1992, 1997, 2003），这是我国科学家对南极固体地球科学最重要的贡献之一。然而，由于这条造山带位于东冈瓦纳内部，又主要叠加在格林维尔期造山带之上，所以对其构造属性一直有板内造山和碰撞造山之争。我国近年研究工作的重点是格罗夫山冰下高地性质的确定及超高温（>900℃）变质岩石的识别和论证，以期为重塑泛非期造山作用的大地构造背景和冈瓦纳古陆的汇聚过程提供进一步的岩石学约束。

格罗夫山地区存在多条冰碛碎石带，其中绝大部分与基岩露头的岩性相似，属于近原地堆积（Hu et al., 2016）。然而，在冰碛砾石中也识别出一定数量有别于基岩的变质沉积岩，其物源主要来自北部的北查尔斯王子山-普里兹湾-东高止地区，最大沉积年龄为1 090～940 Ma（Wang et al., 2016）。在冰碛物中发现两块泥质高压麻粒岩（Chen et al., 2018），并寻获了大量镁铁质高压麻粒岩（王伟等，2016），表明高压麻粒岩可能普遍存在于格罗夫山冰下高地。泥质高压麻粒岩形成的峰期变质条件为820～830℃和1.16～1.36 GPa，并具有顺时针演化的 $P\text{-}T$ 轨迹（图4-7，GM_2）。由锆石同位素定年确定高压麻粒岩的进变质时代约为570 Ma，峰期变质时代为555～540 Ma，早于泛非期区域麻粒岩相变质作用的时代。格罗夫山冰碛物中泥质高压麻粒岩的产出表明，格罗夫山冰下高地至少有部分形成于地表的岩石在泛非期造山作用过程中被埋藏于40～50 km的下地壳深度，而后又经历了约20 km地壳厚度的伸展垮塌和剥蚀，这与典型大陆碰撞带的构造演化过程相一致。

赖于尔（茹尔）群岛（Rauer Islands）是一个典型的超高温麻粒岩相变质地体，但超高温的标志矿物只产出在太古宙构造域极少量的富镁铝泥质麻粒岩中，而与其伴生的大量所谓"正常"的镁铁质和长英质岩石是否也经历了超高温变质作用的影响，这一问题长期没有得到解决。Chen等（2023）针对分布更广泛的镁铁质麻粒岩开展了细致的岩石学研究，成功地论证这些镁铁质麻粒岩也经历了超高温变质作用，其峰期 P-T 条件为930～1 030℃和1.06～1.28 GPa，并具有顺时针演化的 P-T 轨迹（图4-7）。这一峰期变质条件和 P-T 演化轨迹均可与其伴生的超高温富镁铝泥质麻粒岩相比拟（1 070～1 130℃和1.2～1.3 GPa；Liu et al., 2023b），表明至少赖于尔群岛的太古宙构造域均经历了超高温变质作用。在拉斯曼丘陵，Wang等（2022）通过系统的地质填图与岩相学研究，在泥质麻粒岩中识别出超高温变质作用存在的关键矿物学标志，确认拉斯曼丘陵也经历了区域超高温变质作用，其峰期 P-T 条件为950～1 020℃、大于0.7 GPa，而后途经近等温减压到近等压冷却的演化轨迹（图4-7）。原位纳米离子探针分析精细刻画出了泛非期构造-热演化的时间框架，其中进变质埋藏阶段发生在570～550 Ma，峰期变质阶段发生在550～540 Ma，随后在540～500 Ma转变为退变冷却阶段，据此提出普里兹造山带泛非期构造-热演化新模式。

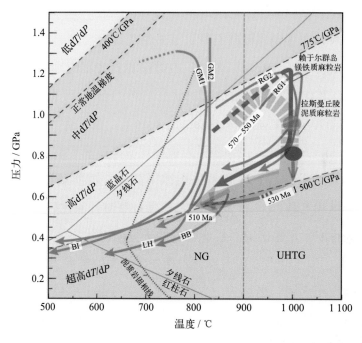

图4-7 普里兹湾地区泛非期变质作用的 P-T-t 轨迹。BB：布拉特滨海陡崖（Brattstrand Bluffs）；BI：伯灵恩群岛（Bolingen Islands）；GM：格罗夫山；LH：拉斯曼丘陵；RG：赖于尔群岛；NG："正常"麻粒岩；UHTG：超高温麻粒岩（改自Wang et al., 2022）

在高压麻粒岩和超高温麻粒岩两种特殊的岩石中，高压麻粒岩几乎毫无例外地产于大陆碰撞带，其构造意义比较明确。超高温变质作用可发育于不同的大地构造背景，但产于造山带中的超高温麻粒岩多发生在板块构造演化的不同阶段，也可作为指示汇聚板块边界的标志岩石。普里兹造山带中的高压和超高温麻粒岩均出现在泛非期造山演化的早期阶段（580～540 Ma），这种二元性的构造体制一般被认为是俯冲–碰撞造山作用的特征印记。所以，泛非期高压麻粒岩和超高温麻粒岩的发现进一步支持将普里兹造山带厘定为东冈瓦纳陆块内部的一条碰撞造山带，这对揭示冈瓦纳超大陆的汇聚过程和方式具有重要意义。

4.3 南极半岛白垩纪以来地质演化与德雷克海峡初始打开及其环境效应

南极绕极流贯穿三大洋，隔离南极，是推动全球大洋经向翻转环流以及深海与大气物质能量交换的"引擎"，在地球系统中发挥着不可替代的作用［图4-8（a）］。

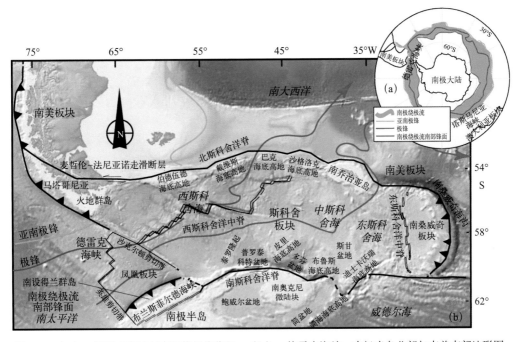

图4-8 （a）：德雷克海峡与南极绕极流位置；（b）：德雷克海峡、南极半岛北部与南美南部地形图

（改自Gao et al., 2018）

德雷克海峡位于南极半岛与南美板块之间，其打开使得南极绕极流形成，因此重建其打开过程是理解现今大洋环流模式形成及新生代全球变化的核心环节之一［图4-8（b）］。然而，由于德雷克海峡经历了复杂的地质演化，其初始打开时间及打开过程仍存在很大争议。重建南极半岛的古地理位置可约束海峡的打开，但缺少系统的板块重建数据。南极半岛与南设得兰群岛白垩纪以来的岩石中记载的地磁场信号可重建南极半岛不同时期的板块位置。为此，自2015年以来我国与智利联合开展了7次南极半岛科学考察，在探索白垩纪以来的南极半岛板块构造和德雷克海峡初始打开及其环境效应方面取得重要成果。

4.3.1 白垩纪—新生代古太平洋板块俯冲与南极半岛岩浆演化

南极半岛-南设得兰群岛作为德雷克海峡的南边界，其构造-岩浆演化与德雷克海峡的打开息息相关。南极半岛自古生代以来受到古太平洋板块（凤凰板块）持续俯冲的影响，但由于研究程度较低，其构造属性仍存在争议。南极半岛主要发育侏罗纪（187～153 Ma）与冈瓦纳古陆裂解有关的岩浆事件以及晚侏罗世以来与古太平洋板块俯冲有关的火山-侵入事件，其中白垩纪以来的岩浆活动在半岛内分布广泛，但其分布规律、峰期事件时代、迁移方式及动力学机制仍不是很清楚。为解决上述问题，我国科学家对南极半岛-南设得兰群岛开展了系统的研究，基本上建立了古太平洋板块俯冲与岩浆演化模式。

通过锆石U-Pb和火山岩^{40}Ar-^{39}Ar同位素年代学方法，获得南极半岛-南设得兰群岛不同地区岩浆岩的准确年代（Gao et al., 2018, 2023; Zheng et al., 2018, 2022; Chen et al., 2021）。研究结果显示，南极半岛的岩浆活动具有幕式特征，时代分别为白垩纪中期（117～98 Ma）、晚白垩世（85～82 Ma）和古近纪早期（62～52 Ma）。发现白垩纪时期南极半岛与南美南部在古太平洋板块的俯冲下经历了类似的构造-岩浆过程，包括140～130 Ma古太平洋板块向海沟方向回卷与岩浆作用向古太平洋一侧迁移，130～120 Ma古太平洋板块俯冲角度减小与岩浆作用自海沟向内陆扩展以及120～90 Ma古太平洋板块向海沟方向回卷与岩浆作用再次向太平洋一侧迁移，从而支持南极半岛主体是在古太平洋板块俯冲作用下，发育在冈瓦纳大陆边缘的岩浆弧地体（图4-9）（Gao et al., 2021）。凤凰板块回卷使得晚白垩世之后的弧岩浆作用主要集中在南极半岛西部，并发生多阶段迁移（图4-10），其中自陆内向俯冲带方向的岩浆迁移主要发生在90～62 Ma和50～44 Ma（Gao et al., 2023）。随着时间的迁移，岩浆的成分显示出从东南向西北由酸性向中基性变化的趋势，锶-钕-铪（Sr-Nd-Hf）同位素示踪法表明其源区从亲冈瓦纳古陆属性向亲新生地壳属性转变（Zheng et al., 2018）。南极半岛新生代（约55 Ma）闪长岩中常含有同时代偏基性的暗色辉长闪长质包体，元素和同位素地球化学研究表明，母岩岩浆主要来源于新生下地壳以及少量被卷入的沉积物和幔源物质，而暗色包体主要来源于玄武质岩浆上升导致的新生变玄武质下地壳的部分熔融（Chen et al., 2021）。新生代岩浆峰期事件主要发生在太平洋板块与南极半岛汇聚速度降低的时期（Gao et al., 2023），太平洋板块俯冲速度降低会导致俯冲板片的回卷，软流圈物质上涌，加热俯冲板片致其脱水，降低岩石圈地幔熔融温度而产生熔融，而且俯冲带整体处于伸展环境，更利于岩浆喷出地表。

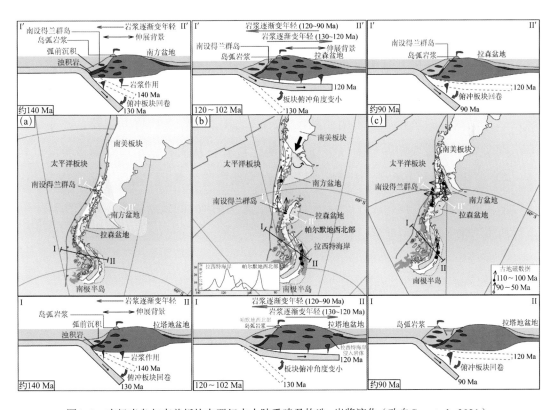

图4-9　南极半岛与南美板块白垩纪古大陆重建及构造-岩浆演化（改自Gao et al., 2021）

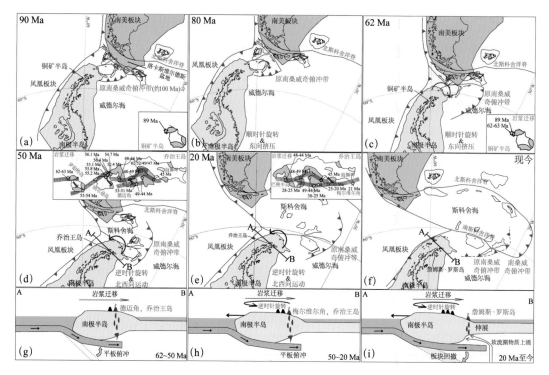

图4-10 （a）至（f）：德雷克海峡逐渐打开过程；（g）至（i）：凤凰板块向南极半岛俯冲与岩浆迁移过程

南极半岛位于冈瓦纳古陆的西缘，是古陆最后裂解和古太平洋大陆边缘增生的发生地。通过近10年的研究，我国科学家首次获得南极半岛岩浆岩重要样品和年代学数据，揭示了岩浆作用从东南（陆内）向西北（太平洋）迁移的规律，建立了白垩纪以来太平洋板块俯冲与南极半岛岩浆演化模式，从而有助于理解南极半岛的构造-岩浆演化过程及其动力学机制。另外，在大地构造关系上，南极半岛曾与南美巴塔哥尼亚的安第斯山脉相连，所以这项研究也为安第斯-南极半岛造山带中生代—新生代的构造演化提供了重要信息。

4.3.2 南极半岛白垩纪以来的板块位置及运动模式

通过古地磁研究可重建南极半岛在不同地质历史时期的古地理位置，并探讨其与周边板块的相对位置关系及演化模式。国际上在南极半岛-南设得兰群岛开展古地磁研究始于20世纪60年代，提出南极半岛的弧形构造形成于约40 Ma以前，南极半岛相对于东南极在155～130 Ma发生逆时针旋转，对应威德尔海盆扩张中心北移。我国在南设得兰群岛的古地磁研究始于20世纪80年代，集中在长城站所在的乔治王岛，讨论了南设得兰群岛始新世以来的纬向移动及冈瓦纳裂解过程中澳大利亚与南极的相对运动。但白垩纪以来系统的古地磁数据缺失制约了对南极半岛构造演化与德雷克海峡打开过程的深入认识。

为解决上述难题，我国科学家针对南极半岛-南设得兰群岛开展研究，获得自白垩纪以来系统的古地磁数据（Gao et al., 2018，2021，2023）。提出南极半岛南部的奥威尔海岸、东埃尔斯沃思地和瑟斯顿岛相对于南极半岛北部发生了顺时针旋转，这可能与南极半岛中白垩世帕默地事件有关。发现南设得兰群岛与南美南端在100～90 Ma发生了相同程度的逆时针旋转，据此提出南设得兰群岛起源于南美安第斯西南部，在100～90 Ma经逆时针旋转之后拼贴到南极半岛北部［图4-9（a）（b）］。此次事件对应北大西洋在100～90 Ma的打开，导致南美板块向南运动，挤压南美南端与南极半岛北端，为这一时期的板块运动提供了动力学解释［图4-9（b）（c）］。通过新数据重建了南极半岛与南美板块白垩纪以来的古地理位置，揭示南极半岛在约100 Ma开始的顺时针旋转对应于南极半岛东侧的原南桑威奇俯冲带的起始俯冲［图4-10（a）］，据此提出南极半岛的顺时针旋转导致原南桑威奇俯冲带开始俯冲的新机制。南极半岛在90～62 Ma经历了小规模顺时针旋转［图4-10（b）（c）］，在62～55 Ma经历了快速的较大规模的顺时针旋转，这次旋转导致南极半岛远离南美南端［图4-10（c）（d）］。55～47 Ma，南极半岛没有发生明显的板块运动，之后经历了逆时针旋转直至目前的位置［图4-10（d）至（f）］。

南极半岛古地磁研究对限制其古地理位置至关重要，也是理解半岛及其周缘地质演化的基础。通过近几年的研究，我国古地磁研究区域已由20世纪八九十年代的菲尔德斯半岛扩展到了南极半岛北部地区，重建了南极半岛-南设得兰群岛白垩纪以来的古地理位置，提出南设得兰群岛起源于南美安第斯西侧，南极半岛与南美板块在白垩纪至古新世早期互相连接，南极半岛晚白垩世构造旋转导致原南桑威奇俯冲带的起始俯冲，南极半岛古新世晚期顺时针旋转导致其远离南美南端等构造演化新认识。这项研究对理解斯科舍海区域复杂的大地构造演化具有重要启示。

4.3.3 德雷克海峡古新世初始打开及其环境效应

新生代以来，全球经历了"温室地球""热室地球"向"冰室地球"的转变、全球板块与大洋环流大规模重组、大气CO_2浓度变化和南北极冰盖的逐渐形成等重大地质历史事件，厘清这些事件之间的因果关系是理解新生代全球变化的核心。南极冰盖作为世界上最大的冷源，强烈影响了新生代地球。前人曾提出南极冰盖的形成与南极绕极流有关，数值模拟却显示南极绕极流的形成并不能直接导致全球降温与南极冰盖的形成。导致争议的核心之一在于不同研究给出的南极绕极流形成时间不一致，这阻碍了对南极绕极流与南极冰盖形成、全球变冷之间关系的认识。位于南极半岛与南美板块之间的德雷克海峡的打开导致南极绕极流最终形成，但前人对海峡的初始打开时间仍未达成一致，这也是新生代全球变化领域长期悬而未决的一项难题。

我国科学家通过对南极半岛与南美南部的古地磁研究来约束德雷克海峡的宽度变化，并结合全球变化数据探讨海峡初始打开过程及其对全球变化的影响（Gao et al., 2018，2023）。通过新获得的数据，发现南极半岛在62~55 Ma经历了快速顺时针旋转，推断这一过程导致德雷克海峡初始打开。这与通过巴塔哥尼亚晚白垩世—始新世浅海沉积中甲藻孢囊分析以及南极半岛与麦哲伦-奥斯特拉尔盆地中始新世甲藻孢囊分析提出的古新世—早始新世时德雷克海峡已经有浅水贯通相一致。另外，南极半岛与南美南端滑距骨目（Litopterna）、闪兽目（Astrapotheria）、南方有蹄目（Notoungulata）等南美有蹄类动物的分化发生在59~56 Ma，可以用德雷克海峡内海道的陆续贯通隔离两地生物迁徙来解释。德雷克海峡打开后南极绕极流逐渐形成，数值模拟显示德雷克海峡打开前，仅存在比较浅的南极中层水，而南极绕极流的形成会导致南极深层水与底层水的生成，进而扰动深海，促进深海积累的富含^{12}C的有机碳被氧化分解，消耗深海氧气。这些有机碳分解释放出^{12}C导致海水的$\delta^{13}C$（$^{13}C/^{12}C$）降低。德雷克海峡的打开不仅会改变全球大洋环流模式，而且可以导致南半球降温和北半球的升温，地质记录与数值模拟的结果一致。因此，目前的证据支持德雷克海峡在古新世就发生了初始打开，对应南极半岛快速顺时针旋转时期，是德雷克海峡初始打开新机制。南极绕极流的形成对应全球整体升温，因此德雷克海峡的打开导致的南半球降温对全球降温影响不明显，这一时期的升温更有可能是全球大气CO_2浓度的突然升高导致的。

对德雷克海峡初始打开时间的约束是理解南极绕极流的形成与新生代全球变化的基础。我国科学家建立了南极半岛与南美板块新生代板块相对位置关系，结合古生物、古海洋、古气候、数值模拟等研究，提出南极半岛在62~55 Ma快速的顺时针旋转导致德雷克海峡初始打开，改变了全球大洋环流模式（Gao et al., 2023）。这一时期全球处于升温阶段，说明发生了大气CO_2快速排放事件。因此，南极绕极流的形成无法抵消CO_2的温室效应引起的全球变暖，这对于评估现今全球大气CO_2浓度不断升高背景下大洋环流的变化对全球温度的影响具有重要参考意义。

4.4 南大洋沉积记录揭示的冰盖、水团与环境的耦合演化

4.4.1 中更新世以来南大洋表层生产力、深部通风与大气CO_2的关联

CO_2作为一种典型的温室气体，其在大气中的分压与全球气候变化密切相关。然而，目前我们对调节大气CO_2分压变化的关键过程依然缺乏足够认识。据估算，地球表层系统所储存的碳超过90%都位于海洋，所以海-气交换是调节大气CO_2分压的重要机制。而南大洋位于北大西洋翻转流的上升端，因此，南大洋被认为是海-气CO_2交换的关键区域。研究表明，南大洋中的物理、化学和生物过程都能够影响和调控海洋与大气之间的CO_2交换，进而对全球气候产生深远影响。其中，"物理泵"效应将留在南大洋深部的CO_2泵入上层海洋，与大气发生交换，而"生物泵"效应则将大气中的CO_2转化为有机质并转移到深海埋藏或再矿化。然而，南大洋面积巨大，环境多变，其各个部分对气候环境响应和反馈不尽相同，特别是在南大洋印度洋扇区，针对表层生产力、深部通风与大气CO_2之间关系的研究十分缺乏。

位于大西洋的大洋钻探计划站位ODP 1096和ODP 1090记录到更新世以来，南大洋有两种输出生产力变化模式。在冰期-间冰期时间尺度上，它们通常与气候变化协同变化，在南极极锋（Antarctic polar front，APF）两侧呈现出"跷跷板"式的此消彼长。而我国第29次南极科学考察在东南极普里兹湾外深海区采集的重力岩芯

ANT29/P1-03中的蛋白石含量及其变化特征显示，蛋白石含量高值都出现在冰消期附近（Tang et al., 2016）。这种蛋白石含量随时间的变化模式与北半球夏季日照强度以及北大西洋冰筏碎屑（Ice-Rafted Detritus，IRD）记录的高值，以及大气CO_2分压的升高一致，表明北半球冰盖消融导致的淡水注入可能是冰消期南大洋上升流增强的原因，而南大洋上升流的增强促进了南大洋深部CO_2通过海-气交换释放，导致大气CO_2的升高。另外，该岩芯冰消期输出生产力升高也与赤道大西洋上升流区硅质生产力在冰消期脉冲式升高一致，表明冰消期南大洋增强的上升流可以通过南极中层水和南极模态水向低纬度地区输出富硅水团。

进一步的研究表明，过去52万年以来普里兹湾深海区输出生产力随时间的变化模式与大气CO_2的变化模式在轨道时间尺度上一致，具有显著的地球轨道周期，表现出间冰期高大气CO_2对应高输出生产力，冰期低大气CO_2对应低输出生产力的一般特征（Wu et al., 2017）。这是因为间冰期高输出生产力是南半球西风带南移的结果。西风带南移将更多的热量带入南半球高纬地区，导致海冰消退，深层水上涌增强，从而将南大洋深部的营养盐带入表层海水；同时，也使原来留在深部的有机质再矿化而形成的CO_2被带入表层海水，导致海洋"除气"。而在冰期，南大洋西风带北移，海冰覆盖增加，隔绝了海水与大气的联系。同时，深层水上涌强度减弱，导致大气CO_2通过生物泵向南大洋深海净转移。

普里兹湾沉积物还记录到冰消期伴随着强烈的自生锰（Mn）富集，以及底流活动强度增加的现象，表明冰消期南大洋深部的跨密度混合和通风作用增强（Wu et al., 2018）。该过程与南大洋上层海洋的上升流增强过程耦合，共同促使南大洋深部CO_2向上层海洋转移（图4-11），并最终向大气释放（Wu et al., 2018, 2019, 2020）。

除此以外，我国在西南极阿蒙森海附近生产力和深部通风方面的研究也取得了重要进展（Tang et al., 2022）。该海区岩芯沉积物记录揭示在冰期-间冰期时间尺度上南大洋南极区深部溶解氧含量与其碳存储呈此消彼长的变化关系。具体而言，冰期时，深部溶解氧含量降低，而碳储存增加，间冰期则反之；在冰消期，深部碳储存骤降，与深部通风突然增强相关，从而南大洋在冰期-间冰期旋回中不断在碳汇和碳源之间来回切换。

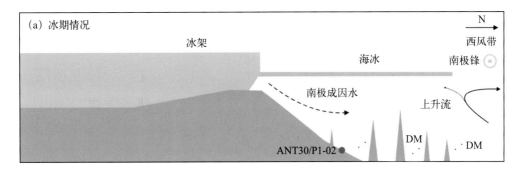

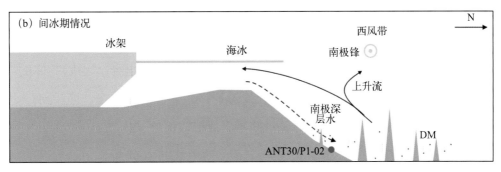

图4-11　冰期-间冰期南大洋水体内部结构。DM：跨密度混合作用；ANT30/P1-02为研究站位
（据Wu et al., 2018修改）

以上研究进一步证实了南大洋是全球海-气二氧化碳交换关键区域。在全球变暖的背景下，对南大洋生产力以及与之相关的海-气交换的研究对于制定相关政策、实施相关措施以缓解气候恶化具有重要现实意义。然而，该研究方向仍然存在一系列未弄清、未解决的科学问题，这为我国南极科学考察和研究人员提出了更高的要求和努力方向。

4.4.2　中更新世以来南极冰盖的消长历史及其驱动机制

海平面上升直接威胁沿海低海拔地区人民的生命和财产安全。冰川消融是造成海平面上升的主要原因。南极冰盖是目前世界上最大的冰盖，其全部融化将造成全球海平面上升约60 m（Fretwell et al., 2013）。底部位于海平面以下的南极冰盖部分对海水温度升高、南极上升流增强等海洋性驱动因素非常敏感。在全球变暖的气候背景下，有可能发生部分甚至全部消融，导致未来全球平均海平面显著上升（Wilson et al., 2018）。但是目前我们对这部分冰盖的动力学行为知之甚少。研究地质历史上这部分冰盖的动力学变化有助于我们对其未来行为进行模拟和预测。为此，我国南极考察和研究人员对东南极兰伯特冰川-埃默里冰架体系和阿蒙森海附近冰川进行了重点研究。

兰伯特冰川-埃默里冰架体系是东南极最大的外流冰川体系，也是我国南极冰川研究的重点对象之一。普里兹湾外深海区沉积物岩芯记录了该冰川体系地质历史上的动力学变化模式和机制（Wu et al., 2021）。研究表明，该处沉积物中冰筏碎屑大多来自兰伯特冰川下伏基岩或沉积物，由自兰伯特冰川崩塌的冰山携带到深海。沉积物中的黏土矿物组合则提供了关于该冰川消长变化的更详细记录。具体而言，间冰期黏土矿物组合以富含伊利石为主，而冰期以富含高岭石为主。高岭石/（伊利石+高岭石）可用来指代地质历史上兰伯特冰川接地线的相对位置（图4-12）。该指标在间冰期-冰期时间尺度上与深海氧同位素（Marine Isotope Stage，MIS）和南极冰体积变化具有相似的变化模式，表明兰伯特冰川体系对海洋性驱动和海平面变化敏感。在间冰期，高海平面、相对强的温暖深层水上涌、海冰覆盖减少和海表温度升高等条件都有利于冰川的消融撤退。此时的兰伯特冰川体系接地线位于普里兹湾内，陆架无冰川覆盖；而在冰期，低海平面、相对弱的深水上涌、海冰覆盖增加和海表温度降低等条件都有利于兰伯特冰川的扩张。此时的兰伯特冰川接地线位于陆架上，在冰盛期甚至扩张到外陆架。

在间冰期-冰期时间尺度上，岩芯沉积物的磁学参数具有清晰的旋回性变化特征，与黏土矿物组成的旋回性变化相对应（Ge et al., 2022）。全岩Sr、Nd同位素组成特征指示岩芯沉积物有两个陆源碎屑端元，分别为太古代和古—中元古代岩石。钕同位素组成在MIS 12期（43万至47万年前）和氧同位素 4-2期（2万至 5万年前）特别偏负，代表此时岩芯沉积物得到西福尔丘陵物源的显著贡献。进一步，西福尔丘陵物质的显著加入可能表示在这些大冰期，汇入兰伯特冰川体系的东南极冰盖动力学发生了显著调整，导致兰伯特冰川体系横向扩张。

除了东南极普里兹湾冰川动力学外，我国学者在西南极阿蒙森海附近冰川动力学研究中也取得了重要进展（Wang et al., 2022）。阿蒙森海附近冰川体系，支撑着西南极冰盖。这些冰川体系的崩塌，将导致整个西南极冰盖的崩塌（Pattyn et al.,

2020）。实际上，阿蒙森海附近冰川体系是现代观测证实的南极周边消融最快的冰川体系（Shepherd et al., 2018）。阿蒙森海附近深海岩芯记录到过去几十万年的间冰期，阿蒙森海附近冰川的多次失稳崩塌事件，海洋性驱动可能是造成其失稳崩塌的主要原因（Wang et al., 2022）。

以上研究一定程度上厘清了冰期-间冰期时间尺度上普里兹湾和阿蒙森海附近冰川在晚第四纪的动力学行为，以及导致其动态变化的主控因素。对评估这些冰川体系未来的稳定性提供了关键机制指导和边界条件，具有重要意义。由于全球变暖，南极冰盖消融造成的全球平均海平面上升已达厘米级，导致部分大陆沿岸地区被海水覆盖，对人类社会造成严重威胁。南极冰盖/冰川体系动力学研究早已成为全球社

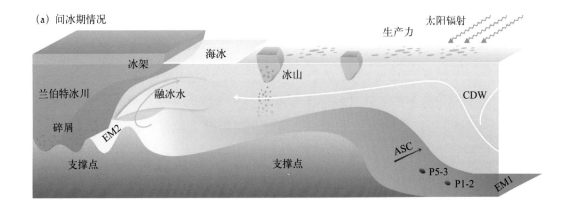

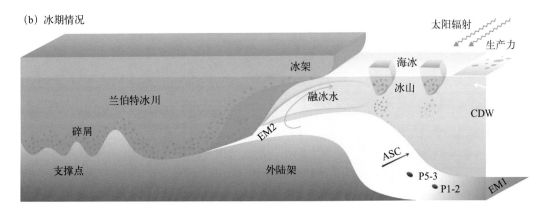

图4-12　普里兹湾兰伯特冰川体系在间冰期-冰期气候环境条件下动力学变化的概念模型。图中蓝色的海底颜色表示以富含伊利石沉积为主（EM1），黄色海底表示以富含高岭石沉积为主（EM2），两者之间的过渡区域表示两个端元的混合。CDW：温暖绕极深层水；ASC：南极陆坡流（改自Wu et al., 2021）

会各界关注的热点。以我国南极科学考察为平台，我国为南极冰盖/冰川体系动力学研究作出了重要的贡献。

4.4.3 晚更新世以来南大洋的表层海洋环境演化

南大洋联通印度洋、大西洋和太平洋海域，其海水性质、海冰分布和生产力等变化与南极冰盖演化息息相关，并对全球的热量平衡、水循环和碳循环产生巨大的影响（Morrison et al., 2015）。但南极各扇区的表层海洋环境演变对冰盖消长的响应并不完全相同，末次盛冰期（Last Glacial Maximum，LGM）以来，极峰附近与南极沿岸记录表现出完全不同的变化模式。调查南大洋近冰端海洋环境演化与南极冰盖及低纬海洋气候环境演化的关系有助于厘清南极不同区域对气候环境驱动因素的敏感性。近些年来，我国在南极开展了大量研究工作，揭示了南极近冰端表层海洋环境演化历史。

东南极宇航员海末次盛冰期以来的记录揭示了气候的千年尺度变化（Li et al., 2021b）。海冰覆盖广泛/冰盖扩张时期，海洋表层生产力较低，通风作用受限，大量呼吸碳储存在南大洋深部。随着气候变暖，上升流增强，大量的 CO_2 被释放到大气中（Li et al., 2021b; Hu et al., 2023）。中—晚全新世后宇航员海东部和西部的表层海洋环境变化机制不同，宇航员海西部主要受到威德尔海冰架下空腔中冰架冷水输出的影响，促使表层海洋环境变冷（Xiao et al., 2016），海冰覆盖增加（Li et al., 2021b），而宇航员海东部则由于冰间湖的发育，在中—晚全新世期间具有较高的生产力和底水氧含量（Hu et al., 2023）。

全新世中晚期南极半岛布兰斯菲尔德海峡表层海洋环境（Nie et al., 2022）与宇航员海西部类似（Li et al., 2021b），同样是受威德尔海冰架下空腔中冰架冷水输出的影响，使海冰覆盖持续时间更长，海水分层加强。另外，南极半岛厄尔尼诺-南方涛动活动的增加，进一步导致威德尔海向布兰斯菲尔德海峡的冷水输出加剧，增加了海冰覆盖和持续时间（图4-13）。同时，减少的年平均日照和春季日照可能也是导致南极半岛海冰持续时间增长的原因（Nie et al., 2022）。

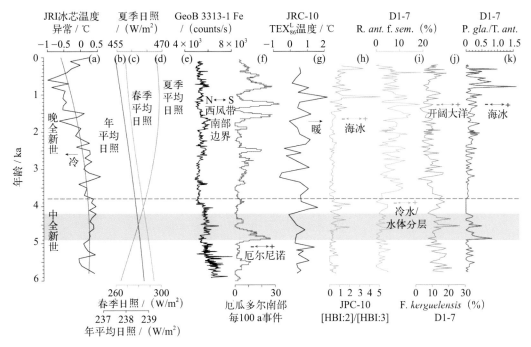

图4-13　南极半岛布兰斯菲尔德海峡D1-7岩芯硅藻属种组合与其他指标的对比（改自Nie et al., 2022）。（a）：詹姆斯·罗斯岛（JRI）冰芯温度异常（黑色），在全新世晚期呈下降趋势（红色）；（b）至（d）：60°S春季、夏季和年平均日照；（e）：西风带指标；（f）：厄尔尼诺-南方涛动活动频率；（g）至（h）：帕默深海冰和次表层温度生物标志物；（i）至（k）：硅藻属种（*R. ant. f. sem.*: *Rhizosolenia antennata f. semispina*; *P. gla.*: *Porosira glacialis*; *T. ant.*: *Thalassiosira antarctica*; *F. kerguelensis*: *Fragilariopsis kerguelensis*）记录。水平的蓝色阴影标志着D1-7岩芯在4.9～4.2 ka变冷

近些年来，我国在南极近冰端海域的研究成果揭示了表层海洋环境更容易受到冰盖消长的影响，对冰盖的响应更为敏感。末次冰消期以前，西南极表层海洋环境主要受到温度的调控；末次冰期以来，绕极深层水向南上涌增强促使南极冰盖消融。增强的上升流导致了南大洋表层生产力的增加，通风作用增强，从而促进了冰期储存在南大洋深处的CO_2的释放。全新世以来，南大洋表层海洋环境主要受到南方高纬度日照量变化和厄尔尼诺-南方涛动活动的影响。宇航员海西部和南极半岛布兰斯菲尔德海峡都受到威德尔海冰架下空腔中冰架冷水的输出影响，导致表层海洋环境变冷。表层海洋环境具有百年至千年尺度的变化周期。而宇航员海东部则受到冰间湖发育的影响，在全新世中期生产力较高。南大洋不同海域表层海洋环境变化研究有助于理解南极的冰-海-气相互作用机制，为预测和评估未来南极气候变化和南极冰盖对未来海平面变化贡献提供重要基础。

4.5 北极洋中脊地壳结构及美亚海盆的初始打开

4.5.1 超慢速扩张的北极洋中脊的独特地壳结构

传统的洋中脊海底扩张模型将海洋岩石圈的形成假定为理想的对称扩张过程。然而，实际的观测发现，在超慢速扩张（全扩张速率低于20 mm/a）时，存在大量的非对称的地壳结构（凌子龙等，2019；张涛等，2018；Zhang et al.，2020）。洋中脊的非对称扩张一般被认为与热点作用、岩浆活动强度、扩张速率以及构造环境有关（Dyment et al.，2007；Wang et al.，2015）。作为北冰洋洋中脊系统的一部分，超慢速扩张的摩恩洋中脊的地形、地壳厚度以及构造活动均呈现明显的非对称性，为研究超慢速扩张洋中脊的非对称扩张过程提供了一个天然实验室（图4-14）。

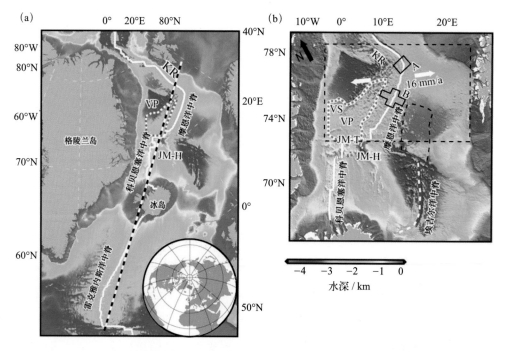

图4-14　（a）：北大西洋雷克雅内斯－科贝恩塞－摩恩洋中脊区域水深图（改自Zhang et al.，2020）；
（b）：摩恩洋中脊及其邻区水深图。JM-H：扬马延热点；JM-T：扬马延转换断层；
KR：克尼波维奇洋中脊；VP：维斯特里斯海底高原；VS：维斯特里斯海山

基于我国第5次北极科学考察采集的水深、重力与磁力等地球物理资料，研究人员计算了摩恩洋中脊的扩张速率、剩余水深、剩余地幔布格重力异常和地壳厚度（张涛等，2018; Zhang et al., 2020）。计算结果显示：20～10.5 Ma，西侧较慢的扩张速率对应厚的地壳和更加充分的均衡补偿；10.5 Ma至今，西侧的整体扩张速率较快、地壳较薄，对应更加不足的均衡补偿。

研究成果同时表明，50～15 Ma，摩恩洋中脊西侧存在一个以高剩余水深和负剩余地幔布格重力异常为特征的维斯特里斯海底高原，这反映了摩恩洋中脊显著的离轴岩浆作用。在摩恩洋中脊与克尼波维奇洋中脊交界处，西侧更高的剩余水深可能受到类似于洋中脊–转换断层系统的"内角"效应的抬升作用（Zhang et al., 2020）。研究人员利用数值模拟方法揭示了扬马延热点和扬马延转换断层对摩恩洋中脊形态和地壳结构的影响。在观测现象的约束下，数值模型显示，扬马延转换断层并未阻碍扬马延热点沿摩恩洋中脊轴的扩散，反而稍微增强了其扩散作用（Zhang et al., 2023）。

北大西洋摩恩洋中脊非对称性系统性的研究表明：扬马延热点可以通过离轴的岩浆作用造成洋中脊两侧的非对称性；在岩浆作用减弱的北部，构造作用控制了洋中脊的非对称扩张；扬马延转换断层对扬马延热点效应沿洋中脊的传播起到了促进作用（张涛等, 2018; Zhang et al., 2020; Zhang et al., 2023）。这对理解热点–洋中脊–转换断层三大系统相互作用、认识超慢速扩张洋中脊末端扩张单元的岩石圈增生机制具有重要的意义。

4.5.2 高分辨地磁数据揭示美亚海盆最早的扩张时间

美亚海盆是北冰洋两大主体海盆之一，也是北冰洋内面积最大的海盆。由于气候条件恶劣且常年被冰雪覆盖，严重阻碍了对美亚海盆构造演化过程的了解，使其成为全球板块构造体系中认知程度最低的区域之一。目前，有许多关于美亚海盆形成历史的重建模型（Grantz et al., 2011; Hutchinson et al., 2017），而由于缺乏精确的地壳年龄约束，这些模型无法得到明确的证实，产生了较大的争议。加拿大海盆是美亚海盆内最大的构造单元，其地壳年龄的确定可以为美亚海盆构造演化模型的建立提供关键的时间约束（Grantz et al., 2011; Koulakov et al., 2013）。

在2014年、2016年和2017年，我国利用"雪龙"号科学考察船在加拿大海盆采集了1条近海底深拖地磁剖面（图4-15，由$D_1 \sim D_3$ 3个部分组成）和5条海面地磁剖面（图4-15，$S_1 \sim S_5$）。利用采集的高分辨率地磁数据，识别了加拿大海盆的4组磁条带，从而精确确定了加拿大海盆海底扩张时间，这为加拿大海盆磁异常反转和海底扩张提供了明确的证据（Zhang et al., 2019a）。

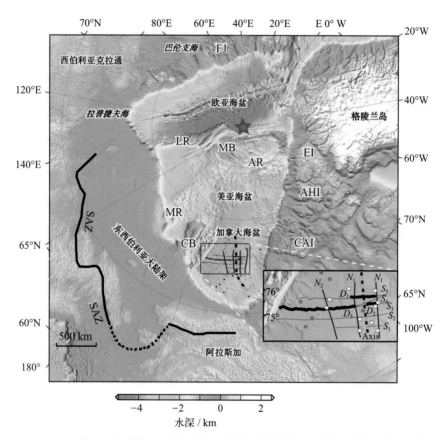

图4-15 环北冰洋地形图。插图展示了测线、古洋中脊轴（虚线）和宽磁异常高值（N_1和N_2）的位置；
AHI：阿克塞尔·海伯格岛；AR：阿尔法海岭；CAI：加拿大北极群岛；CB：楚科奇边缘地；
EI：埃尔斯米尔岛；FJ：法兰士约瑟夫地群岛；LR：罗蒙诺索夫海岭；MB：马卡罗夫海盆；
MR：门捷列夫海岭；SAZ：南安尤伊缝合带（改自Zhang et al., 2019a）

根据陆地和大陆边缘的地质证据，加拿大海盆的形成时间介于晚侏罗世至晚白垩世之间（160 ~ 72 Ma）（Grantz et al., 2011）。由于近海底深拖磁异常曲线表现为较强幅值特征，因此认为其并不是形成于"侏罗纪静磁区"（>157 Ma）和"白垩纪静磁区"［120.6（124）~ 83 Ma］。该研究将磁条带时间进一步限制在"侏罗纪静磁区"和"白垩纪静磁区"之间，推断加拿大海盆的地壳年龄为139.5 ~ 128.6 Ma或142.4 ~ 132.8 Ma。在75°N附近，加拿大海盆的初始海底扩张速率约为32（38）mm/a，在停止扩张前的3 Ma时，扩张速率降低至约30 mm/a。

美亚海盆的扩张历史是美国国家科学委员会（National Research Council，1991）认为的北极首要地质问题。我国学者突破冰区海面磁力数据难以获取的限制，将磁力传感器下放至水下约2 000 m的深度，采集了高分辨率的近海底磁力数据，并据此精确确定了加拿大海盆的地壳年龄，为美亚海盆构造演化模型的建立提供了时间约束（Zhang et al., 2019a）。这对理解整个北冰洋构造体系的相互关系和演化过程具有重要的意义。

4.6 北冰洋更新世以来的海洋环境与冰盖和洋流的耦合演化

4.6.1 西北冰洋陆架边缘物源指示的冰盖与洋流演化

欧亚和北美大陆截然不同的构造基底和岩石地层，造就了西北冰洋陆架边缘独特的沉积体系。周期性的物源转换，为重建不同时间尺度上冰盖与洋流的演化历史提供了可靠的替代性指标。然而，东西伯利亚冰盖的扩张规模与持续性仍然是未解之谜，已知的冰川地貌无法用现有的冰川动力学来解释，冰盖失衡驱动气候反转的地质证据也屈指可数。在传统的高纬驱动理论中，北极冰盖通过大洋环流来调控全球气候系统。遗憾的是，对冰盖扩张与洋流演化、淡水输入以及海平面变化之间的成因联系仍然缺乏系统认知，这在很大程度上制约了高低纬耦合作用和全球变化驱动机制的研究。针对上述问题，我国历次北极科学考察在西北冰洋陆架边缘开展了大量沉积学和古环境重建方面的探索。

在我国第一个开展多学科交叉研究的M03钻孔中，发现了有趣的沉积现象：冰筏碎屑广泛出现在褐色层，而在灰色层中的含量却接近于0（Wang et al., 2013）。缺乏冰筏碎屑的灰色层主要出现在东西伯利亚一侧的南门捷列夫海岭、楚科奇海盆、楚科奇海台和北风海岭上。与此同时，来自欧洲和加拿大北部的细粒黏土矿物很少在东西伯利亚一侧的边缘盆地中沉积（Ye et al., 2020）。更具物源指示意义的锶（Sr）、钕（Nd）、铅（Pb）同位素也支持相同的结论，即在MIS 4期和MIS 2期，东西伯利亚冰盖及其延伸的冰架是存在的（图4-16）（Wang et al., 2021; Ye et al., 2022）。借助铀（U）系（^{230}Th 和^{231}Pa）测年，南门捷列夫海岭E25钻孔的记录表明，最大规模的东西伯利亚冰盖很可能出现在MIS 10～MIS 14期，对原有年龄框架的可靠性提出了挑战（Song et al., 2023）。^{230}Th确定的年龄框架要比原来老数十万年，直接将MIS 6期顺延至MIS 12期，这一论断与最新发现的颗石藻初现面一致。东西伯利亚冰盖很可能是MIS 2期和MIS 4～MIS 6期西北冰洋陆架边缘最重要的环境要素，而原来认为在MIS 6期覆盖整个北冰洋的"大冰架"则需要重新认识（Xiao et al., 2024; Ye et al., 2020）。

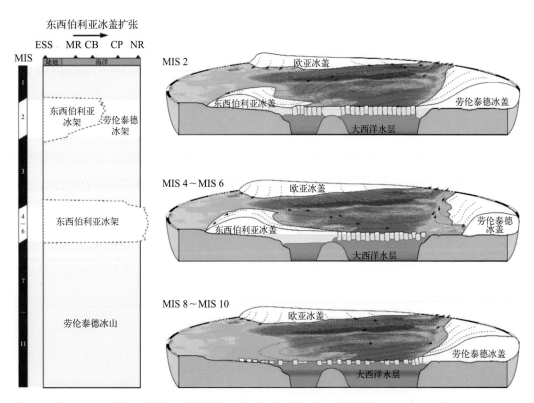

图4-16　中更新世以来东西伯利亚冰盖的扩张规模和期次。黑色带箭头虚线指示冰流及冰山输运；ESS：东西伯利亚海；MR：门捷列夫海岭；CB：加拿大海盆；CP：楚科奇海台；NR：北风海岭（改自Ye et al., 2022）

白令海输入流对西北冰洋陆架边缘的环境演变，甚至整个气候系统都至关重要。最近的研究发现，楚科奇陆架R09钻孔的钕同位素严格响应海平面的变化，为重建白令海输入流的强度创造了条件（Song et al., 2022）。白令海峡关闭后，冰下融水和冰前湖似乎成为冰期西北冰洋最重要的淡水来源。在南门捷列夫海岭E25钻孔中，浮游有孔虫氧同位素记录到了一系列的淡水卸载事件（Zhao et al., 2022）。其中，最著名的淡水卸载与"新仙女木事件"相关。争议的焦点在于冰前湖的湖水进入北大西洋的路径：经密西西比河、圣劳伦斯河、哈得孙湾或是马更些河。末次冰期以来，广泛分布于楚科奇海台和北风海岭的煤屑，无疑为湖水经马更些河输入北冰洋、再输入北大西洋这一假说提供了新奇而可靠的证据（Zhang et al., 2019b）。东西伯利亚陆架边缘的冰盖和洋流，似乎是淡水和冰山爆发–大规模输出西北冰洋的主导因素（Wang et al., 2021; Xiao et al., 2020）。极端的情况发生在冰期，随着东西伯利亚冰盖的扩张，由其延伸的冰架很可能迫使波弗特环流崩塌，由此导致的淡水和冰山爆发在北大西洋表现为一系列的"海因里奇事件"，触发了全球性的气候反转（Ye et al., 2022）。

东西伯利亚陆架边缘的物源变化，揭示了东西伯利亚冰盖和洋流演变的重要细节。冰筏碎屑、黏土矿物、锶–钕–铅（Sr-Nd-Pb）同位素和铀系测年，不仅进一步明确了东西伯利亚冰盖的扩张范围，还将东西伯利亚冰盖大规模出现的时间向前推进至MIS 14期。楚科奇陆架海平面的重建，则为反演末次冰期以来白令海输入流的强度奠定了基础，而广泛分布于楚科奇海台和北风海岭的煤屑，进一步增强了淡水卸载与"新仙女木事件"之间的成因联系。这些新的发现，为全球变化研究积累了宝贵的数据和模式，不仅有助于我们更深入地理解过去地球系统的运作机制，也为预测和应对未来气候变化提供了重要的科学依据。

4.6.2 北冰洋中央区物源指示的冰盖与洋流演化

北冰洋更新世以来的气候变化主要由北半球冰盖的消长所主导。北极冰盖的消长在改变北冰洋气候和洋流系统的同时，通过大气和海洋环流影响全球气候变化。在晚更新世的冰期，在北冰洋周边发育有北美劳伦泰德冰盖、欧亚冰盖等大型冰盖，且在东西伯利亚海也曾存在陆架冰盖延伸入海形成冰架，侵蚀海底地形高地。与陆地冰盖发育记录相比，北冰洋海洋沉积物提供了相对更连续和完整的长期冰盖发育信息。北极冰盖的演化影响北冰洋洋流系统，进而影响淡水平衡和全球大洋环流。不同的地质历史时期冰盖范围及其消长对北冰洋环流的影响的信息十分有限。本节主要总结了中国北极科学考察在北冰洋中部采取的4个岩芯（图4-17）中的钙/钛（Ca/Ti）和锆/钛（Zr/Ti）比值、黏土矿物和锶-钕-铅同位素的研究结果（Dong et al., 2017, 2020, 2022b; Park et al., 2022; Xiao et al., 2021），旨在阐明北冰洋中—晚更新世以来陆源物质来源及其所指示的北冰洋周边冰盖和洋流的演化历史。

北冰洋中部岩芯的钙/钛和锆/钛比值、黏土矿物与锶-钕-铅同位素等研究结果显示，从MIS 21至MIS 13期，黏土矿物组合主要以西伯利亚物源区为主（图4-17），其中在MIS 16期，劳伦泰德冰盖首次向西北冰洋大规模排泄冰山。在MIS 12期之前的黏土矿物组合变化反映了"中布容事件"之前穿极流的影响范围更广，能将西伯利亚的陆源物质搬运到美亚海盆和欧亚海盆；而MIS 12期以来的黏土矿物和锶-钕-铅同位素组合主要以北美物源为主（图4-17），其中的MIS 11/10期界线、MIS 10、MIS 8、MIS 5e和MIS 3期，与同时高的钙/钛比值和高岭石含量等说明，这些时期劳伦泰德冰盖的体积增大，并大规模地向西北冰洋排泄冰川，波弗特环流的影响范围逐渐扩大（Park et al., 2022, Dong et al., 2017; Xiao et al., 2021）。

MIS 6期和MIS 4期的黏土矿物和锶-钕-铅同位素组成都显示出欧亚冰盖和东西伯利亚冰盖的物源特征（图4-17），这表明冰盖前高密度流和穿极流可能向西扩大到了门捷列夫海岭和美亚盆地（Dong et al., 2017，2020; Xiao et al., 2021; Park et al., 2022）。在MIS 3早期，物源分别来自欧亚冰盖和劳伦泰德冰盖，反映这两个冰盖都扩张了；末次冰期欧亚海盆高的白云石特征具有千年尺度的周期，类似于劳伦泰德冰盖冰山脉冲式排泄到北大西洋。这两个时期的差异表明了冰盖大小和海洋环流对北冰洋的不同影响，环流路径的特征类似于最近观测到的极端北极涛动正/负相位模式（Dong et al., 2022b）。

以上研究结果发现，尽管冰期环流可能与现代环流系统有很大不同，但间冰期/间冰阶的西伯利亚和北美物源之间的分布特征与历史上观测到的穿极流和波弗特环流的变化是一致的（图4-17）。更强的穿极流和波弗特环流分别扩大了西伯利亚和北美沉积物的搬运范围，这些变化控制着美亚和欧亚海盆的古气候记录。在穿极流扩张期间，马卡罗夫海盆、门捷列夫海岭和加拿大海盆都可能受到穿极流的影响。特别是MIS 12期以来的主要间冰期/间冰阶的物源特征主要来源于东西伯利亚海、楚科奇海和北美地区，而不是被称为现代北冰洋中部主要"冰工厂"的拉普捷夫海。这种模式类似于近年来观察到来自该地区海冰携带沉积物增多的趋势，可能与正在进行的北极变暖和海冰边缘退缩有关。

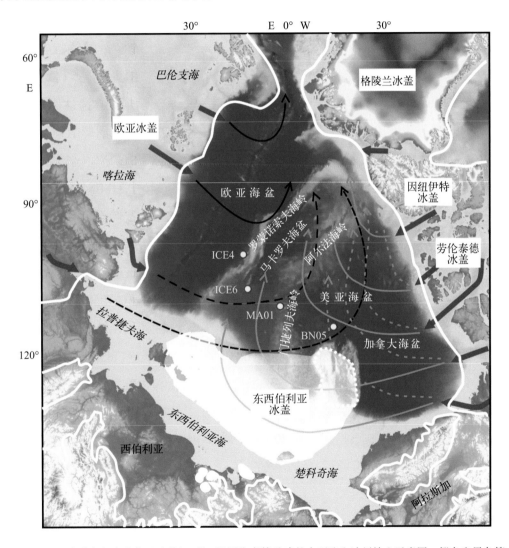

图4-17　北冰洋中部岩芯位置及其锶-钕-铅同位素等重建的古环流和冰川输入示意图。橙色和黑色箭头分别表示来自北美和欧亚冰盖的冰山漂移路径。实线表示典型的环流路径；虚线表示在MIS 6和MIS 4期间扩大的欧亚冰盖的冰山漂移路径。白色实线和白色阴影表示冰盖范围，红色箭头表示冰流输出方向（改自Dong et al., 2020）

4.6.3 北冰洋的气候演化和驱动机制及其与中低纬度的关联

北冰洋过去较暖的间冰期，为现代气候变化提供了最接近的古气候模拟，但冰期的历史才是构成更新世气候演变的基线。北极冰盖扩张和消退在很大程度上调节了全球海平面变化，并影响全球淡水平衡、温盐环流和碳循环。然而，冰期北极的地理和环境背景与现在明显不同，更新世北极冰盖和海冰变化在多大程度上控制着北冰洋更新世的气候变化依然存在争议（Stein et al., 2017a; Guarino et al., 2020），其气候变化过程是否与中低纬过程相关联还需验证。为进一步深入理解北冰洋的气候演变历史，评估北极和低纬度过程之间的气候联系，本节基于重建的中—晚更新世轨道时间尺度上北极冰盖、海冰和环境的演化历史，阐明其轨道周期的驱动机制及其与中低纬区气候的关联。

冰盖替代指标的轨道周期分析结果显示，在100-kyr、40-kyr和23-kyr周期上，北冰洋中部阿尔法海岭B84A、B85A和BN0岩芯堆叠的冰山输出指标冰筏碎屑和粒度端元3（End Member 3，EM3）与全球冰量指标LR04-δ^{18}O和地球轨道周期参数偏心率+斜率+岁差（Eccentricity+Tilt+Precssion，ETP）的交叉小波谱分析结果具有较强的相关性，说明北冰洋的冰山输出响应于全球冰量和轨道周期的变化。在100-kyr和23-kyr周期上，冰山输出指标冰筏碎屑和EM3与全球冰量指标LR04-δ^{18}O和地球轨道周期参数ETP存在周期性，这表明在最近约600 ka的轨道周期上，100-kyr的偏心率周期和23-kyr的岁差周期主导了北冰洋中部的冰山输出过程和冰盖变化，可能分别受到全球冰量和太阳辐射量的控制（Wang et al., 2023）。北冰洋海冰替代指标的轨道周期分析结果显示，在100-kyr、40-kyr和23-kyr周期上，北冰洋中部阿尔法海岭3个岩芯堆叠的海冰替代指标粒度端元1（End Member 1，EM1）与全球冰量指标LR04-δ^{18}O和地球轨道周期参数ETP的交叉小波和交叉频谱分析结果显示，都具有较强的相关性，说明全球冰量和太阳辐射量主导了北冰洋中部的海冰变化，反映海冰可能响应于北极冰盖和太阳辐射量的变化。这表明在最近约600 ka的轨道周期上，北冰洋中部的海冰搬运过程主要是由100-kyr的偏心率和23-kyr的岁差周期主导，可能分别受到全球冰量和太阳辐射量的控制（Wang et al., 2023）。

北冰洋沉积物中锰（Mn）含量的间冰期–冰期变化模式表明了锰沉积对气候和

海平面变化的响应。北冰洋中部门捷列夫海岭MA01岩芯锰/钛（Mn/Ti）的小波谱功率强度向晚更新世方向增大，显示出偏心率（约100-kyr）周期，尤其在MIS 9期至MIS 1期最为显著（图4-18）。在斜率（约41-kyr）周期上，功率强度在MIS 15～MIS 13期最为明显。而在岁差（约23-kyr）周期上，MIS 16期以来的大多数间冰期都表现出较高的岁差周期频次（Xiao et al., 2020）。自MIS 12期以来的冰期，该岩芯总体上高的锆/钛记录与中国北方黄土记录的东亚冬季风最大值密切相关（图4-18），从而提供了可能与低纬度影响的联系。增强的东亚冬季风反映了北半球冰盖扩大，并在冰期显示出多次扩张和后退。因为在岁差最大间期夏季低的太阳辐射量可以有效地阻止冰盖融化，从而促进冰盖生长。这种周期性变化模式表明，锰输入到北冰洋深海主要受到

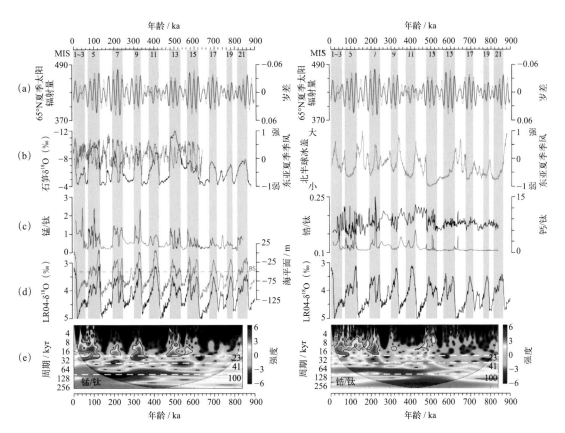

图4-18　北冰洋中部MA01岩芯锰/钛和锆/钛记录与其他古气候记录的对比。（a）：65°N夏季日照和岁差；（b）：中国石笋δ¹⁸O记录（左）与东亚夏季和冬季风指标记录；（c）：锰/钛、钙/钛和锆/钛记录；（d）：全球海平面记录和全球冰量（LR04-δ¹⁸O）记录，断线为白令海峡（BS）50 m的海平面标记；（e）：锰/钛和锆/钛的小波周期分析功率谱。白色断线代表主要的轨道周期：100-kyr（偏心率）、41-kyr（斜率）和23-kyr（岁差）（改自Xiao et al., 2020）

强烈的100-kyr偏心率和23-kyr岁差周期的控制（Wang et al., 2018）。北极中—晚更新世以来古气候记录的岁差信号是对低纬度地区季节太阳辐射量的典型响应。通过海冰和雪反照率的变化以及热量和水分向极地的输送，导致北极可能产生岁差放大。在北极冬季，太阳辐射量梯度变化是由23-kyr岁差信号通过低纬度太阳辐射量的变化所主导。这种岁差驱动机制可能影响海冰条件和北极冰盖的形成，与冰期–间冰期旋回相互作用，从而产生了100-kyr偏心率和23-kyr岁差周期模式（Wang et al., 2018）。与通常推测的更新世高纬度气候的斜率周期调控相比，这种模式表明了低纬度过程对高纬度北极气候持续的岁差影响。这些过程与北方夏季太阳辐射量控制的较高温度和海冰消退以及来自北极以外海区的大气输送相关，从而产生了北冰洋古气候记录中强烈的岁差周期。

以上研究结果表明，北冰洋中部古气候记录中发现的岁差信号对应于北半球夏季太阳辐射量最大值。偏心率和岁差周期变化是由夏季过程驱动的，如冰盖和海冰的扩张与退缩。北冰洋中部古气候变化模式与东亚夏季风模式的相似之处表明，这种模式通过大气水分和热量输送与低纬度气候存在关联（Wang et al., 2018，2023；Xiao et al., 2020），但需要进一步开展相关的古气候数值模拟研究加以证实。

4.6.4 全新世以来河流输入和太平洋入流水通量变化及其对北极环境的影响

北极地区的环境变化与全球气候变化紧密相关，一方面是通过北极放大效应显著影响着全球气候变化，另一方面表现在全球变暖背景下的北冰洋海冰快速消融、海水表面温度快速升高等。现有研究表明，北冰洋海冰融化所需热量主要来自太阳短波辐射和北大西洋入流水所携带的热量（Carmack et al., 2015）。相对于这些热量，太平洋入流水和北极地区河流径流携带的热量相对较小，其演化及其对海冰的影响未被充分考虑。北极地区河流径流和太平洋入流水一起构成了北冰洋淡水来源的主要部分，二者通量的变化对于影响北冰洋的水体结构、弗拉姆海峡向北大西洋的淡水输出、北大西洋深层水的形成乃至全球大洋环流均有着重要的意义（Farmer et al., 2021）。观测资料表明，北极地区淡水平衡正发生深刻改变（Prowse et al., 2016），同时北极地区海冰、陆地径流和太平洋入流水呈现非常强的年代际振荡

（Woodgate，2018）。但是，受限于直接观测的有限数据资料，人们难以从器测资料中深入认识北极地区环境变化的过程和机理，因而有必要从地质历史时间尺度上开展研究。北极东西伯利亚陆架是世界上最宽广的陆架，其包含拉普捷夫海、东西伯利亚海和楚科奇海，该陆架同时也是北极地区海冰最重要的供给区之一，被称为北冰洋的"冰工厂"。近百年来，北极东西伯利亚陆架是北冰洋季节性海冰损失最显著的区域之一，同时其西侧区域接收了大量来自俄罗斯泛北极地区河流排放的暖水，而东侧区域受到太平洋入流水的显著影响，使其成为评估泛陆地径流和太平洋入流水通量变化及其对北极环境影响的理想区域。

一方面，选择有精确测年数据约束的东西伯利亚陆架典型沉积岩芯开展了多指标分析与综合研究，结合已发表的古气候指标和现代观测数据，重建了全新世北极东西伯利亚海冰和俄罗斯泛北极地区河流热能排放演化历史，证明全新世时期泛北极地区河流热能排放在北冰洋海冰消融过程中扮演着至关重要的角色（Dong et al.，2022a）。研究结果显示，与晚全新世（4 ka BP以来）相比［图4-19（b）］，中全新世北极地区海冰急剧减少，且河流热量排放明显增大［图4-19（a）］。在中全新世的夏季，相对较高的太阳辐射强度导致了泛北极地区的温度明显升高，导致西伯利亚地区陆地冰雪和多年冻土融化加剧，并且在中全新世，泛北极地区的广大河流流域内（45°—75°N）降水明显增强，导致河流径流量明显增加。同时，由于夏季相对较高的太阳辐射使该地区地表温度升高，地表径流水体温度存在升高的可能，上述因素的共同作用导致了中全新世俄罗斯境内泛北极地区河流入海热通量的增加。而河流热能排放的主要时期是早夏季节（6月和7月），此时北冰洋大部分区域仍被海冰覆盖，而每年的太阳辐射达到峰值。因此，早夏季节强烈的河流热能排放入海可以直接融化陆架海冰，降低海冰对太阳辐射的反射率，增强其对太阳辐射的吸收率，从而放大夏季太阳辐射对海冰消融的影响力。

另一方面，北冰洋楚科奇海陆架岩芯沉积物的淋滤相钕同位素指标显示，通过白令海峡的北太平洋水通量在中全新世快速上升，可能是导致西北冰洋海洋生产力快速升高与海冰消融的重要因素之一，晚全新世以来该通量则较为稳定［图4-20（k）］。在此基础上，进一步分析了楚科奇海沉积物有机碳和黑碳组分全新世以来对太平洋入流水通量的响应（Liu et al., 2023a）。结果显示，楚科奇海总有机碳和海洋来源有机碳埋藏通量均响应太平洋入流水通量在全新世以来的逐步增加而上升，反映了太平洋入流水对北冰洋海洋生产力的重要作用（图4-20）。此外，黑碳含量和稳定碳同位素组成记录显示，受永久冻土融化影响下，陆地径流排放的黑碳也随着太平洋入流水进入楚科奇海陆架中，尤其在8.2 ka事件及晚全新世以来更为显著。在太平洋入流水的影响下，楚科奇海陆架因此可以作为北冰洋乃至全球海域至关重要的碳汇区域。

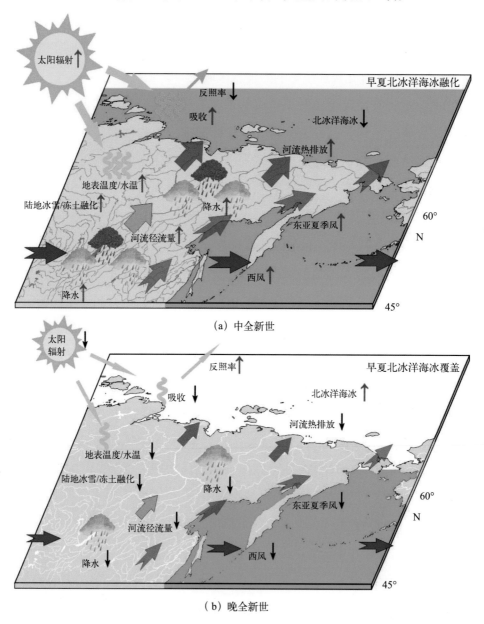

（a）中全新世

（b）晚全新世

图4-19 俄罗斯泛北极河流热排放增强对北冰洋海冰融化的影响机制示意图（改自Dong et al., 2022a）

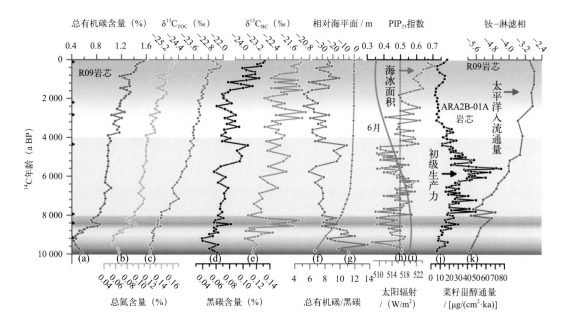

图4-20　楚科奇海陆架R09岩芯的多指标沉积记录与环境、太阳辐射指标的对比（改自Liu et al., 2023a）。
（a）~（e）（g）：R09岩芯总有机碳（TOC）、总氮（TN）、总有机碳同位素（δ¹³C_TOC）、黑碳（BC）、黑碳同位素（δ¹³C_BC）组成和碳/氮比值（BC/TOC）的变化特征；（f）：全球平均海平面变化曲线（Lambeck et al., 2014）；（h）：ARA2B-01A海冰指标（PIP₂₅指数）的变化特征（Stein et al., 2017）；（i）：北半球75°N 6月太阳辐射变化曲线（Laskar et al., 2004）；（j）：ARA2B-01A岩芯菜籽甾醇的变化特征（Stein et al., 2017）；（k）：R09岩芯淋滤相钕同位素变化特征（Song et al., 2022）；▲：R09岩芯贝壳AMS¹⁴C年龄控制点（Song et al., 2022）

上述研究表明，包括北极地区河流排放和北太平洋入流水在内的淡水源输入通量变化，更像是一个控制海冰融化的"开关"，当全球变暖，"开关"呈"打开"状态，河流热能排放入海和北太平洋入流水通量增加，陆架海冰融化，海冰反照率降低，对太阳辐射的吸收率增加，海冰融化进一步加剧。因此，研究北冰洋海冰演化、陆地径流和太平洋入流水通量的变化，阐释北冰洋淡水平衡变化及其联系机制，对于了解北极环境具有重要意义。

4.7　总结与展望

在过去的10年里，我国在南极大陆和相邻海域开展了地面、航空和卫星地球物理综合调查，不仅获得了国际上第一幅全南极板块高清晰地壳和岩石圈结构图，也填补了伊丽莎白公主地内陆区域的地球物理数据空白，并着重对国际关注的泛非期普里兹碰撞造山带的冰下位置、延展方向以及西南极裂谷系统的演化进行了探究。地表地质调查范围不断扩大，在东南极重塑了中元古代至早古生代（15亿至5亿年）两期汇聚造山过程，在西南极重建了德雷克海峡的打开过程及其环境效应。在北极获得超慢速扩张洋中脊的独特地壳结构，揭示出美亚海盆最早扩张的时间。发现更新世东南极兰伯特冰川和西南极阿蒙森海附近冰川易受海水升温、绕极深层水上涌和海平面上升影响而崩塌，而绕极深层水上涌与底部通风加强也导致冰消期大气CO_2增加，以及太阳辐射量、厄尔尼诺-南方涛动与冰架下冷水输出量调控全新世南大洋表层海洋环境变化。查明北极超慢速扩张洋中脊的地壳结构和美亚海盆的最早扩张时间；阐明更新世北美和欧亚冰盖消长控制着北冰洋环流和水体物理化学性质的变化，北极冰盖和海冰消长的偏心率和岁差周期受到低纬度地区热量和水汽输送调控，泛北极地区河流热能排放在全新世北冰洋海冰消融过程中扮演了至关重要的角色，以及北冰洋楚科奇海陆架可以作为北冰洋乃至全球海域至关重要的碳汇。研究成果提升了南北极地质科学的认知水平。

我国即将进入从极地大国迈向极地强国的重要发展时期。对南极的陆域地质考察需提升保障能力，加强国际合作。注重地面、航空和卫星等多种方法相结合的地球物理探测，辅以关键构造部位的冰岩钻探，在国际关注的冰下地质探测和冰下地质演化领域寻求突破。地表地质调查应进一步扩展到我国传统调查区域之外，并特别关注南极内陆少数空白区域的考察。在科学研究上，以地球早期大陆地壳演化、中—新元古代超大陆聚散过程、大陆边缘增生以及德雷克海峡全面打开过程及全球变化响应等地学前沿领域为优先发展方向，力争取得原创性成果。南北极海域已经成为国际海洋科学考察与研究的热点地区，一些重大国际研究计划，如国际地圈-生物圈研究计划、国际大洋钻探计划、国际极地年等都将南北极作为关键科学考察地区，并制定了详细的研究计划。欧洲海洋研究钻探联盟2050科学架构中制定了极地冰的作用、极地气候记录、极地放大效应、冰冻圈反馈和冰盖与海平面上升等关键科学问题。这些研究计划和关键科学问题为未来南北极不同时间尺度的冰盖-海冰-海洋-大气系统对全球变化影响研究指明了方向。随着我国"雪龙2"号船加入极地科学考察行列和南极秦岭站的建成，将大大提升我国海洋地质考察和研究水平。

参考文献

冯梅, 安美建, 安春雷, 等, 2014. 南极中山站—昆仑站间地壳厚度分布[J]. 极地研究, 16(2): 177–185.

纪飞, 李斐, 张峤, 等, 2019. 基于约束三维重力反演的南极大陆地壳密度结构研究[J]. 地球物理学报, 62(3): 849–863.

凌子龙, 高金耀, 赵俐红, 等, 2019. Gakkel洋中脊基底隆起的非对称地壳结构[J]. 地球物理学报, 62(5): 1755–1771.

王伟, 刘晓春, 赵越, 等, 2016. 东南极格罗夫山地区冰碛石碎石带中高压麻粒岩和正片麻岩的锆石年代学研究及其构造意义[J]. 极地研究, 28(2): 159–180.

张涛, 高金耀, 王威, 等, 2018. 20 Ma以来Mohns洋中脊的非对称扩张速率与地壳结构[J]. 地球物理学报, 61(8): 3262–3277. http://doi/10.6038/cjg2018L0583. DOI: 10.6038/cjg2018L0583.

AN M, DOUGLAS W, AN C, et al., 2015a. Antarctic ice velocities from GPS locations logged by seismic stations[J]. Antarctic Science, 27: 210–222.

AN M, DOUGLAS W, ZHAO Y, et al., 2015b. S-velocity model and inferred Moho topography beneath the Antarctic Plate from Rayleigh waves[J]. Journal of Geophysical Research: Solid Earth, 120: 359–383.

AN M, DOUGLAS W, ZHAO Y, et al., 2015c. Temperature, lithosphere–asthenosphere boundary, and heat flux beneath the Antarctic Plate inferred from seismic velocities[J]. Journal of Geophysical Research: Solid Earth, 120: 8720–8742.

AN M, DOUGLAS W, ZHAO Y, 2016. A frozen collision belt beneath ice: an overview of seismic studies around the Gamburtsev Subglacial Mountains, East Antarctica[J]. Advances in Polar Science, 27: 78–89.

CARMACK E, POLYAKOV I, PADMAN L, et al., 2015. Toward quantifying the increasing role of oceanic heat in sea ice loss in the New Arctic[J]. Bulletin Of The American Meteorological Society, 96: 2079-2105.

CHEN C, ZHANG S, ZHAO Y, et al., 2021. Genetic relations between enclaves and their host granitoids from Doumer Island, northern Antarctic Peninsula: evidence from mineral chemistry, Sr-Nd and Li isotopes[J]. Lithos, 398–399: 106235.

CHEN L, WANG W, LIU X, et al., 2018. Metamorphism and zircon U-Pb dating of high-pressure pelitic granulites from glacial moraines in the Grove Mountains, East Antarctica[J]. Advances in Polar Science, 29: 118–134.

CHEN L, LIU X, WANG W-(RZ), et al., 2023. Ultrahigh-temperature mafic granulites in the Rauer Group, East Antarctica: Evidence from conventional thermobarometry, phase equilibria modeling, and rare earth element thermometry[J]. Journal of Petrology, 64: egad014.

DONG J, SHI X F, Gong X, et al., 2022a. Enhanced arctic sea ice melting controlled by larger heat discharge of mid-Holocene rivers[J]. Nature Communications, 13: 5368. https://www.nature.com/articles/s41467-022-33106-1. DOI: 10.1038/s41467-022-33106-1.

DONG L, POLYAK L, XIAO X, et al., 2022b. A Eurasian Basin sedimentary record of glacial impact on the central Arctic Ocean during MIS 1–4[J]. Global and Planetary Change, 219:103993. https://doi.org/10.1016/j.gloplacha.2022.103993.

DONG L, LIU Y, SH X, et al., 2017. Sedimentary record from the Canada Basin, Arctic Ocean: implications for late to middle Pleistocene glacial history[J]. Climate of the Past, 13: 511–531. http://www.clim-past.net/13/511/2017. DOI:10.5194/cp-13-511-2017.

DONG L, POLYAK L, LIU Y, et al., 2020. Isotopic fingerprints of ice-rafted debris offer new constraints on Middle to Late Quaternary Arctic circulation and glacial history[J]. Geochemistry, Geophysics, Geosystems, 21: e2020GC009019. https://doi.org/10.1029/2020GC009019.

DYMENT J, LIN J, BAKER E T, 2007. Ridge-hotspot interactions: What mid-ocean ridges tell us about deep Earth processes[J]. Oceanography, 20(1): 102-115. https://doi.org/10.5670/oceanog.2007.84. DOI: 10.5670/oceanog.2007.84.

FARMER J R, SIGMAN D M, GRANGER J, et al., 2021. Arctic Ocean stratification set by sea level and freshwater inputs since the last ice age[J]. Nature Geoscience, 14: 684–689. https://www.nature.com/articles/s41561-021-00789-y. DOI: 10.1038/s41561-021-

00789-y.

FRETWELL P, PRITCHARD D, VAUGHAN G, et al., 2013. Bedmap2: improved ice bed, surface and thickness datasets for Antarctica[J]. The Cryosphere 7: 375–393. https://doi. org/10.5194/tc-7-375-2013.

FU L, GUO J, LI J, et al., 2022. Imaging the ice sheet and uppermost crustal structures with a dense linear seismic array in the Larsemann Hills, Prydz Bay, East Antarctica[J]. Seismological Research Letters, 93: 288–295.

FU L, GUO J, SHEN W, et al., 2024. Geophysical evidence of the collisional suture zone in the Prydz Bay, East Antarctica[J]. Geophysical Research Letters, 51: e2023GL106229.

GAO L, ZHAO Y, YANG Z, et al., 2018. New paleomagnetic and $^{40}Ar/^{39}Ar$ geochronological results for the South Shetland Islands, West Antarctica, and their tectonic implications[J]. Journal of Geophysical Research: Solid Earth, 123: 4–30.

GAO L, PEI J, ZHAO Y, et al., 2021. New Paleomagnetic constraints on the Cretaceous tectonic framework of the Antarctic Peninsula[J]. Journal of Geophysical Research: Solid Earth, 126: e2021JB022503.

GAO L, ZHAO Y, YANG Z, et al., 2023. Plate rotation of the Northern Antarctic Peninsula since the late cretaceous: implications for the tectonic evolution of the Scotia Sea region[J]. Journal of Geophysical Research: Solid Earth, 128: e2022JB026110.

GE S, CHEN Z, LIU Q, et al., 2022. Dynamic response of East Antarctic ice sheet to Late Pleistocene glacial–interglacial climatic forcing[J]. Quaternary Science Reviews, 277: 107299. https://doi.org/10.1016/j.quascirev.2021.107299.

GRANTZ A, HART P E, CHILDERS V A, 2011. Geology and tectonic development of the Amerasia and Canada Basins, Arctic Ocean[M]// SPENCER A M, EMBRY A F, GAUTTIER D L, et al., Arctic Petroleum Geology: 35. London: Geological Society of London. https://doi.org/10.1144/m35.50. DOI: 10.1144/M35.50.

GUARINO M-V, SIME L C, SCHRÖEDER D, et al., 2020. Sea-ice-free Arctic during the Last Interglacial supports fast future loss[J]. Nature Climate Change, 10:928–932. http:// www.nature.com/natureclimatechange 929.

GUO J, XIAO E, DENG J, et al., 2021. Electrical structures of the lithosphere along the Prydz Belt: Magnetotelluric study at Chinese Zhongshan Station, East Antarctica[J]. Arabian Journal for Science and Engineering, 47: 695–707.

HU J, REN M, ZHAO Y, et al., 2016. Source region analyses of the morainal detritus from the Grove Mountains: evidence from the subglacial geology of the Ediacaran-Cambrian Prydz Belt of East Antarctica[J]. Gondwana Research, 35: 164–179.

HU L, ZHANG Y, WWANG Y, et al., 2023. Paleoproductivity and deep-sea oxygenation in Cosmonaut Sea since the last glacial maximum: impact on atmospheric CO_2[J]. Frontiers Marine Science 10: 1215048. https://doi.org/10.3389/fmars.2023.1215048.

HUTCHINSON D R, JACKSON H R, HOUSEKNECHT D W, et al., 2017. Significance of northeast-trending features in Canada Basin, Arctic Ocean[J]. Geochemistry, Geophysics, Geosystems, 18: 4156-4178. https://doi.org/10.1002/2017GC007099. DOI: 10.1002/2017GC007099.

JI F, GAO J, LI F, et al., 2017. Variations of the effective elastic thickness over the Ross Sea and Transantarctic Mountains and implications for their structure and tectonics[J]. Tectonophysics, 717: 127–138.

JI F, LI F, GAO J, et al., 2018. 3-D dendity structure of the Ross Sea basins, West Antarctica from constrained gravity inversion and their tectonic implications[J]. Geophysical Journal International, 215: 1241–1256.

JI F, WU L, ZHANG Q, 2022. Gravity-derived Antarctic crustal thickness based on the Gauss-FFT method[J]. Geochemistry, Geophysics, Geosystems, 23: e2022GC010555.

KOULAKOV I Y, GAINA C, DOBRETSOV N, et al., 2013. Plate reconstructions in the Arctic region based on joint analysis of gravity, magnetic, and seismic anomalies[J]. Russian Geology and Geophysics, 54(8): 859–873. https://doi.org/10.1016/j.rgg.2013.07.007. DOI: 10.1016/j.rgg.2013.07.007.

LAMBECK K, ROUBY H, PURCELL A, et al., 2014. Sea level and global ice volumes from the Last Glacial Maximum to the Holocene[J]. Proceedings of the National Academy of Sciences of the United States of America, 111: 15296–15303. https://www.

pnas.org/doi/full/10.1073/pnas.1411762111. DOI: 10.1073/pnas.1411762111.

LASKAR J, ROBUTEL P, JOUTEL F, et al., 2004. A long-term numerical solution for the insolation quantities of the Earth[J]. Astronomy & Astrophysics, 428 (1): 261–285. https://ui.adsabs.harvard.edu/abs/2004A&A...428..261L/abstract. DOI: 10.1051/0004-6361.20041335.

LI L, TANG X, GUO J, et al., 2021a. Inversion of geothermal heat flux under the ice sheet of Princess Elizabeth Land, East Antarctica[J]. Remote Sensing, 13: 2760.

LI Q, XIAO W, WANG R, et al., 2021b. Diatom based reconstruction of climate evolution through the Last Glacial Maximum to Holocene in the Cosmonaut Sea, East Antarctica[J]. Deep Sea Research Part II : Topical Studies in Oceanography, 194: 104960. https://doi.org/10.1016/j.dsr2.2021.104960.

LI L, XIAO E, WEI X, et al., 2023. Crustal imaging across the Princess Elizabeth Land, East Antarctica from 2D gravity and magnetic inversions[J]. Remote Sensing, 15: 5523.

LIU X, JAHN B-M, ZHAO Y, et al., 2014a. Geochemistry and geochronology of Mesoproterozoic basement rocks from the eastern Amery Ice Shelf and southwestern Prydz Bay, East Antarctica: Implications for a long-lived magmatic accretion in a continental arc[J]. American Journal of Science, 314: 508–547.

LIU X, WANG W-(RZ), ZHAO Y, et al., 2014b. Granulite facies metamorphism of mafic dykes from the Vestfold Block, east Antarctica[J]. Journal of Metamorphic Geology, 32: 1041–1062.

LIU X, WANG W-(RZ), ZHAO Y, et al., 2016. Early Mesoproterozoic arc magmatism followed by early Neoproterozoic granulite facies metamorphism with a near-isobaric cooling path at Mount Brown, Princess Elizabeth Land, East Antarctica[J]. Precambrian Research, 284: 30–48.

LIU X, ZHAO Y, CHEN H, et al., 2017. New zircon U-Pb and Hf-Nd isotopic constraints on the timing of magmatism, sedimentation and metamorphism in the northern Prince Charles Mountains, East Antarctica[J]. Precambrian Research, 299: 15–33.

LIU X, CHEN L, WANG W-(RZ), et al., 2021. Deciphering early Neoproterozoic and

Cambrian high-grade metamorphic events in the Archean/Mesoproterozoic Rauer Group, East Antarctica[J]. Precambrian Research, 365: 106392.

LIU X, ZHAO Y, LIU J, et al., 2024. Isotopic behavior and age interpretations of U-Pb, Sm-Nd, and $^{40}Ar/^{39}Ar$ systems in polymetamorphic granulite terranes: A case study from the Prydz Belt and adjacent Vestfold Block, East Antarctica[J]. GSA Bulletin, 136: 1356–1378.

LIU Y G, REN P, SONG T F, et al., 2023a. Pacific Water impacts the burial of black and total organic carbon on the Chukchi Sea shelf, Arctic Ocean[J]. Palaeogeography, Palaeoclimatology, Palaeoecology, 621: 111575. https://www.sciencedirect.com/science/article/pii/S0031018223001931. DOI: 10.1016/j.palaeo.2023.111575.

LIU Z, CARVALHO B B, LI W, et al., 2023b. Into the high to ultrahigh temperature melting of Earth's crust: Investigation of melt and fluid inclusions within Mg-rich metapelitic granulites from the Mather Peninsula, East Antarctica[J]. Journal of Petrology, 64: egad051.

MORRISON A K, FROLICHER T L, SARMIENTO J L, 2015. Upwelling in the Southern Ocean. Phys[J]. Today, 68 (1): 27–32. https://doi.org/10.1063/PT.3.2654.

NATIONAL RESEARCH COUNCIL, 1991. Opportunities and Priorities in Arctic Geoscience[M]. Washington D.C: The National Academies Press.

NIE S, XIAO W, WANG R, 2022. Mid-Late Holocene climate variabilities in the Bransfield Strait, Antarctic Peninsula driven by insolation and ENSO activities[J]. Palaeogeography Palaeoclimatolagy Palaeoecology, 601: 111140. https://doi.org/10.1016/j.palaeo.2022.111140.

PARK K, WANG R, XIAO W, et al., 2022. Increased terrigenous input from North America to the northern Mendeleev Ridge (western Arctic Ocean) since the mid-Brunhes Event[J]. Scientific Reports, 12:15189. https://doi.org/10.21203/rs.3.rs-1287030/v1.

PATTYN F, MORLIGHEM M, 2020. The uncertain future of the Antarctic Ice Sheet[J]. Science, 367(6484): 1331–1335. https://doi.org/10.1126/science.aaz5487.

SHEPHERD A, IVINS E, RIGNOT E, et al., 2018. Mass balance of the Antarctic Ice Sheet from 1992 to 2017[J]. Nature, 558: 211-222.https://doi.org/10.1038/s41586-018-0179-y.

SONG T F, CLAUDE H M, ANNE D V, et al., 2022. A reassessment of Nd-isotopes and clay minerals as tracers of the Holocene Pacific water flux through Bering Strait[J]. Marine Geology, 443: 106698. https://linkinghub.elsevier.com/retrieve/pii/ S0025322721002802. DOI: 10.1016/j.margeo.2021.106698.

SONG T, HILLAIRE-MARCEL C, DE VERNAL A, et al., 2023. A resilient ice cover over the southernmost Mendeleev Ridge during the late Quaternary[J]. Boreas, 53(1): 106–123. https://doi.org/10.1111/bor.12632.

STEIN R, FAHL K, GIERZ P, et al., 2017a. Arctic Ocean sea ice cover during the penultimate glacial and the last interglacial[J]. Nature Communications, 8: 373. DOI: 10.1038/s41467-017-00552-1.

STEIN R, FAHL K, SCHADE I, et al., 2017b. Holocene variability in sea ice cover, primary production, and Pacific-Water inflow and climate change in the Chukchi and East Siberian Seas (Arctic Ocean)[J]. Journal of Quaternary Science, 32: 362–379. https://onlinelibrary.wiley.com/doi/abs/10.1002/jqs.2929. DOI: 10.1002/jqs.2929.

TANG Z, SHI X, ZHANG X, et al., 2016. Deglacial biogenic opal peaks revealing enhanced Southern Ocean upwelling during the last 513 ka[J]. Quaternary International, 425: 445–452. https://doi.org/10.1016/j.quaint.2016.09.020.

TANG Z, LI T, XIONG Z, et al., 2022. Covariation of Deep Antarctic Pacific Oxygenation and Atmospheric CO2 during the Last 770 kyr[J]. Lithosphere, 2022: 1–15. https://doi. org/10.2113/2022/1835176.

TONG L, LIU X, WANG Y, et al., 2014. Metamorphic P-T paths of metapelitic granulites from the Larsemann Hills, East Antarctica[J]. Lithos, 192–195: 102–115.

TONG L, LIU Z, LI Z X, et al., 2019. Poly-phase metamorphism of garnet-bearing mafic granulite from the Larsemann Hills, East Antarctica: P-T path, U-Pb ages and tectonic implications[J]. Precambrian Research, 326: 385–398.

WANG J, TANG Z, WILSON D, et al., 2022. Ocean-Forced Instability of the West Antarctic Ice Sheet Since the Mid-Pleistocene[J]. Geochemistry, Geophysics, Geosystems, 23:

e2022GC010470. https://doi.org/10.1029/2022gc010470.

WANG R, XIAO W, MARZ C, et al., 2013. Late Quaternary paleoenvironmental changes revealed by multi-proxy records from the Chukchi Abyssal Plain, western Arctic Ocean[J]. Global and Planetary Change, 108: 100–118. http://dx.doi.org/10.1016/j.gloplacha.2013.05.017.

WANG R, POLYAK L, XIAO W, et al., 2018. Late-Middle Quaternary lithostratigraphy and sedimentation patterns on the Alpha Ridge, central Arctic Ocean: implications for Arctic climate variability on orbital time scales[J]. Quaternary Science Reviews, 181: 93–108. https://doi.org/10.1016/j.quascirev.2017.12.006.

WANG R, POLYAK L, ZHANG W, et al., 2021. Glacial-interglacial sedimentation and paleocirculation at the Northwind Ridge, western Arctic Ocean[J]. Quaternary Science Reviews, 258: 106882. https://doi.org/10.1016/j.quascirev.2021.106882.

WANG R, POLYAK L, XIAO W, et al., 2023. Middle to Late Quaternary changes in ice rafting and deep current transport on the Alpha Ridge, central Arctic Ocean and their responses to climatic cyclicities[J]. Global and Planetary Change, 220: 104019. https://doi.org/10.1016/j.gloplacha.2022.104019.

WANG T T, TUCHOLKE B E, LIN J, 2015. Spatial and temporal variations in crustal production at the Mid-Atlantic Rideg, 25°N-27°30′N and 0-27 Ma[J]. Journal of Geophysical Research, 120(4): 2119-2142. http://doi/10.1002/2014JB011501. DOI: 10.1002/2014JB011501.

WANG W, LIU X, ZHAO Y, et al., 2016. U-Pb zircon ages and Hf isotopic compositions of metasedimentary rocks from the Grove Subglacial Highlands, East Antarctica: constraints on the provenance of protoliths and timing of sedimentation and metamorphism[J]. Precambrian Research, 275: 135–150.

WANG W-(RZ), ZHAO Y, WEI C, et al., 2022. High-ultrahigh temperature metamorphism in the Larsemann Hills: Insights into the tectono-thermal evolution of the Prydz Bay region, East Antarctica[J]. Journal of Petrology, 63: egac002.

WILSON D, BERTRAM R, NEEDHAM E, et al., 2018. Ice loss from the East Antarctic

Ice Sheet during late Pleistocene interglacials[J]. Nature, 561: 383–386. https://doi.org/10.1038/s41586-018-0501-8.

WOODGATE R A, 2018. Increases in the Pacific inflow to the Arctic from 1990 to 2015, and insights into seasonal trends and driving mechanisms from year-round Bering Strait mooring data[J]. Progress in Oceanography, 160: 124–154. https://www.sciencedirect.com/science/article/pii/S0079661117302215. DOI: 10.1016/j.pocean.2017.12.007.

WU L, WANG R, XIAO W, et al., 2017. Productivity-climate coupling recorded in Pleistocene sediments off Prydz Bay (East Antarctica)[J]. Palaeogeography, Palaeoclimatology, Palaeoecology, 485: 260–270. https://doi.org/10.1016/j.palaeo.2017.06.018.

WU L, WANG R, XIAO W, et al., 2018. Late quaternary deep stratification-climate coupling in the Southern Ocean: implications for changes in abyssal carbon storage[J]. Geochemistry, Geophysics, Geosystems, 20: 1–22. https://doi.org/10.1002/2017GC007250.

WU L, WANG R, KRIJGSMAN W et al., 2019. Deciphering color reflectance data of a 520-kyr sediment core from the Southern Ocean: method application and paleoenvironmental implications[J]. Geochemistry, Geophysics, Geosystems, 20: 2808–2826. https://doi.org/10.1029/2019GC008212.

WU L, WILSON D, WANG R, et al., 2020. Evaluating Zr/Rb ratio from XRF scanning as an indicator of grain-size variations of glaciomarine sediments in the Southern Ocean[J]. Geochemistry, Geophysics, Geosystems, 21: e2020GC009350. https://doi.org/10.1029/2020GC009350.

WU L, WILSON D, WANG R P, et al., 2021. Late quaternary dynamics of the lambert glacier-amery ice shelf system, East Antarctica[J]. Quaternary Science Reviews, 252: 1–20. https://doi.org/10.1016/j.quascirev.2020.106738.

XIAO E, JIANG F, GUO J, et al., 2022. 3D Interpretation of a broadband magnetotelluric data set collected in the South of the Chinese Zhongshan Station at Prydz Bay, East Antarctica[J]. Remote Sensing, 14: 496.

XIAO W S, ESPER O, GERSONDE R, 2016. Last glacial-holocene climate variability in the atlantic sector of the Southern Ocean[J]. Quaternary Science Reviews 135, 115–137. http://dx.doi.org/10.1016/j.quascirev.2016.01.023.

XIAO W, POLYAK L, WANG R, et al., 2020. Middle to Late Pleistocene Arctic paleoceanographic changes based on sedimentary records from Mendeleev Ridge and Makarov Basin[J]. Quaternary Science Reviews, 228: 106105. https://doi.org/10.1016/j.quascirev.2019.106105.

XIAO W, POLYAK L, WANG R, et al., 2021. A sedimentary record from the Makarov Basin, Arctic Ocean, reveals changing middle to Late Pleistocene glaciation patterns[J]. Quaternary Science Reviews, 270: 107176. https://doi.org/10.1016/j.quascirev.2021.107176.

XIAO W, POLYAK L, ZHANG T, et al., 2024. Depositional and circulation changes at the Chukchi margin, Arctic Ocean, during the last two glacial cycles[J]. Global and Planetary Change, 233:104366. https://doi.org/10.1016/j.gloplacha.2024.104366.

YE L, ZHANG W, WANG R, et al., 2020. Ice events along the East Siberian continental margin during the last two glaciations: Evidence from clay minerals[J]. Marine Geology, 428: 106289. https://doi.org/10.1016/j.margeo.2020.106289.

YE L, YU X, XU D, et al., 2022. Late Pleistocene Laurentide-source iceberg outbursts in the western Arctic Ocean[J]. Quaternary Science Reviews, 297: 107836. https://doi.org/10.1016/j.quascirev.2022.107836.

ZHANG T, DYMENT J, GAO J Y, 2019a. Age of the Canada Basin, Arctic Ocean: implications from high-resolution magnetic data[J]. Geophysical Research Letters, 46(23): 1–10. https://doi/10.1029/2019GL085736. DOI: 10.1029/2019GL085736.

ZHANG T, WANG R, POLYAK L, et al., 2019b. Enhanced deposition of coal fragments at the Chukchi margin, western Arctic Ocean: Implications for deglacial drainage history from the Laurentide Ice Sheet[J]. Quaternary Science Reviews, 218: 281–292. https://doi.org/10.1016/j.quascirev.2019.06.029.

ZHANG T, LIN J, GAO J Y, 2020. Asymmetric crustal structure of the ultraslow-spreading

Mohns Ridge[J]. International Geology Review, 62(5/6): 568–584. https://doi/10.1080/ 00206814.2019.1627586. DOI: 10.1080/00206814.2019.1627586.

ZHANG Y N, ZHANG F, ZHANG X B et al., 2023. Modification of along-ridge topography and crustal thickness by mantle plume and oceanic transform fault at ultra-slow spreading Mohns Ridge[J]. Geophysical Research Letters, 50: e2023GL105871. https://doi/10.1029/2023GL105871. DOI: 10.1029/2023GL105871.

ZHAO S, LIU Y, DONG L, et al., 2022. Sedimentary record of glacial impacts and melt water discharge off the East Siberian Continental Margin, Arctic Ocean[J]. Journal of Geophysical Research: Oceans, 127: e2021JC017650. https://doi. org/10.1029/2021JC017650.

ZHENG G, LIU X, LIU S, et al., 2018. Late Mesozoic-early Cenozoic intermediate-acid intrusive rocks from the Gerlache Strait area, Antarctic Peninsula: Zircon U-Pb geochronology, petrogenesis and tectonic implications[J]. Lithos, 312–313: 204–222.

ZHENG G, LIU X, PEI J, et al., 2022. Early Palaeogene mafic-intermediate dykes, Robert Island, West Antarctica: Petrogenesis, zircon U-Pb geochronology, and tectonic significance[J]. Geological Journal, 57: 2209–2220.

ZONG S, REN L, WU M, 2021. Grenville-age metamorphism in the Larsemann Hills: P-T evolution of the felsic orthogneiss in the Broknes Peninsula, East Antarctica[J]. International Geology Review, 63: 866–881.

ZONG S, REN L, WU M, et al., 2023. Whole-rock geochemistry, zircon U-Pb geochronology and Lu-Hf isotopic constraints on metasedimentary rocks (paragneisses) in Stornes Peninsula, Larsemann Hills, East Antarctica[J]. International Geology Review, 65: 317–333.

汪　南／供图

第5章
极地生物多样性与生态系统脆弱性

南北极的极端环境孕育了一个极为特殊的生态系统，它是宝贵的物种资源库和动物蛋白库。然而，极地又是生态系统和生物多样性认知最为缺乏的地区之一。随着极地正在发生显著升温和冰雪快速消融等环境变化，其生态系统正在发生改变。与此同时，渔业活动、科学考察和旅游等活动的增加，也越来越成为影响极地生态系统的潜在因素。近10年来，我国的极地生物多样性和生态系统脆弱性研究涵盖了北冰洋中央区、南极阿蒙森海、宇航员海和罗斯海等具有典型意义的重要生态系统，完成了对生态系统结构的基础认知；研究对象包括海洋浮游病毒、浮游细菌、浮游动植物、游泳生物、底栖生物、鸟类和哺乳类等大型动物，以及陆地微生物和植被，提升了对生态系统和生物多样性的认知；涉及气候变化、碳循环和环境脆弱性等前沿研究领域，为极地生态系统保护和生物资源可持续利用提供了科学支撑。

5.1 南极生物多样性特征与种群动态

南北极特殊的环境孕育了特有的生物多样性，并且相对于同样处于极端寒冷环境的北极地区，南极海洋生物总体具有更高的多样性水平。对南极生物多样性特征与种群动态研究，有助于了解生命的起源和演化历程，也可为解析气候变化背景下的南大洋生态系统响应及其影响提供独特视角。

5.1.1 海洋底栖生物多样性特征与物种新发现

海洋底栖生物是海洋生态系统的重要组成部分，在维持极地海洋生态系统稳定性中发挥着至关重要的作用。南极底栖生物对环境变化极为敏感，可以作为气候变化的指示类群。通过研究底栖生物多样性，可以监测和评估南大洋生态系统的健康状况，深入了解南大洋生态系统的结构和功能、评估人类活动对南极生态系统的影响。

Mou等（2022）使用三角拖网对普里兹湾的调查研究，共发现大型底栖生物9门118科206种，其中海蜘蛛41种、端足类38种、棘皮动物36种，节肢动物和棘皮动物是该海域大型底栖生物的主要类群。各站位的物种数量为1～92种不等，表明受水团和海冰刮蚀等影响，其空间分布存在明显差异。该海域大型底栖生物的丰度为1×10^{-3}～0.24 ind./m²，与阿蒙森海的丰度相近，远低于威德尔海东南部和南设得兰群岛海域大型底栖生物的丰度。普里兹湾大型底栖生物群落分为两种类型：以固着的海绵动物为主的底栖生物群落，以及以移动的沉积物为食、底内生物为主的底栖生物群落。

研究同时表明，线虫是普里兹湾小型底栖生物的优势分类单元，占丰度的97%。桡足类的丰度和生物类群数量均随着距离海岸的增加而减少。沉积物上层2 cm集中了超过5%的小型动物个体，41.5%的个体大小为65～125 μm。少数动物的丰度与深度呈显著正相关，这可能与食物供应、地形和环流以及相对合适的沉积物颗粒大小和有限的冰山干扰有关（Huang et al., 2022）。研究发现了南大洋海洋线虫萨巴线虫属（*Sabetieria* Rouville，1903）的两个新种，分别为短尾萨巴线虫（*Sabatieria brevicaudata* sp. nov.）和多孔萨巴线虫（*Sabatieria multipora* sp. nov.）（图5-1）（Fu et al., 2023）。

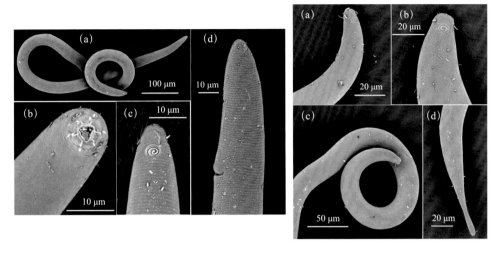

图5-1　在南大洋发现的海洋线虫萨巴线虫属两个新种（Fu et al., 2023）

牟剑锋等于2023年依托中国第38次南极科学考察在东南极宇航员海陆架区首次布放深海海洋生物诱捕观测系统，共获取2 403张照片和40个视频资料，经鉴定共发现8门31种深海底层生物，包括23种无脊椎动物和8种鱼类，其中考氏背鳞鱼（*Notopelis coatsi*）是出现频率最高的鱼类。在影像资料中共发现10种脆弱生态系统物种，占总物种数的32%。

上述研究成果有助于我们加深对南极海底生态系统结构、功能和稳定性的理解。未来应聚焦如下科学问题：①气候变化和人类活动对南极底栖生物群落的影响；②南极底栖食物网结构及不同类群间相互作用；③南极底栖动物的遗传多样性及其适应性演化机制。

5.1.2　鱼类物种组成与区系特征

鱼类作为种类数量最为丰富的脊椎动物类群，在食物网中居于核心位置，可以反映出生态系统的承载状况，指示气候变化导致的生态环境变化。掌握南极鱼类物种组成与区系特征，有助于揭示南极鱼类群落对气候变化的响应，评估气候变化对南大洋生态系统的影响。

对宇航员海底栖鱼类的研究表明，97尾底栖鱼类样品，隶属于5目11科19属23种。其中，灯笼鱼科（Myctophidae）和渊龙䲢科（Bathydraconidae）的鱼类种类最多，长尾鳕科的怀氏长尾鳕（*Macrourus whitsoni*）个体数量最多。其体长分布范围为23.2～921.9 mm、体重分布范围为17.3～1 425.1 g，在1 500～2 000 m水深范围捕获的个体数量最多。优势类群均有明显的垂直分布特征，且同一种类在不同水深分别对应着不同的体长组。通过对宇航员海海水和底表沉积物样品进行环境脱氧核糖核酸（environmental DNA，eDNA）分析，共检测到48种鱼类，其涵盖了南大洋鱼类的主要类群（图5-2，Liao et al., 2023）。

通过DNA条形码技术，分析了普里兹湾102份鱼类样本，共鉴定出6科19属24种底栖鱼类，研究结果与南极其他高纬度地区的底栖鱼类区系分布格局一致（Li et al., 2022a）。利用线粒体COI基因对阿蒙森海69份鱼类样本进行了DNA条形码分析，共鉴定出鱼类13种，隶属于2目6科12属（Cao et al., 2022）。在别林斯高晋海、威德尔海、宇航员海和普里兹湾分别进行了底拖网捕捞和eDNA水样采集。底拖网捕获南极鱼类27种，隶属于7目13科24属，水样经高通量测序后，检测出26种鱼类，隶属于8目13科24属，其中拖网和DNA技术共同检出鱼类12种，两种方式主要检出物种类似（曹帅，2022）。

南极中层鱼类为研究最少且未被充分利用的海洋生物之一。对罗斯海海域的灯笼鱼科鱼类进行了研究，83个样本通过形态学共鉴定出6个物种：南极电灯鱼（*Electvona antarctica*）、卡氏电灯鱼（*E. carlsbergi*）、安氏克灯鱼（*Krefftichthys anderssoni*）、勃氏裸灯鱼（*Gymnoscopelus braueri*）、后鳍裸灯鱼（*G. opisthopterus*）和大洋短鳃灯鱼（*Nannobrachium achirus*），后采用COI基因序列分析，增加了法氏裸灯鱼（*G. fraseri*）与未知裸灯鱼（*Gymnoscopelus* sp.）种类，在一定程度上弥补了灯笼鱼形态学鉴定上的不足（王敏，2021）。

上述研究成果为我们进一步了解和掌握南大洋重要海域的鱼类种类组成和群落结构奠定了重要基础。未来应进一步深化以下方向的研究：①综合运用形态特征和DNA条形码技术开展南极鱼类的分类精准厘定和物种高效鉴别；②系统运用比较基因组学、繁殖生物学、进化生物学及个体行为学等多学科手段，深入解析南极鱼类从基因、个体、种群到群落的不同层次对气候变化的生态响应过程和遗传适应机制。

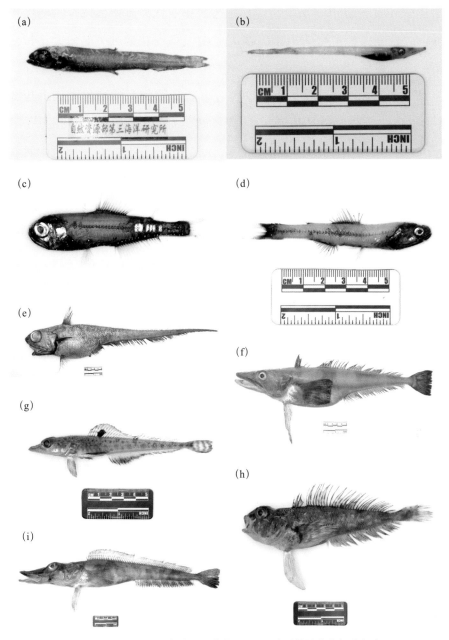

图5-2　同时出现在底拖网渔获物和eDNA检测结果中的部分鱼类

（a）：南极深海鲑*Bathylagus antarcticus*；（b）：考氏背鳞鱼*N. coatsi*；（c）：南极电灯鱼*E. antarctica*；（d）：勃氏裸灯鱼*G. braueri*；（e）：怀氏长尾鳕*M. whitsoni*；（f）：雪冰䲢*Chionobathyscus dewitti*；（g）：锯渊龙䲢*P. evansii*；（h）：彭氏肩孔南极鱼*Trematomus pennellii*；（i）：天鹅龙䲢*Cygnodraco mawsoni*。图中照片标尺统一为5 cm

5.1.3 鸟类和哺乳类生物的时空分布与种群动态

作为南大洋食物链中的顶级捕食者，鸟类和哺乳类是南极海洋食物网中举足轻重的一环。目前相关研究较为有限，我国对南极鸟类和哺乳类的研究，特别是开阔海域的相关研究则更少。

2019年12月至2020年1月，我国首次对宇航员海和合作海的海鸟进行调查，共记录到鸟类23种，约37 500只。其中，南极鹱（*Thalassoica antarctica*）、鸽锯鹱（*Pachyptila desolata*）和北极燕鸥（*Sterna paradisaea*）是数量最多的物种。调查发现，约23%的地区没有观察到鸟类，39°—40°E、44°—46°E和59°—60°E记录到大量鸟类，而33°—35°E、39°—41°E、44°—46°E和59°—60°E等海域鸟类种类非常丰富（图5-3）（Lin et al., 2022）。研究表明，宇航员海的鸟类分布具有高度异质性，约71%的海鸟分布在海洋锋面附近海域。2014年繁殖季，在南极乔治王岛菲尔德斯半岛的碧玉滩共记录有16对威德尔海豹母子（Wu et al., 2018）。

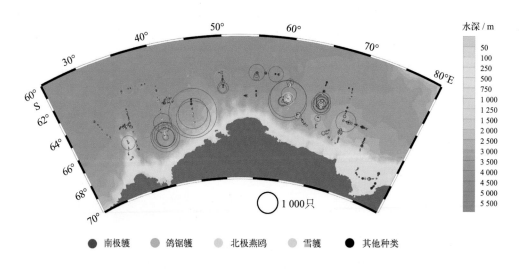

图5-3 宇航员海鸟类优势类群丰度及分布（Lin et al., 2022）

南极鸟类和海洋哺乳动物，尤其是企鹅和海豹，是南大洋生态系统的顶级捕食者和重要的组成部分。与此同时，全球的快速变化将会对这些脊椎动物的生存带来新的挑战。目前，气候变化对南极鸟类和哺乳动物的影响研究主要集中在少数区域的部分物种，且这些物种对气候变化的响应机制研究仍十分有限，因此，需要进一步开展长期和持续的监测与研究（Wu et al., 2017）。

相关研究为全球变暖和人类活动干扰背景下南极鸟类及哺乳类的多样性、分布、种群动态对环境因子变化的响应提供了重要的基础。未来研究应重点关注南极鸟类和哺乳动物对气候变化的响应机制、栖息地选择与利用、繁殖生态学和行为学等方面。

5.1.4 微生物多样性与新种发现

南极的微生物对极端寒冷、干燥和辐射等极端环境具有特殊的适应性机制。它们既是生态系统的重要组成部分，也是生物资源利用的潜在对象。开展微生物多样性与新种研究，可以为认知南极极端环境生态系统特征和生物资源应用潜力提供重要基础。

Cao等（2019）对南极半岛北端海域浮游细菌的群落结构进行了研究，发现优势类群为α-变形菌纲的远洋杆菌目和红细菌目、γ-变形菌纲的海洋螺菌目和交替单胞菌目，以及杆菌门的黄杆菌目，种群间的相互作用可能在夏季影响南极半岛北端表层浮游细菌群落结构方面发挥着核心作用。而对该海域异养鞭毛虫的研究则表明，优势类群为海洋不等鞭毛类（Marine Stramenopiles，MASTs）和末丝虫（Telonemia），盐度、细菌生物量和优势类群之间的相互作用是影响异养鞭毛虫多样性和群落结构的主要变量（Chen et al., 2021b）。对东南极宇航员海、合作海和普里兹湾的研究显示，浮游病毒和微微浮游生物可分为4个集群，其分布主要受海冰融化和南极绕极深层水上升流的控制（Han et al., 2022）。

Zhang 等（2022c）依托中国第34次至第36次南极科学考察长城站度夏科学考察，研究了5个冰川前缘寡营养型淡水湖泊中浮游真核微型生物的多样性和群落组装过程。结果显示，相较于其他研究区域，南极淡水湖泊中具有较低的浮游真核微型生物多样性（物种丰富度：113~268，香农指数: 1.70~3.50）。主要的优势类群为金藻、绿藻和隐藻。物种共现网络表现出全面的共现关系（正相关81.82%，负相关18.18%），同时也阐明了随机过程对塑造该地区浮游真核微型生物群落的重要性（图5-4）。

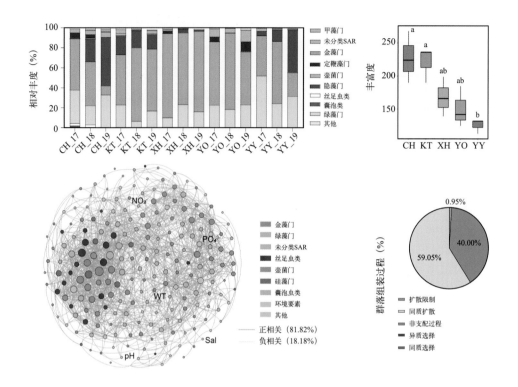

图5-4 科林斯冰盖前缘寡营养型湖泊浮游真核微型生物群落组装过程与多样性（Zhang et al., 2022c）

注：CH：长湖，KT：基泰克湖，XH：西湖，YO：燕鸥湖，YY：月牙；a、ab、b代表均值差的显著性，
不同字母指示两者具有显著性差异，相同字母指示两者无显著性差异；异质选择和同质选择的贡献均为0

另外，从南极菲尔德斯半岛地区的苔藓中分离获得了一个原生生物新种*Sacchromycomorpha psychra*（图5-5），并建立了一个新科Saccharomycomorphidae、新属*Sacchromycomorpha*。该研究对于揭示南极原生生物多样性及保护其种质资源具有重要意义（Feng et al., 2021）。

与此同时，我国目前已从南极菲尔德斯半岛地区的海湾沉积物、海水、地衣、苔藓、海绵、沼泽、鲸骨和企鹅粪等基物中分离获得并发表了细菌新种42种（其中6种是新属）、藻类新种2种、酵母新种2种、原生生物新科1科。微生物多样性及新种研究，极大地推进了对海洋和湖泊微生物群落结构及功能的认知，也为微生物资源利用积累了良好的基础。未来应进一步加强：①全球变化背景下海洋和淡水微生物生态功能的研究，以及微生物极端环境适应机理研究；②南极海冰、冰架和内陆冰盖等特殊生境的生物多样性及环境适应性分析。

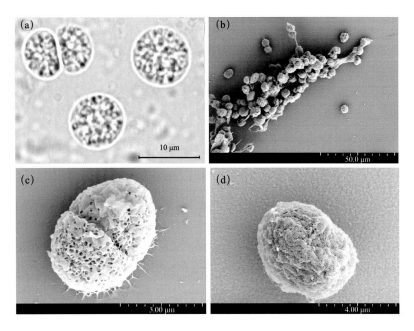

图5-5　新物种*Sacchromycomorpha psychra*的细胞形态照片（Feng et al., 2021）

5.2　北极生物多样性特征及其时空变动规律

北极是一个独特且脆弱的生态系统，对全球气候变化极为敏感。近年来，受全球变暖的影响，北极气温快速上升，海冰加速融化，对北极生物多样性产生了深远影响。与此同时，北极生物多样性与生物资源研究具有巨大的科研和经济价值，许多北极特有生物类群在医药、食品和化工等领域具有广泛的应用前景。通过对北极生物多样性的研究，我们可以及时掌握该地区生物多样性的现状和变化趋势，为保护北极海洋生态系统和资源可持续利用提供科学依据。

5.2.1　海洋底栖生物群落结构变化与空间异质性

极地底栖生物具有相对缓慢的生长速度、较长的生命周期和相对固定的栖息场所，使之受水柱生产力的年际变率和小规模波动的影响较小，气候效应引起的长期变化可在数年到数十年时间尺度上的底栖生物群落的变化中得到体现。因此，对北极底栖生物的研究，有助于更好地掌握北极快速变化背景下的生态影响。

依托我国北极科学考察，在楚科奇海23个站点共鉴定出大型底栖动物140种，分属9门。群落以多毛类（66种）、甲壳类（30种）和软体动物（25种）为主，其次是棘皮动物（9种）和其他动物（10种），包括4种刺胞动物、1种寡毛类、1种星虫动物、1种曳鳃动物、2种苔藓动物和1种尾索动物（图5-6）。寒区广温性的北方外来物种要多于北极本地种（Wang et al., 2014a）。与历史数据的对比显示，可能受全球变暖的影响，该地区的平均类群数量、平均密度、丰度和生物多样性均有不同程度的减少。

通过白令海10个站位的调查，共鉴定出大型底栖动物90种，隶属59科78属。其中，多毛类41种，软体动物16种，甲壳类23种，棘皮动物3种，刺胞动物2种，纽形动物1种，曳鳃动物1种，星虫动物2种，螠虫动物1种（图5-6）。大型底栖动物的平均密度为984 ind./m^2，总生物量为1 207.1 g/m^2（Wang et al., 2014b）。白令海陆架大型底栖生物群落结构具有丰度高、生物量大、生产力高但异质性大的特点。

图5-6　北冰洋部分底栖生物照片

对白令海大型底栖生物群落空间格局的分析表明，群落以北方冷水种和迁徙性暖水种为主，呈分散的、斑块化分布格局；多毛类、甲壳类和海胆是浅海陆架的主要优势类群；海星和蛇尾类是大陆斜坡的主要优势类群；而小型多毛类在海盆区占主导地位。沉积物类型、水深和水流是影响大型底栖生物群落结构和空间分布的主要因素。白令海的大型底栖生物群落在近几十年来发生了显著的结构变化，主要表现为丰度减少和生物量增加（Lin et al., 2018）。此外，北部陆架区的片脚类和双壳类的种群数量明显减少，并逐渐被其他物种所取代，表明白令海已经发生了大规模的生态系统变化（Lin et al., 2018）。

通过上述工作，定义了北极太平洋扇区"离散型-斑块化"的群落结构类型，发现了白令海北部底栖生物群落发生了明显的结构性变化。未来的研究应重点聚焦：①北极底栖食物网在气候变化影响下的结构和功能变化及其相关生态影响；②北极底栖动物的遗传多样性格局及其适应性演化机制。

5.2.2　鱼类区系特征及其气候变化影响下的变动规律

具有一定扩散能力的海洋鱼类通常通过丰度的变化、栖息深度和地理分布范围的改变来响应气候变暖，掌握北极地区海洋鱼类的种类组成和数量分布，有助于更好地评估全球气候变化对北极海洋生态系统的影响。

依托中国第4次北极科学考察，在白令海和楚科奇海共记录到鱼类14科41种，优势种为粗壮拟庸鲽（*Hippoglossoides robustus*）、北鳕（*Boreogadus saida*）、短角床杜父鱼（*Myoxocephalus scorpius*）、斑鳍北鳚（*Lumpenus fabricii*）和粗糙钩杜父鱼（*Artediellus scaber*）。其中，冷水种35种，占85.4%；寒温带种6种，占14.6%。鱼类的生境类型可分为底栖鱼类35种、近底层鱼类5种及中上层鱼类1种。香农指数为0～2.18，平均为1.21，总体呈由南向北递减的趋势（Lin et al., 2014）。在此基础上，依托中国第4次至第7次北极科学考察（2010—2016年）（图5-7）的进一步研究发现，白令海和楚科奇海底栖鱼类的物种组成及生物多样性存在较大的空间与年际波动，相关物种已超出此前记录的分布界线，显示太平洋和大西洋动物区系之间存在加速交换（Zhang et al., 2022a）。在中国第10次北极科学考察（2020年）期间，在楚科奇海西南部海域（75.04°N，179.99°E）首次采集到了6尾冰底灯鱼（*Benthosema glaciale*），便是这种推断的一个鲜活实例（Zhang et al., 2022b）。

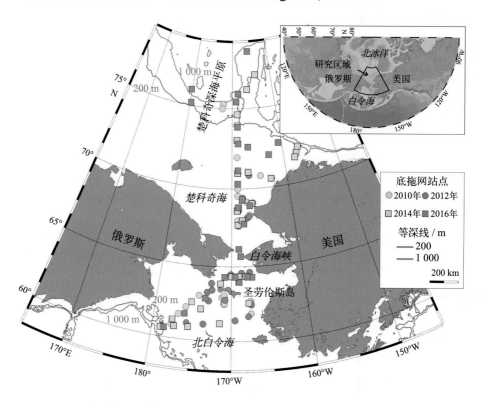

图5-7　中国第4次至第7次北极科学考察底栖拖网站位图（Zhang et al., 2022b）

而基于中国第6次（2014年）和第8次至第11次（2017—2020年）北极科学考察，共鉴定白令海与楚科奇海鱼类8科21属29种，同位素分析获得其营养级范围为2.42～4.62，均值为3.74。营养生态位分析结果显示，每种鱼类的营养生态位基本都与其他几种鱼类存在一定程度的重叠，但多数物种间并无完全重叠，保持一定的独特性（付树森等，2023）。分析结果同时表明，楚科奇海的鱼类群落受当前环境变化的影响似乎比白令海北部的鱼类群落要小，因为楚科奇海的食物网更简单，而且靠近北冰洋中部，气候变化的后果似乎更严重（Zhang et al., 2022b）。

利用DNA条形码技术对白令海和楚科奇海的底栖鱼类进行了分子分类鉴定，共鉴定出10科39种。其中，鲉形目（Scorpaeniformes）5科共19种，几乎占总数的一半；其次是鲈形目（Perciformes）9种（Li et al., 2022b）。同时，对部分北极鱼类的线粒体全基因组特征和系统发育进行了分析（Li et al., 2019a, 2019b, 2019c; Liu et al., 2019; Song et al., 2019）。

上述研究成果为我们了解和掌握北极太平洋扇区的鱼类区系特征及其在气候变化影响下的变动规律奠定了重要基础。未来的研究应进一步聚焦：①北冰洋中央区鱼类群落的生物多样性格局与群落结构特征及其对气候变化的响应；②北冰洋中央区主要鱼类资源种类的群体遗传结构与生态连通性；③深入解析北极鱼类从基因、个体、种群到群落的不同层次对气候变化的生态响应过程和遗传适应机制。

5.2.3　海洋微生物调控及南北极特异性

北极地区蕴含着丰富的微生物资源，由于其特殊的地理位置和气候条件，处于其中的微生物大多有其特殊的生理生化特性。海洋浮游微生物是海洋微食物环的重要组成部分。掌握北极微生物多样性基本特征、了解海洋微食物网特性以及评估微生物资源应用潜力，具有重要意义。

对白令海微微型浮游植物的研究表明，聚球藻和微微真核生物是微微浮游植物的主要类群，低温、高营养浓度和高氮磷比（N/P > 7）可能会限制微微型真核生物的丰度（Zhang et al., 2016a）。对北极黄河站附近王湾海域浮游细菌的研究表明，33个属中有17个属的相对丰度大于0.1%。冗余分析表明，73.0%的浮游细菌群落变化可以用环境参数来解释，环境因素对属水平的浮游细菌分布有显著影响（Cao et al., 2020a）。而对微微型真核生物群落的研究显示，大于1%的优势类群为小豆藻纲、金藻纲、旋毛纲、末丝虫、隐藻纲、迅游藻纲、皮胆虫和硅鞭藻纲，氮、盐度和温度是影响微微型真核生物群落结构的3个主要环境因子（Zhang et al., 2019b）。

对从北极地区和南极地区28个地点不同深度采集的海水样本（$n = 60$）进行了宏基因组研究，并与塔拉海洋（Tara Oceans）计划获取的宏基因组进行对比（图5-8）。超过7 500个（19%）极地海水的操作分类单元（Operational Taxonomic Unit，OTU）未能在塔拉海洋数据集中识别，超过3 900 000个蛋白质编码基因未在塔拉海洋微生物参考基因目录。对从极地海水微生物群中收集的214个宏基因组组装基因组（Metagenome-assembled genomes，MAG）进行分析，揭示了在极地地区普遍存在的菌株，在温带海水中几乎检测不到。对北极与南极微生物群之间的比较表明，抗生素耐药性基因在北极富集，而DNA重组等功能在南极富集（Cao et al., 2020b）。相关研究显示，极地海洋微生物具有独特的物种组成以及环境适应功能特征，并为更全面地分析全球海洋微生物提供了基础。

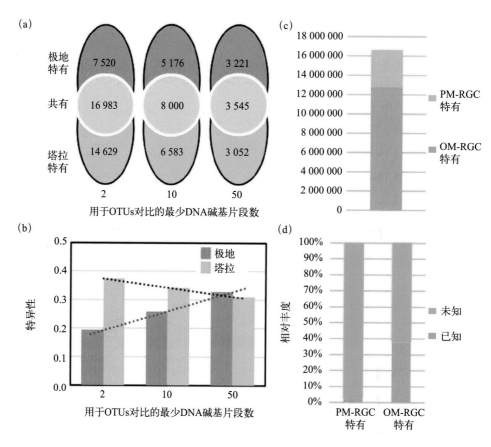

图5-8　南北极与塔拉海洋计划获取的宏基因组数据对比（Cao et al., 2020）

到目前为止，两极地区真菌群落的生物地理学还不为人所知。对从南极地区和北极地区4种栖息地类型（土壤、维管植物、淡水和苔藓）采集的110个样本中的真菌群落分析显示，两极位点之间仅共享396个OTU（14.8%）。4种栖息地类型的真菌群落在北极地区聚集在一起，但与南极地区的真菌群落不同，这表明地理距离是两极地区真菌群落的更重要的决定因素（Zhang et al., 2021）。我国学者还在北极黄河站所在的新奥尔松等地筛选到大量的微生物新种。

上述研究表明，南北极两极微生物具有显著特异性，为后续群落结构和功能分析以及新种筛选奠定了良好的基础。后续研究应重点关注：①北极快速升温背景下微生物多样性的潜在变化及其对生态系统的可能影响；②北极海冰、深海等特殊生境的生物多样性及其环境适应机理；③南北极及其与全球其他地区微生物多样性的对比研究。

5.3　极地海洋生态系统对气候变化的响应

北极地区的升温幅度是全球平均值的2倍以上，南极半岛等南极部分区域升温明显。据联合国政府间气候变化专门委员会所做的研究，全球气候变暖的趋势在两极表现得最为明显，并影响到了极地海洋主要生物群落，例如，南极无冰栖息地增加，南大洋大西洋扇区磷虾分布南移趋势明显，一些亚北极鱼类北迁，这些变化可导致海洋生态系统发生根本性改变。极地海洋生态系统对气候变化的响应研究，是当前极地研究的前沿科学问题。

5.3.1　海洋生物泵运转及维系机制

生物泵指海洋真光层中浮游植物利用无机营养盐（氮、磷、铁等）进行光合作用合成有机物及其驱动的有机物输出、降解、埋藏等一系列过程。生物泵的运转实现了海洋净吸收大气二氧化碳，从而对全球气候变化起着重要的调节作用；生物泵输出的颗粒有机物为底栖生物生长提供了主要的食物来源，维持着底栖生态系统的稳定和多样性。厘清极地海洋生物泵运转的规律及作用机制，对认识极地海洋生态系统的独特性及其面对全球气候变化和人类活动压力下的脆弱性具有重要意义。

1）生物固碳及淡水组分的效应

颗粒有机物的δ^{13}C、δ^{15}N值和溶解无机氮（DIN）的δ^{15}N值（重质量原子数）是指示生物固碳作用强弱变化的理想指标。对东南极普里兹湾周边海域进行的多次夏季考察结果显示，以67°S为界，南部湾内混合层中的δ^{13}C$_{POC}$和δ^{15}N$_{PN}$值明显高于湾外，且最高值往往出现在埃默里冰架前沿，说明普里兹湾湾内的生物固碳作用强于湾外（Zhang et al., 2014; Ren et al., 2020）。伴随着冰融水增加，水体稳定性加强，光合作用生物更多被保留在光充足的表层，从而促进了生物固碳作用（Zhang et al., 2014, 2019c）。淡水组分对生物固碳作用的影响研究表明，南极半岛附近海域冰川融水的影响要大于海冰融化水，而夏末秋初阿蒙森海的铁吸收速率更多地受海冰融水的影响（Wang et al., 2022）。

西北冰洋的生物固碳具有陆架区强于海盆区的特点。研究表明，夏季陆源有机物对西伯利亚海西部陆架区颗粒有机物的贡献比例超过30%，对西伯利亚海东部陆架和楚科奇海陆架区的贡献小于20%（Jia et al., 2022）。楚科奇海有色溶解有机物（CDOM）和黑碳的空间变化则主要受陆源输入的影响，在河水组分高的区域，两者的黑碳含量较高（Lin et al., 2016; Fang et al., 2021; Pan et al., 2014; 潘红等，2015; Li et al., 2017; Tong et al., 2014, 2017）。

2）真光层颗粒有机碳输出通量的空间变化

真光层颗粒有机碳（Particulate Organic Carbon，POC）输出通量是衡量生物泵运转效率的重要指标之一，反映了千年尺度上海洋净吸收大气二氧化碳的能力。利用 $^{210}Po/^{210}Pb$ 不平衡对南极普里兹湾邻近海域颗粒有机碳输出的研究发现，陆架区溶解态 ^{210}Po 和 ^{210}Pb 比陆坡区和海盆区低，反映出陆架区具有更强烈的颗粒清除迁出作用。由 $^{210}Po/^{210}Pb$ 不平衡估算出的普里兹湾邻近海域100 m层的颗粒有机碳输出通量落在 $0.8 \sim 31.9$ mmol/（$m^2 \cdot d$），高值出现在陆架区，对应于生物固碳速率和Chl-a 含量的高值，说明夏季南大洋陆架区在净吸收大气二氧化碳方面起着重要作用（Hu et al., 2021; Chen et al., 2022a）。

3）颗粒有机物降解和营养盐再生

中深层颗粒有机碳降解和营养盐再生反映了垂向上生物泵的衰减程度。对东南极普里兹湾邻近海域的研究显示，$\delta^{13}C$ 颗粒有机碳和 $\delta^{15}N$ 颗粒氮在真光层以深随着深度的增加而增大，同时伴随着颗粒有机碳和颗粒氮含量的降低（任春燕等，2015; Ren et al., 2020）。依托中国第34次至第36次南极科学考察航次，在国际上首次开展了西南极阿蒙森海亚硝酸盐氮、氧同位素的研究，发现夏季上层水体的亚硝酸盐出现异常低的δ^{15}N值和异常高的δ^{18}O值，酶驱动的硝酸盐和亚硝酸盐之间的同位素交换是产生这些异常值的原因；亚硝酸盐双同位素组成证明了混合层以深水体中的亚硝酸盐主要来自氨氧化的贡献，说明硝化作用在无机氮再生过程中起着重要作用（Chen et al., 2022c，2023b）。利用^{15}N示踪法实测的光照和黑暗条件下宇航员海的硝化速率表明，夏季真光层中存在明显的硝化作用，其中真光层底部硝化速率最高；光抑制是真光层硝化作用的首要限制因素，但有机质降解向下补给的铵盐与绕极深层水上升提供的硝化细菌和溶解态铁上下耦合，缓冲了硝化的光抑制效应，促进了真光层中的硝化作用（图5-9）。该研究结果挑战了以往认为南大洋夏季硝化作用因光抑制并不重要的观点（Fan et al., 2024）。

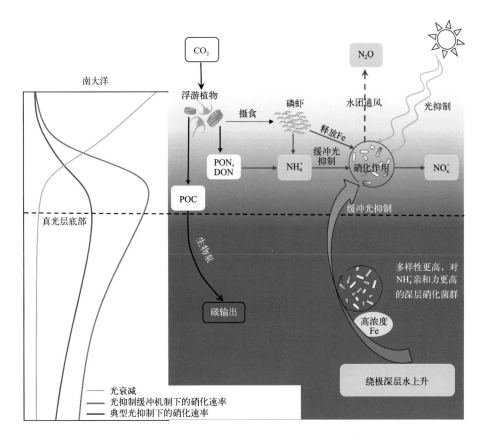

图5-9　夏季宇航员海硝化作用的光抑制及铵盐和上升流缓解机制（Fan et al., 2024）

营养盐再生过程中硝化作用的重要性在亚北极太平洋和西北冰洋同样有所体现。对夏季白令海硝酸盐和颗粒有机物氮同位素组成的研究表明，白令海陆坡区比海盆区具有更明显的硝化作用，原因在于陆坡区具有更高的初级生产力和更活跃的有机物降解作用（Zhu et al., 2021）。亚硝酸盐的氮、氧同位素组成也表明，白令海、楚科奇海次表层亚硝酸盐初级极大值的形成和营养盐再生主要由氨氧化主控，而且亚硝酸盐的生物周转时间比低纬度海区更短，展现出活跃的动力学特征（Chen et al., 2022b）。在楚科奇海，再生的硝酸盐部分会通过反硝化作用转化为N_2并离开海洋。2012年夏季利用^{15}N示踪法测得的反硝化速率介于$1.8 \sim 75.9 \ \mu mol/(m^3 \cdot h)$（以$N_2$计），国际上首次证明了楚科奇陆架富氧水体中存在活跃的反硝化作用，沉积物再悬浮及颗粒物微环境可能是富氧水体发生反硝化的重要机制（Zeng et al., 2017）。

4）表-底层生态系统的耦合

输出至沉积物的有机物通量大小直接影响到底栖生物的生长与底栖生态系统的结构和功能，掌握生物泵表-底层的耦合状况具有重要科学意义。对南极宇航员海沉积物岩芯开展的^{210}Pb和^{230}Th研究表明，宇航员海的沉积速率、生物扰动系数和有机质降解速率均显著低于南极其他边缘海，与该海域表层水体低的初级生产力相吻合，显示出生物泵表-底层耦合的特征（Yang et al., 2022c）。然而，在南极底层水形成的区域，颗粒有机碳输出通量的表-底层耦合关系可能被打破。对普里兹湾邻近海域海水$\delta^{18}O$的研究显示，达恩利角和普里兹湾水道存在高密度陆架水下沉并形成南极底层水的过程（Jia et al., 2022），由此将沉降至陆架深层的溶解态黑碳、溶解有机碳和悬浮颗粒有机碳沿陆坡底部输送至南大洋深层，从而影响到有机碳输出的表-底层耦合状况（Fang et al., 2018；Fang et al., 2023）。位于亚北极的白令海盆同样也出现了颗粒输出通量表-底层解耦的现象。$^{210}Po/^{210}Pb$不平衡的研究表明，白令海海盆区1 000 m以深水体^{210}Po活度浓度明显低于^{210}Pb，说明深层水存在强烈的颗粒清除迁出作用，导致^{210}Po相对于母体^{210}Pb呈明显亏损，陆架向海盆输送的颗粒物是导致这种独特现象的主要原因（Hu et al., 2014a, 2014b）。

近10年来，运用同位素开展的极地海洋生物泵研究，为评估极地海洋不同时间尺度上吸收大气二氧化碳的潜力作出了积极贡献。展望未来，有必要加强生物泵与食物网相互作用的研究，诸如碳沿食物网流动的路径和效率、食物网结构对生物泵的影响、典型生境（冰间湖、锋面区、海山区）生物泵与食物网的关系等科学问题亟待解决，以准确掌握气候变化和人类活动双重压力下极地海洋生态系统的变化规律及驱动机制。

5.3.2 典型生物种群动态及其对气候变化的响应

极地是全球气候变化最显著的地区之一，多种生物的数量和地理分布都发生着剧烈变化。开展现代和历史时期（重大暖期和冷期）的极地生物种群变化以及不同气候背景下影响极地生物动态的关键因素和机制研究，对制定应对气候变化策略、有效开展极地生态保护和国际治理具有重要科学意义。我国科学家围绕极地生态与气候变化的国际重大前沿科学问题和国家战略需求开展创新性研究，对我国各考察站周边的企鹅、海豹、磷虾种群和栖息地开展调查，在极地典型生物种群动态及其对气候变化的响应方面取得了新进展。

1）企鹅种群盛衰和栖息地变迁

在东南极西福尔丘陵开展了企鹅生物粪土层的识别和年代测定，确定了冰消期以来最古老的企鹅繁殖地。结果表明，在距今14 600年前企鹅就已登陆西福尔丘陵地区，比此前的认知提前了约6 000年（Gao et al., 2018a）。与意大利科学家合作，基于大量的测年数据，发现恩克斯堡岛在距今8 600年就有企鹅定居，是罗斯海自全新世以来最早的繁殖地，将企鹅种群持续存在的时间向前推了1 600年（Gao et al., 2022）。两地企鹅繁殖地建立与当地冰盖消退的时间大致吻合，强调了冰期-间冰期转换过程中冰退是企鹅数量增加和栖息地扩张的一个主要驱动因素，这一规律对于两极地区海鸟繁殖地的历史演变或具有普遍意义。在此基础上提出了废弃巢区年代和面积测定相结合的方法，系统恢复了恩克斯堡岛全新世以来的企鹅种群数量变化和巢区迁移过程（图5-10），并指出特拉诺瓦湾冰间湖的存在和大小对该岛企鹅种群的延续发挥着关键作用（Gao et al., 2022）。

综合长期考察过程中获取的大量数据，开展企鹅种群数量变化的空间集成研究，重建了南极阿德利岛过去1 000年的企鹅繁殖地东迁过程和罗斯海全新世企鹅繁殖地的南北迁移过程，对国际上争论已久的"罗斯海斯科特海岸企鹅消失之谜"提出了新的解释，并揭示了西风增强和新冰期变冷是驱动企鹅迁移的主要因素，提出大尺度大气海洋环流与局地地形的相互作用通过改变风场、积雪及海冰分布等对企鹅繁殖地种群盛衰和栖息地演化起到了至关重要的作用（Yang et al., 2019，2021b）。

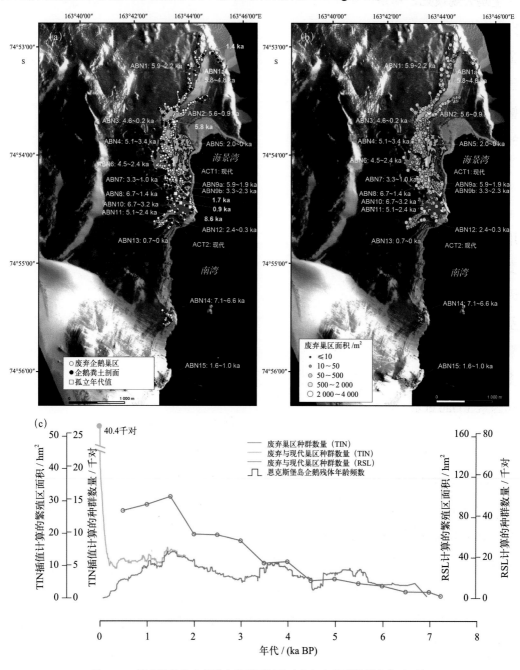

图5-10　恩克斯堡岛全新世企鹅巢区迁移（上）和种群数量变化（下）

2）企鹅生态灾难事件

在西福尔丘陵发现了广泛分布的废弃企鹅繁殖地和古代企鹅幼鸟木乃伊，通过木乃伊和粪土沉积层年代与地球化学指标证实了西福尔丘陵距今750年和200年的两次企鹅大规模死亡和繁殖地废弃的生态灾难事件。类似地，对恩克斯堡岛西北部废弃企鹅巢和企鹅尸体密集区的研究揭示了19世纪末该区域可能存在流水冲刷导致的企鹅栖息地废弃事件。这两项研究揭示了南半球大尺度大气环流异常导致的降水/冰雪融水增多是引发灾难事件的主要驱动因素（Gao et al., 2018b; Xu et al., 2020），并警示了在现代全球变化的背景下，极端气候事件频发、南极降水增加，生活在南极的企鹅可能面临的生存挑战。

3）企鹅−磷虾−浮游植物种群动态耦合变化

选取极地食物链关键物种，开展多营养级种群动态耦合变化研究。在东南极利用企鹅粪土沉积柱中生物残体的碳氮同位素揭示企鹅食性变化，进而反映磷虾数量变化，提出由食物丰度驱动的食物链级联效应是影响高营养级生物种群变化的重要因素（Huang et al., 2016; Gao et al., 2019）。集成卫星观测、现场生态观测、种群数量模型等多种数据集，系统量化了过去40年西南极半岛阿德利企鹅、南极磷虾和浮游植物的种群数量以及地理分布的变化过程，发现它们均表现出北部减少、南部增多的特征。提出大西洋多年代际振荡产生的遥相关过程是该地区生物群落南移的驱动因素（Gao et al., 2023）。

4）大气−海洋要素等的历史变化重建及其生态效应

在罗斯海和东南极地区创新性地采用企鹅粪土沉积物镉/磷（Cd/P）比值以及企鹅羽毛镉浓度作为替代性指标，重建了两地变性绕极深层水上涌强度的历史变化，并揭示了其对区域海冰、冰川融水排放量等的重要影响（Xu et al., 2021; Guo et al., 2023）。此外，提出了罗斯海包括小冰期在内的3个上涌增强期，在此基础上科学地解释了罗斯海小冰期企鹅数量反常增加的现象，揭示了大气−海洋环流引发的海温、海冰、营养物质变化最终影响海洋生态系统变化的耦合驱动机制（图5−11）（Xu et al., 2021; Yang et al., 2018）。

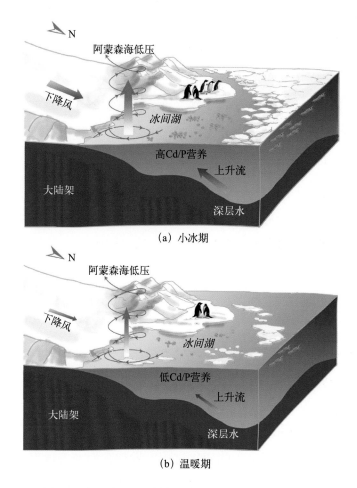

图5-11　大气–海洋–生态动力学耦合驱动机制示意图。（a）：小冰期阿蒙
森海低压增强导致下降风增强，冰间湖扩大，深层水上涌增强，浮游植物、磷
虾和企鹅种群繁荣；（b）：温暖期过程与小冰期相反

　　利用菲尔德斯半岛和罗斯海地区企鹅/海豹粪土沉积物的汞同位素奇数非质量分馏值（$\Delta 199Hg$）重建了过去海洋光去甲基化程度的变化，发现沉积物中$\Delta 199Hg$一方面受到海冰对上层海洋甲基汞（methylmercury，MeHg）光降解的影响（Liu et al.，2023），另一方面受到绕极深层水上涌带来的低$\Delta 199Hg$特征的MeHg影响。这两项研究证明了生物沉积物中的汞同位素可以指示历史时期的海洋环流或者海冰变化，是过去气候变化有价值的代用指标。

　　此外，利用湖泊沉积和生物沉积中的硅藻群落组成、生物标志物等指标在环南极开展了相对海平面、火灾活动等古环境变化过程的重建研究，揭示了多种气候环境要素对极地生态系统演化的影响（Chen et al., 2022d, 2023a; Gao et al., 2020）。

以上研究科学地阐释了自然因素和人为因素影响下极地典型生物种群的响应模式和适应方式，为理解未来气候变化和人类活动对极地关键物种的影响、划定气候敏感性物种和敏感性区域、有效开展极区生态保护提供了重要依据。然而，目前我国的极地生态研究基本集中在长城站、中山站和秦岭站所在区域，未来应充分发挥我国在极地生态研究领域的优势与特色，组织西南极半岛、东南极半岛、阿蒙森海、宇航员海等国际研究热点区域的野外考察，开展南极典型生物的现代生态和古生态重建，从而进行更大空间尺度上的对比和集成研究，更加系统、全面地揭示气候变化下极地典型生物种群数量、地理分布和栖息地的迁移过程及驱动机制。

5.3.3 浮游动植物及其环境响应

浮游动植物是一类在水中随波逐流、营浮游生活的动物和植物类群。作为海洋生态系统中承上启下的类群，浮游动植物的变化趋势是了解生态演变趋势的关键环节。过去10～20年，极地海域受气候变化影响，海冰减少，极端天气事件频发，对包括海洋浮游动植物在内的海洋生态系统造成深远影响。我国在极地海洋浮游动植物及其环境响应研究领域取得了一定的进展。

1）极地浮游植物对气候环境变化的响应

极地浮游植物对海冰快速消退及海洋环境变化的响应十分敏感。以北极为例，我国学者探讨了波弗特环流模态对浮游植物群落时空变化的调控，指出反气旋波弗特环流的强化，通过汇聚淡水、降低可利用营养盐，导致硅藻对浮游植物群落的贡献率下降，而青绿藻和金藻的贡献率上升（Zhuang et al., 2018）。此外，在中国北极黄河站的长期观测表明，北极王湾夏季浮游植物群落结构的长期变化趋势主要受大西洋入流和冰川融化的影响。色素表征的浮游植物群落组成的空间和年际变化显示，大西洋水入侵控制了王湾春季藻华的时间，而冰川融水输入是影响夏季生物量的主要因素（Zhang et al., 2023）。上述研究加深了全球变暖背景下北冰洋浮游植物群落对气候与环境变化的快速响应的理解。

2）极地浮游动物群落对气候变化的脆弱性

之所以多数学者倾向于认为极地海洋生态系统对气候变化更加敏感，除了极端的季节差异还在于生态系统自身的独特性。在南大洋，浮游动物的脆弱性首先来自浮游生物量的倒金字塔结构。Yang等（2022a）在对国际上现有浮游生物数据库进行补充的基础上，从平均生物量碳密度的角度表明南大洋大部分区域，特别是高纬度区，浮游动物的生物量要高于浮游植物（Yang et al., 2022a）。这种与常规生态规律相反的情况意味着，南大洋浮游动物类群间存在更强的食物竞争，而且随着无冰季节的延长，这种格局可能会发生较大的变化。北冰洋浮游动物群落的特点是明显的地理差异，以楚科奇海为代表的陆架浅水区浮游动物群落中有比例极高的底栖动物浮游幼体，而海盆区虽然绝大部分是真正的浮游动物，但丰度远低于陆架区。这表明陆架区浮游动物群落对海冰变化可能更加敏感，而且群落结构的变化不仅导致种类组成的变化，而且影响到浮游和底栖食物链在整个生态系统物质循环中所占的比例（图5-12）。该趋势已经得到初步验证（Xu et al., 2018b）。

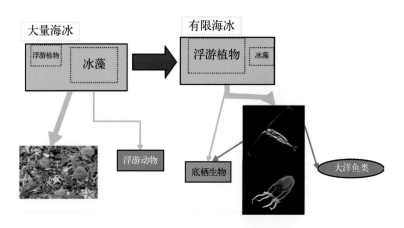

图5-12　楚科奇海主导食物链的转化趋势

3）极地浮游动物的生态适应策略

南大洋不同海域的实验研究均表明，在食物相对短缺的条件下，不同类群的浮游动物都选择了灵活的摄食策略。这种灵活性体现在两个方面：一是随着浮游植物生物量的时间和空间变化调整食性；二是利用浮游植物以外的其他食物来源。在普里兹湾的研究中，脂肪酸和稳定同位素分析结果都证实桡足类在浮游植物水华期摄食较高比例的硅藻，而在浮游植物相对缺乏时转而摄食更多的原生动物（Yang et al., 2016）。对于磷虾而言，这种食性的转变还发生在生长发育过程中，浮游动物在磷虾幼体的食物组成中占比13%~34%，而在成体中这一比例可以达到58%~71%（Zhang et al., 2017）。同样，肉食性能力的差异也存在不同的种类之间，例如有证据表明长臂樱磷虾（*Thysanoessa macrura*）可以比南极大磷虾（*Euphausia superba*）更积极地从草食性转向肉食性（Pang et al., 2023）。对于不同种类而言，食性的灵活性决定了在未来食物供给发生变化的情况下种群的数量变化，也就是谁将受益或者受益更多。对于生态系统而言，这种食性的变化可以通过营养级联效应，调节浮游动物食物网中的碳和能量转移。中型浮游动物可以通过摄食原生动物减少后者对浮游植物的掠食压力，磷虾摄食中型浮游动物的同时也降低了两者对浮游植物的竞争。在气候变化背景下，不仅食物总量的变化，食物网结构的变化也会导致浮游动物群落结构发生重大变化。

4）极地浮游动物群落对气候变化的响应

要发现并证实浮游动物群落的变化需要多年的数据积累，这是浮游动物生态研究中的难点。迄今为止，我国南极浮游动物样品和数据积累已经超过20年，北极浮游动物样品和数据积累也接近20年，在这方面有了较大的进展。总体而言，由于北冰洋相对封闭，浮游动物对海冰消退的响应要比南大洋更加明显。

南极的调查在普里兹湾最多。在外海，随着海冰消融提前和浮游植物生长周期延长，大型桡足类所占的比例有增加的趋势。当然由于调查时间限定在夏季，样品中这些种类多数尚处于幼体期。在近岸海域，除了大型桡足类，晶磷虾的数量也有增加的趋势。当然，由于冰间湖规模和海冰消融时间存在显著的年际波动，这种趋势也存在很大波动。

在北冰洋，对砂壳纤毛虫的研究表明其粒级正趋向于小型化并正在经历着剧烈的北方化进程。Wang等（2022）在从白令海到楚科奇海台的一条大断面上比较了2016年与2019年表层砂壳纤毛虫的丰度和种类组成。结果表明，砂壳纤毛虫总丰度和生物量在这3年间是增加的，而且主导类群的体型从大于30 μm变成10~20 μm。3个北太平洋常见种分布的北边界也在这期间向北移动了5°~8°。统计分析结果则表明，温度和盐度是最主要的影响因素。这种年际比较可能无法准确描述长期变化趋势，但是小型化和北方化完全符合浮游生物类群响应全球变暖的演化特征，也完全可以作为极地海区浮游生态系统长期变化监测的指标。

西北冰洋浮游动物丰度同样有增加的趋势。徐志强等分析了2003年、2008年、2010年和2012年中国4次北极科学考察所获取的上层（< 200 m）浮游动物样品，发现浮游动物总丰度随着夏季海冰覆盖面积减小有增加的趋势（Xu et al., 2018a）。从地理群落上，北部陆坡群落的平均丰度增加的趋势最明显，并且所有终生浮游类群的丰度都呈增高趋势。根据反向聚类划分的生态类型表明，丰度增加最明显的是泛北极陆架种，而北极深水种和北极机会种不但没有增加反而有所减少。一个最重要的发现是，北极哲水蚤（*Calanus glacialis*）在2010年夏季海冰覆盖面积出现创纪录的低值时，达到历史纪录的最高值568.8个/m³，这一丰度是2003年调查结果的20倍，是2010年调查结果的10倍以上。在黄河站所在的王湾也观察到同一种类大量繁殖，证实了该种可能是海冰消退最主要的受益种。这一研究的意义不仅在于揭示浮游动物丰度增加的趋势，而且找到了一个未来研究的指示种，以深入研究这一承上启下的类群如何响应海冰消退。

另一个具有指示意义的种类是极北哲水蚤（*Calanus hyperboreus*）。它是北冰洋体型最大的桡足类物种，生活史周期长达4年，而且传统上认为它无法在北冰洋中央区完成生活史，需要依赖幼体从陆架区向海盆区的输送。Xu等（2018b）重新分析历史样品发现，该种在楚科奇海到楚科奇深海平原间的陆坡区不仅丰度更高而且生长速率更快，并进一步推论在食物供给增加的情况下生活史周期可以缩短到3年以内。这一研究说明在北冰洋中央区鱼类的饵料生物供给也有增加的趋势，《预防中北冰洋不管制公海渔业协定》相关的科研监测计划中应该充分考虑这一点。

5.3.4　南极磷虾与气候变化

南极磷虾是地球上生物量最高的单种动物蛋白库，其巨大的生物量对海洋生态系统的稳定性和生物资源利用至关重要。研究表明，南极磷虾与海冰分布关系密切。海洋升温、海冰减少已导致南大洋大西洋扇区磷虾分布呈现南移的趋势。在全球变暖的大背景下，南极磷虾生物量的稳定性已成为国际社会关注的热点。

　　我国学者对南极磷虾大尺度时空变动提出新观点：南大洋食物网的关键物种——南极磷虾，会通过新的避难所对南大洋主要栖息地快速升温和海冰减少呈现一定的恢复力。人们从100年前的"发现"（Discovery）号远征南极时代起就认为南大洋的大西洋扇区是南极磷虾的主要聚集区（70%的磷虾种群聚集于此），该区域也是磷虾渔业的主要集中区。而20世纪70年代以来的西南极海域的快速变暖使得该区域磷虾丰度显著降低，这也为南大洋的保护敲响了警钟。

　　通过中国第30次南极科学考察样品数据分析及南极磷虾数据库（KRILLBASE），发现在环境快速变化的大西洋扇区磷虾丰度减小，相对稳定的印度洋和太平洋扇区成为南极磷虾的避难所，能够比一个世纪之前容纳更多的磷虾种群（图5-13）（Yang et al., 2021a）。南极磷虾支撑了南大洋特殊的食物网并且是西南大西洋扇区商业捕捞的主要对象。此区域磷虾种群是否降低在近20年存在广泛的争论，这种不确定性对磷虾渔业的科学管理造成了困难。这项新的研究从更广的环南极尺度上提供了新的视角，也为南极周边海洋保护区的建设和南极渔业的科学管理提供了基础数据支撑。

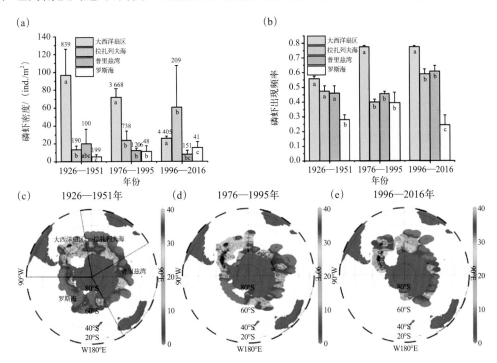

图5-13　1926—2016年，南极磷虾环南极种群的时空变动。（a）：磷虾密度；（b）：磷虾出现频率；（c）至（e）：磷虾空间分布及密度（单位：ind./m²）。其中，（a）和（b）中的字母a、b、c代表均值差的显著性，不同字母指示两者具有显著性差异，相同字母指示两者无显著性差异（Yang et al., 2021a）

通过对"发现"号远征南极时代以来所有的南大洋浮游动物生物量进行数据库建设，同时整合浮游植物生物量数据（基于卫星遥感叶绿素a数据）和南极磷虾、纽鳃樽生物量数据（基于KRILLBASE数据库），对不同浮游生物功能群（浮游植物、浮游动物、南极磷虾、纽鳃樽）碳生物量的环南极分布模式进行分析，发现各保护区（或保护区提案）区域内4种浮游生物功能群组的分布不均匀（Yang et al., 2022a）。传统主流观点认为营养盐（铁离子供应）—浮游植物—浮游动物—高营养级生物的上行效应是控制南大洋食物网和生态系统的主要过程，而研究结果却发现南大洋大量区域呈现倒生物量金字塔结构，即捕食者（浮游动物）的生物量超过了被捕食者（浮游植物）的生物量，捕食者/被捕食者质量比以及南大洋浮游动物普遍存在的杂食性是南大洋生物量金字塔倒置的主要原因。

我国学者对南极磷虾进行了首次基因组调查，其基因组大小估计为42.1千兆碱基（Gb）（Huang et al., 2020）。综合研究表明，南极磷虾能够在南大洋保持巨大的丰度，是因为它们进化出了季节同步策略（图5-14）（Shao et al., 2023）。这使它们适应了高度可变的光照和温度，而海冰是了解南极磷虾季节性生命周期的关键。光照和温度变化可以影响与重置昼夜节律系统。南极磷虾暴露在寒冷的环境中，季节变化会引起剧烈的光照变化，并进化出昼夜节律的基因适应。研究结果提供了磷虾昼夜节律钟的分子结构模型，证实了可能存在双反馈回路机制，揭示了4个昼夜节律基因在夏季和冬季之间表现出差异表达，其中3个在夏季上调，而另1个在冬季上调。

南极磷虾进化出了由昼夜节律系统控制的身体适应和行为模式，这有助于它们在低温和急剧变化的光照条件下保存能量及生存。它们在整个生命周期中可以连续蜕皮，但它们的生长速度随季节变化。南极磷虾在冬季的产仔期通常是夏季和秋季的2倍，几乎与进食方式无关（Shao et al., 2023）。

南极磷虾是目前我国南极生物资源利用最主要的目标物种。上述研究，让我们对南极磷虾的环境适应机理及其对气候变化的潜在响应有了更为深入的了解。未来应重点关注：①南大洋环境变化对南极磷虾种群结构的影响；②南极磷虾对变化环境的适应性；③气候变化对以磷虾为核心的南大洋食物网的潜在影响，从而为南极磷虾资源的合理利用提供科学支撑。

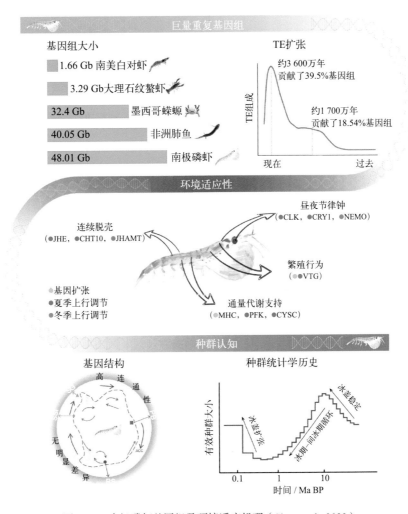

图5-14　南极磷虾基因组及环境适应机理（Shao et al., 2023）

5.4　极地陆域生态系统及气候和人类活动影响

相对极地海洋生态系统，极地陆域生态系统则更为脆弱。极地陆域生态系统会受到全球变化的直接影响，气温升高、冰川退缩和冻土层消融等都将影响到两极的陆域生态系统，与此同时，受全球增暖等因素导致人类活动（如科学考察和旅游等）的加剧，也会影响到局域生态系统，因而对极地陆域生态系统的保护面临更为艰巨的任务，也是国际社会关注的焦点。开展气候和人类活动对极地陆域生态系统影响研究，可以为极地环境管理和保护提供必需的科学依据。

5.4.1　陆地植被与气候

气候变化对南北极影响显著，北极和南极半岛地区正在变"绿"。开展南北极陆地植物多样性、植被与环境变化的监测和研究，可以加强对气候变化以及植被演替的认知。依托北极黄河站和南极长城站，在不同区域环境中建立永久固定植物样方并开展长期监测，可以在短时间尺度上研究植物多样性和植被与全球变化的关系，为研究极端环境下植物多样性和植被响应全球变化提供宝贵资料。

北极黄河站科学考察取得的主要成果包括：①基于样方尺度的调查，对北极新奥尔松地区Austre Lovénbreen冰川退缩迹地的不同演替阶段的植物组成与植被群落特征进行了分析，发现初始阶段样方内仅出现先锋植物挪威虎耳草，而后植物种类和个体数明显增多，植被群落以木本植物极柳和草本植物黄葶苈为主，地衣以寒生肉疣衣和鸡皮衣等壳状地衣为主。随着冰川迹地形成时间更长，植被发展趋向成熟，样方内极柳占绝对优势，地衣的物种多样性和盖度显著增加，出现雪黄岛衣和刺岛衣等叶状地衣，显示冰川退缩迹地上的物种更替明显。群落结构发生了显著变化（姚轶锋等，2014）；②运用光学显微镜和扫描电子显微镜对20种苔原植物的花粉形态进行了观察研究，共鉴定出了十字花科、石竹科、莎草科等12科。研究结果表明，这些植物的花粉包括球形、近长球形和长球形等多种形态。根据花粉外壁纹饰特征，可识别出4种花粉类型（挪威虎耳草型、零余虎耳草型、雪虎耳草型和簇状虎耳草型）。这些苔原植物的花粉形态多样性为追溯地质时期北极植被与环境变化提供了重要的现代参考系（Yao et al., 2013, 2014; 何剑锋等，2018）；③在多年考察结果积累的基础上编写了我国第一本专门介绍北极植物多样性的书籍《北极植物资源与生态环境》，该书图文并茂地展示了北极植物的多样性，收录了164幅44种北极常见植物和179幅北极生态环境图片，反映了北极植物对生态环境变化的响应（姚轶锋等，2023）。书籍的出版为了解北极植物多样性的形成与演化，以及为全球变化背景下合理保护北极植物多样性和生态环境提供了基础数据支撑。

南极长城站科学考察取得的主要成果包括：①在菲尔德斯半岛构建了以观测南极发草变化为主的植物样方监测平台，获得了这些样方的基准数据，包括位置特征以及每个样方中南极发草的种群和伴生植物，通过近5年（2013—2018年）样方的

连续观测，发现南极发草和苔藓盖度随气候变暖改变显著，这些数据对于了解未来
气候变化情景下南极洲的植被变化、分布范围，以及南极发草的扩张具有重要意义
（Yao et al., 2017）；②地衣是菌藻共生体，环境适应能力强，对环境因素，特别是
对污染物敏感，是环境变化的天然监测指标。通过对枝状地衣簇花石萝顶部和底部
分别进行¹⁴C年代学测定，根据植株长度和年龄计算其生长速率为4.3～5.5 mm/a，揭
示了极地地区地衣生长速率的变化可能反映了气候和环境变化（Li et al., 2014）；
③对南极菲尔德斯半岛32个典型植被点的植被丰度和光谱特征分析表明，随着气候的
变化，菲尔德斯半岛的苔藓群落正经历不可忽视的环境压力（图5-15）（Sun et al.,
2021）；④对长城站所在的菲尔德斯半岛上重要区域进行了详细的植物调查。调查
范围主要以长城站为中心，南至燕鸥湖，西至高山湖，北至玉泉河区域内，以及西
海岸霍拉修湾，根据各个区域植物种类组成和特征、个体数量和丰度，以及分布面
积等，初步确定4个植物重点保护区域，列出了各区域的植物名录，绘制了"南极菲
尔德斯半岛植物保护重点区域调查图"。

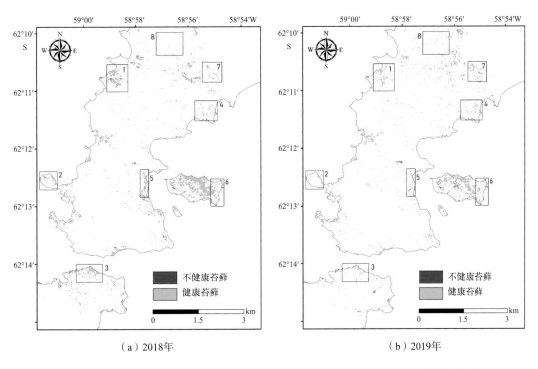

图5-15　南极菲尔德斯半岛苔藓类群和健康评估图。蓝色方框显示苔藓生长状态发生变化的

代表性区域（Sun et al., 2021）

随着全球变暖，南北极自然环境正在发生显著改变。如气温升高、冰川退缩及冻土层消融等，其结果必将影响到两极的陆地生态系统、植物多样性与植物生长模式，以及植被演替速率的改变。近年来的植物样方观测数据初步反映了两极植被对全球变化的响应，尤其在南极菲尔德斯半岛，随着气温升高，南极发草的盖度发生了显著变化。今后，我们应当继续有效积累观测数据，从而有效地观测和研究全球变化的趋势。

5.4.2　生态环境的人类活动影响

目前，极地的人类活动呈迅速增加趋势：随着气温升高和海冰消退，人类活动区域在不断扩大，航行等商业活动增加；气候变化对南北极的影响呈不断加剧的趋势，国际组织和各极地考察主要国家均加强了对南北极的考察与研究；另外，南北极的旅游活动呈不断增加趋势。开展生态环境的人类活动影响研究，是切实保护极地生态环境的前提和基础。

微生物是气溶胶的重要组成部分。对南极长城站附近气溶胶微生物的研究表明，南极空气微生物具有很高的多样性，93个克隆子包含了53个OTU，香农指数为3.58，辛普森指数为0.04。克隆文库中海源微生物序列及陆源微生物序列各占30.1%，说明长城站附近具有较强的海-陆大气交换。研究发现有15个克隆子序列与人类活动相关，占总克隆子数的16.1%，说明人类活动已经影响到了长城站的空气微生物群落结构（Xia et al., 2014）。

环境污染物来源于当地或长距离输运（图5-16）。对来自南极普里兹湾地区、北极新奥尔松地区和中国东部地区的15种鸟类羽毛中砷（As）、镉（Cd）、铬（Cr）、铜（Cu）、汞（Hg）、镍（Ni）、铅（Pb）和锌（Zn）8种高毒微量元素的含量进行了测定。结果表明，南极鸟类羽毛的砷、铜和汞含量最高（分别为1.65～2.85 μg/g、9.58～18.56 μg/g和4.77～8.76 μg/g dw），北极鸟类羽毛的铅含量最高（1.82～3.19 μg/g dw），中国东部地区鸟类羽毛的铬、镍、铅和锌含量明显低于其他两个地区。总体而言，极地偏远地区的鸟类羽毛具有更高的高毒微量元素含量。研究证实，测量羽毛中的污染物是监测特定环境中高毒微量元素污染的一种长期有效的方法，为未来南北极高毒微量元素污染监测提供了方便（Sun et al.,2022）。

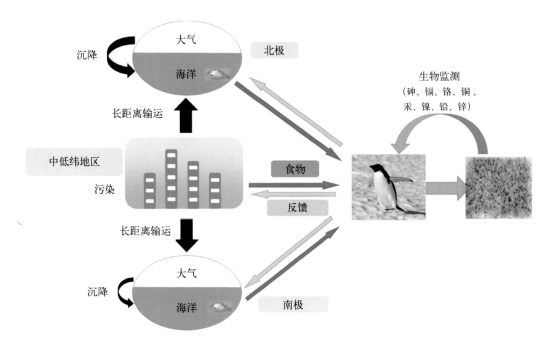

图5-16　极地污染物长距离输运和污染物富集示意图（Sun et al., 2022）

　　Gao等（2021）对南极菲尔德斯半岛进行了累积影响评估，显示尽管人类活动的影响远不如气候变化的影响，但旅游业已超过科学考察，成为在所有人类活动中影响最大的要素。而Chu等（2019）对菲尔德斯半岛和阿德利岛湖表沉积样中的重金属（铜、锌、铅、镍、铬、镉、钴、锑、汞和磷）含量进行了测定，结果表明，阿德利岛湖泊沉积物中重金属含量明显高于菲尔德斯半岛，企鹅运输污染对局域环境的影响可超过人类活动。因此，除了关注人类活动对环境的影响外，还应关注南极动物对南极局域环境的影响。

　　上述研究加深了人类活动对极地生态环境潜在影响的认识，未来应重点关注：①污染物在生物体内的富集及毒理研究；②气候变化与人类活动的影响分别是什么？如何区分各自的影响？③新兴污染物对生物的潜在影响评估。

5.4.3 优势生物类群的环境适应性

南北极的特殊环境孕育了南北极生物特有的环境适应能力，极地生物的进化和环境适应性是极地优先研究领域之一。对优势生物类群环境适应性的研究，有助于掌握其环境适应机理，评价生物类群在极地环境快速变化背景下的适应能力，分析极地生物类群的潜在演替，推进对特殊基因和活性物质的应用。

植物群落是南极生态系统的重要组成部分，其生长于极端低温、强风、养分贫乏的严苛环境中，对土壤群落结构和生态系统功能具有重要影响。对南极典型植物群落的基因组、土壤生物群落及土壤的研究表明：①南极优势植物为适应极端环境进化出了特异的抗性机制（Yang et al., 2022b）；②南极植物群落提高了土壤生物的 α 多样性，而植物物种差异则影响土壤生物的 β 多样性；③南极植物群落提高了不同网络模块的分化程度，植物物种差异显著影响南极土壤的病原体拮抗潜力（Naz et al., 2023）；④南极植物群落提高了生态系统多功能性，而不同植物群落间生态系统多功能无显著差异。该研究成果揭示了南极植物对极端环境的适应机制，阐明了南极典型植物群落对维系南极地区土壤生物形成的重要作用，为保护南极生态系统的生物多样性与功能提供了理论依据。

北极熊独特地适应了北极严酷的环境，并经历了剧烈的生理变化，以应对北极的气候和以海洋哺乳动物为主的高脂饮食。利用种群基因组模型对北极熊和棕熊的89个完整基因组进行了分析，结果表明：北极熊和棕熊在距今479万年至34.3万年发生了分化。相比棕熊，北极熊谱系中的基因受到了更强的正向选择；在强正向选择的前16个基因中，有9个与心肌病和血管疾病相关，这意味着北极熊为了适应北极环境，其心血管系统进行了重要重组（Liu et al., 2014）。而对南极磷虾的研究也表明，其能在南大洋保持巨大的丰度，是因为它们进化出了季节同步策略（Shao et al., 2023）。

目前相关研究仍较为有限，未来应加强对极地极端生物特殊生境适应机理研究和变化环境的适应性研究，从而能够更好地评估全球变化对南北极关键生物类群和生态系统的影响，进而科学地指导生态系统保护和磷虾等生物资源的可持续利用。

5.5 全球变化背景下的极地微生物资源特性

在极地长期低温、寡营养、干燥、高辐射、极端光照周期等诸多极端环境要素综合作用下，极地微生物从分子到细胞各层面进化出了复杂而巧妙的适应策略，南极尤其如此，经过3 000余万年的隔离成为一个独特的、具有诸多极端环境要素的生态系统，为研究极端环境中生命的适应与进化提供了绝佳机会与天然模型，为地外生命探索与研究提供了新思路，同时也为生物技术研究提供了新材料，因此具有重要而广泛的科研价值。积极开展生物勘探、发展极地生物技术、推动极地微生物资源的开发利用，具有重大战略意义和现实价值。

5.5.1 极地微生物专利及资源储备

专利方面，在全球范围内已公开的专利申请的标题摘要和权利要求中进行关键词以及分类号的组合检索。经过筛选获得"极地微生物"技术相关专利族440余个。从申请趋势来看，1987年至今极地微生物相关专利申请呈缓慢稳步增长趋势，且近10年有较明显的增长，说明对极地微生物的研究一直在持续发展且热度逐年升高。

针对极地微生物菌种相关专利的技术来源，来自美国和中国的较多，分别占43%和23%，其次为欧洲国家、日本和韩国。针对相关专利族在不同国家的同族专利申请，即相关专利申请的目标市场国家/地区分布（图5-17），极地微生物菌种相关专利申请在全球45个国家或地区均有布局，其中主要布局在美国和中国，其次为日本和欧洲两大主流市场，澳大利亚、加拿大和韩国等国家也有布局。

从专利申请人/专利权人来看，专利申请以国外企业为主，其中专利申请最多的是美国的生物技术公司 Diversa Corporation（后合并更名为Verenium Corporation），其他包括BASF公司、NOVO NORDISK A/S等。中国专利申请人多数为大学/科研机构，企业相对较少。申请最多的为华南理工大学，其次为自然资源部第一海洋研究所、中国海洋大学等。

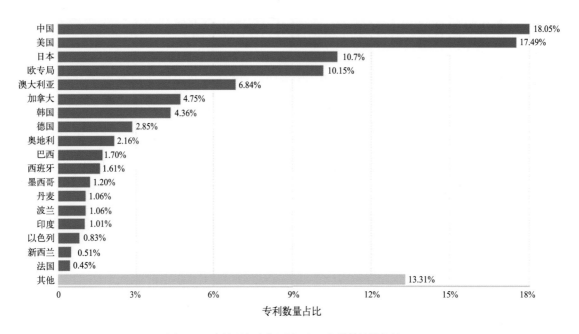

图5-17　申请目标市场国家/地区专利数量排名前20

注：中国所占比例中，其中内地占17.26%，香港地区占0.79%

可见，一方面各国对极地研究的投入和重视也在逐渐增加，成为科学研究的新前沿、战略布局的新疆域；另一方面，极地微生物相关的知识产权仍然被少数发达国家主导，我国在极地微生物开发利用方面的投入与自主知识产权布局仍需加强。

微生物资源最大的优势在于可以在适当的条件下实现资源的永久保藏与使用，因此微生物资源的储备至关重要。目前，我国在极地微生物资源的储备数量上已经达到国际先进水平。据不完全统计，国内主要的菌种保藏中心，例如中国典型培养物保藏中心（China Center for Type Culture Collection，CCTCC）、中国海洋微生物菌种保藏管理中心（Marine Culture Collection of China，MCCC）已经拥有数千株极地来源的细菌、真菌和藻类等培养物，此外还有散布于其他保藏机构和多个研究机构自行保藏的菌种资源，仅从数量上，我国极地菌种资源储备已经进入国际前列。但需要指出的是，这些菌株资源存在一定程度的重复，覆盖度和多样性仍需提高。

国外极地微生物资源储备较为分散，少数国家建立了专门保藏极地来源微生物资源的保藏中心。例如，澳大利亚南极微生物保藏中心专门收集南极微生物，保藏了400株以上，但后续缺乏更新。德国微生物菌种保藏中心储备极地菌株300余株，

LIU H W, ZHENG W, BERGQUIST B A, et al., 2023. A 1500-year record of mercury isotopes in seal feces documents sea ice changes in the Antarctic[J]. Communications Earth & Environment, 4: 258.

LIU K, LIN H, WANG J, et al., 2019. Complete mitochondrial genome sequence and phylogenetic analysis of *Anisarchus medius* (Reinhardt, 1837)[J]. Mitochondrial DNA Part B: Resources, 4(2): 3973–3974.

LIU S, LORENZEN E D, FUMAGALLI M, et al., 2014. Population genomics reveal recent speciation and rapid evolutionary adaptation in polar bears[J]. Cell, 157(4): 785–794.

MOU J, LIU K, HUANG Y, 2022. The macro-and megabenthic fauna on the continental shelf of Prydz Bay, east Antarctica[J]. Deep Sea Research Part Ⅱ: Topical Studies in Oceanography, 198: 105052.

NAZ B, LIU Z, MALARD L A, et al., 2023. Dominant plant species play an important role in regulating bacterial antagonism in terrestrial Antarctica[J]. Frontiers in Microbiology, 14: 1130321.

PAN H, CHEN M, TONG J, et al., 2014. Variation of freshwater components in the Canada Basin during 1967-2010[J]. Acta Oceanologica Sinica, 33(6): 40–45.

PANG Z P, CHI X P, SONG Z H, et al., 2023. Degree of ontogenetic diet shift and trophic niche partitioning of Euphausia superba and Thysanoessa macrura are influenced by food availability[J]. Journal of Oceanology and Liminology, 41: 1039–1049.

REN C, CHEN M, GUO L, et al., 2020. Nitrogen isotopic fractionation of particulate organic matter production and remineralization in the Prydz Bay and its adjacent areas[J]. Acta Oceanologica Sinica, 39(12): 42–53.

SHAO C, SUN S, LIU K, et al., 2023. The enormous repectivitve Antarctic krill genome reveals environmental adaptations and population insights[J]. Cell, 186: 1279–1294.

SONG P, ZHANG N, FENG J, et al., 2019. The complete mitochondrial genome of the Arctic staghorn sculpin *Gymnocanthus tricuspis* (Scorpaeniformes: Cottidae)[J]. Mitochondrial DNA Part B: Resources, 4(1): 1400–1401.

SUN X H, WU W J, LI X W, et al., 2021. Vegetation abundance and health mapping over southwestern Antarctica based on worldview-2 data and a modified spectral mixture analysis[J]. Remote Sensing, 13: 166.

SUN Y, LU Z, XIAO K, et al., 2022. Spatial and interspecific variation of accumulated highly toxic trace elements between fifteen bird species feathers from Antarctic, Arctic and China[J]. Environmental Technology & Innovation, 27: 102479.

TONG J, CHEN M, QIU Y, et al., 2014. Contrasting patterns of river runoff and sea-ice melted water in the Canada Basin[J]. Acta Oceanologica Sinica, 33(6): 46–52.

TONG J, CHEN M, YANG W, et al., 2017. Accumulation of freshwater in the permanent ice zone of Canada Basin during summer 2008[J]. Acta Oceanologica Sinica, 36(8): 101–108.

WANG B, CHEN M, CHEN F, et al., 2020. Meteoric water promotes phytoplankton carbon fixation and iron uptake off the eastern tip of the Antarctic Peninsula (eAP)[J]. Progress in Oceanography, 185: 102347.

WANG B, FAN L, ZHENG M, et al., 2022. Carbon and iron uptake by phytoplankton in the Amundsen Sea[J]. Antarctica. Biology, 11(12): 1760.

WANG C F, WANG X Y, XU Z Q, et al., 2022. Planktonic tintinnid community structure variations in different water masses of the Arctic Basin[J]. Frontiers in Marine Science, 8: 775653.

WANG J, LIN H, HE X, et al., 2014a. Biodiversity and community structural characteristics of macrobenthos in the Chukchi Sea[J]. Acta Oceanologica Sinica., 33(6): 82–89.

WANG J, HE X, LIN H, et al., 2014b. Community structure and spatial distribution of macrobenthos in the shelf area of the Bering Sea[J]. Acta Oceanologica Sinica, 33(6): 74–81.

WU F, DONG L, ZHANG Y, et al., 2017. Impacts of global climate change on birds and marine mammals in Antarctica[J]. Advances in Polar Science, 28(1): 1–12.

WU F, ZHANG Z, MIAO X, et al., 2018. Three cases of potential twinning in Weddell seals (*Leptonychotes weddellii*) at Fildes Peninsula, King George Island, Antarctica[J]. Polar Biology, 41: 611–617.

XIA X M, WANG J J, CHNE L Q, et al., 2014. Biodiversity of airborne bacteria at the Great

Wall Station[J]. Advances in Polar Science, 26(2): 186–192.

XIANG H, YANG X, KE L, et al., 2020. The properties, biotechnologies, and applications of antifreeze proteins[J]. International Journal of Biological Macromalecules, 153: 661–675.

XU Q B, GAO Y S, YANG L J, et al., 2020. Abandonment of Penguin Subcolonies in the Late Nineteenth Century on Inexpressible Island, Antarctica[J]. Journal of Geophysical Research: Biogeosciences, 125: e2020JG006080.

XU Q B, YANG L J, GAO Y S, et al., 2021. 6, 000-Year reconstruction of modified circumpolar deep water intrusion and its effects on sea ice and penguin in the Ross Sea[J]. Geophysical Research Letters, 48(15): e2021GL094545. DOI:10.1029/2021gl094545.

XU Z, ZHANG G, SUN S, 2018a. Inter-annual variation of the summer zooplankton community in the Chukchi Sea: spatial heterogeneity during a decade of rapid ice decline[J]. Polar Biology, 41: 1827–1843.

XU Z, ZHANG G, SUN S, 2018b. Accelerated recruitment of copepod *Calanus hyperboreus* in pelagic slope waters of the western Arctic Ocean[J]. Acta Oceanologica Sinica, 37: 87–95.

YANG G, ATKINSON A, PAKHOMOV E A, et al., 2022a. Massive circumpolar biomass of Southern Ocean zooplankton: Implications for food web structure, carbon export, and marine spatial planning[J]. Limnology and Oceanography, 67: 2516–2530.

YANG G, CHEN B, CHEN T, et al., 2022b. BYPASS1-LIKE regulates lateral root initiation via exocytic vesicular trafficking-mediated PIN recycling in Arabidopsis[J]. Journal of Integrative Plant Biology, 64(5): 965–978.

YANG Z, CHEN M, TANG Z, et al., 2022c. The sedimentation, bioturbation, and organic matter degradation as revealed by excess ^{230}Th and ^{210}Pb in the Cosmonaut Sea[J]. Deep Sea Research Part II : Topical Studies in Oceanography, 198: 105049.

YANG L, GAO Y, SUN L, et al., 2019. Enhanced westerlies drove penguin movement at 1000 yr BP on Ardley Island, west Antarctic Peninsula[J]. Quaternary Science Reviews, 214: 44–53.

YANG G, ATKINSON A , HILL S L, et al., 2021a. Changing circumpolar distributions and isoscapes of Antarctic krill: Indo-Pacific habitat refuges counter long-term degradation of the

Atlantic sector[J]. Limnology and Oceanography, 66: 272–287.

YANG L, GAO Y, XU Q, et al., 2021b. Specific occupation of penguins under Neoglacial cooling on the Scott Coast, Antarctica[J]. Quaternary Science Reviews, 264: 107010.

YANG L, SUN L, EMSLIE S D, et al., 2018. Oceanographic mechanisms and penguin population increases during the Little Ice Age in the southern Ross Sea, Antarctica[J]. Earth and Planetary Science Letters, 481: 136–142.

YAO Y F, BERA S, FERGUSON D K, et al., 2014. Pollen morphology in Saxifraga (Saxifragaceae) from Ny-Alesund, Svalbard, Arctic, and its taxonomic significance[J]. Advance in Polar Science, 25(2): 105–112.

YAO Y F, WANG X, LI J F, et al., 2017. A network for long-term monitoring of vegetation in the area of Fildes Peninsula, King George Island[J]. Advances in Polar Science, 28(1): 23–28.

YAO Y F, ZHAO Q, BERA S, et al., 2013. Pollen morphology of selected tundra plants from the high Arctic of Ny-Ålesund, Svalbard[J]. Advances in Polar Science, 23(2): 103–115.

ZENG J, CHEN M, ZHENG M, et al., 2017. A potential nitrogen sink discovered in the oxygenated Chukchi shelf water of Arctic[J]. Geochemical Transactions, 18(1): 5.

ZHANG F Z, LI S, GU XQ, et al., 2019a. Biosynthesis, characterization and antibacterial activity of silver nanoparticles by the Arctic anti-oxidative bacterium *Paracoccus* sp. Arc7-R13[J]. Artificial Cells, Nanomedicine, and Biotechnology, 47(1): 1488–1495.

ZHANG F, CAO S, HE J, et al., 2019b. Distribution and environmental correlations of picoeukaryotes in an Arctic fjord (Kongsfjorden, Svalbard) during the summer[J]. Polar Research, 38: 3390.

ZHANG R, MA Q, CHEN M, et al., 2019c. Nitrogen uptake regime regulated by ice melting during austral summer in the Prydz Bay, Antarctica[J]. Acta Oceanologica Sinica, 38(8): 1–7.

ZHANG F, LIN L, GAO Y, et al., 2016a. Ecophysiology of picophytoplankton in different water masses of the northern Bering Sea[J]. Polar Biology, 39(8): 1381–1397.

ZHANG Y M, JIANG F, CHANG XL, et al., 2016b. *Flavobacterium collinsense* sp. nov., isolated from a till sample of an Antarctic glacier[J]. International Journal of Systematic and Evolutionary Microbiology, 66(1): 172–177.

ZHANG R, LI Y, LIU Q, et al., 2022a. Glacier lanternfish (*Benthosema glaciale*) first found on the continental slope of the Pacific Arctic[J]. Polar Biology, 45(3): 513–518.

ZHANG R, Song P, Li H, et al., 2022b. Spatio-temporal characteristics of demersal fish community in the Chukchi and northern Bering Seas: significant distributional records and interannual variations in species composition and biodiversity[J]. Polar Biology, 45(2): 259–273.

ZHANG C M, LI H R, IENG Y X, et al., 2022c. Diversity and assembly processes of microbial eukaryotic communities in Fildes Peninsula Lakes (West Antarctica)[J]. Biogeosciences, 19: 4639–4654.

ZHANG R, ZHENG M, CHEN M, et al., 2014. An isotopic perspective on the correlation of surface ocean carbon dynamics and sea ice melting in Prydz Bay (Antarctica) during austral summer[J]. Deep Sea Research Part I : Oceanographic Research Papers, 83: 24–33.

ZHANG T, WANG N F, YU L Y, 2021. Geographic distance and habitat type influence fungal communities in the Arctic and Antarctic sites[J]. Microbial Ecology, 82: 224–232.

ZHANG Y, LI C, YANG G, et al., 2017. Ontogenetic diet shift in Antarctic krill (*Euphausia superba*) in the Prydz Bay: a stable isotope analysis[J]. Acta Oceanologica Sinica, 36: 67–78.

ZHANG Y, ZHUANG Y P, JI Z Q, et al., 2023. Impacts of Atlantic water intrusion on interannual variability of the phytoplankton community structure in the summer season of Kongsfjorden, Svalbard under rapid Arctic change[J]. Marine Environmental Research, 192: 106195.

ZHU J, CHEN M, HU W, et al., 2021. Biogeochemical cycling of nutrient in the western Bering Sea as revealed by nitrogen isotopic composition of nitrate and suspended particles[J]. Deep Sea Research Part I : Oceanographic Research Papers, 174: 103551.

ZHUANG Y P, JIN H Y, CHEN J F, et al., 2018. Nutrient and phytoplankton dynamics driven by the Beaufort Gyre in the western Arctic Ocean during the period 2008–2014[J]. Deep Sea Research Part I : Oceanographic Research Papers, 137: 30–37.

刘建军 / 供图

第6章
日地耦合与南极天文

....

　　极区最先感知日地耦合，极光是肉眼看到的最突出的空间物理现象。南极昆仑站有优异的天文观测条件，开展的工作包括时域天文研究和台址条件研究两个方面。时域天文研究涵盖所有变化的天体和现象。日地能量耦合过程，粒子模拟发现地球空间的磁声波散射高能粒子，使其沿着磁力线沉降进入极区大气层产生质子极光，中山站上空电离层突发E层和突发钠层紧密耦合。统计发现，南极和北极极光发光强度呈现晨昏不对称特征，黄河站上空首次发现喉区极光，极盖区出现"太空台风"大尺度极光涡旋结构，超强亚暴额外电流楔。光学和无线电的观测结果为评估能量注入及高层大气响应提供了实测数据支撑和科学依据。利用在昆仑站的两代光学望远镜，在变星、星震、超新星及引力波电磁对应体的观测等方面取得了一系列探索性成果。天文台址条件的研究获得了极大的成功，证明了此地区在光学、红外和太赫兹波段有地面最佳的观测条件，为未来建立昆仑站天文台以及大型仪器设备的研发提供了科学依据。

6.1 日地多圈层耦合机制

由于地球的磁力线在两极汇聚，在极区存在丰富的太阳风–磁层–极区电离层–中高层大气耦合过程。因此，极区的高层大气对太阳活动和太阳风变化表现出高度的敏感性。来自太阳风–磁层的能量注入会直接造成极区高层大气的加热和扰动，影响大气的成分和结构，并且这种在极区的影响还会扩散到全球，可能导致更大时空尺度的空间天气效应。因此，深入理解极区与太阳风–磁层–极区电离层–中高层大气圈层之间的耦合关系对了解并预测空间天气变化具有重要意义。

6.1.1 太阳风–磁层–极区电离层耦合的观测及模拟

光辐射和太阳风等离子体流是太阳向地球输送能量的两种主要方式。虽然太阳风能流只有光辐射能流的万分之一，但日地空间通过磁场重联和黏滞相互作用两个主要过程由太阳风输送进入地球空间的能量依然极其重要（徐文耀，2011）。光辐射能流虽然很强，但是它作用的对象是质量巨大的大气层、水圈和固体地球。太阳风能流虽然较弱，但它所作用的磁层–电离层系统总质量不到大气层的十万分之一；它所作用的另一个对象——地磁场也很弱，其地表以外总能量仅为8.4×10^{17} J，约等于一天内冲击到地球磁层向日面的太阳风总能量。由此不难推断，太阳光辐射决定着地球大气层–水圈系统的扰动，太阳风则决定着磁层–电离层系统的扰动，后者的剧烈程度远比前者更强。

聚焦磁层–电离层耦合系统，Liu 等（2021b）利用全地球空间耦合模型，结合太阳耀斑的观测数据，分析了耀斑对磁层–电离层电动力学耦合过程的影响。结果显示，耀斑引起的电离层E层在90～150 km高度之间的光电离大幅度增加，导致日侧太阳风–磁层相互作用中机械能转换效率降低，造成地球高层大气的焦耳加热减少、磁层对流重构以及日侧和夜侧极光粒子沉降的显著变化。研究结果开创性地发现，太阳耀斑不仅能增强大气吸收的辐射能量，还能通过磁层–电离层电动力学耦合在整个地球空间中传播。太阳耀斑和地磁暴效应作用下的磁层–电离层耦合系统数值模拟显示，磁暴造成的日侧电离层F层电子密度增强更为突出，直接导致极区电离层的电离舌状结构。E层和F层电子密度的增加有助于引起极区电离层电导增强，对局地和全球都产生影响。太阳耀斑诱发的电导增强倾向于减少上层大气中的焦耳耗散和太阳耀斑峰值周围的极区电势，并在之后增加白昼期间沿磁力线方向的电流和焦耳耗散。这些效应在强太阳风驱动条件下更为明显（Liu et al., 2020）。上述数值模拟结果为解释观测到的太阳活动/周期依赖的磁层–电离层耦合现象提供了重要参考。

使用太阳风–磁层–电离层全球磁流体力学模拟手段，Hu 等（2009）提出一个追踪磁场重联线计算越极盖电势差的方法。该方法被应用在不同行星际时钟角条件下的磁层磁力线环境，模拟结果显示，极区越极盖电势差与磁层顶的重联电压呈现异常的变化特征，即非线性变化。随后，针对越极盖电势差饱和现象，Kan等（2010）提出太阳风–磁层–电离层耦合的准静态电流回路模型。随着驱动回路模型的日侧重联电场增加，沉降粒子有关的极光卵电导率为非线性电流元。越极盖电势差的饱和值受到空间发电区内部电阻、日侧重联线、夜侧/日侧重联比率的综合影响。采用全球三维磁流体力学模拟定量分析磁层–电离层系统对超强太阳风暴的响应，王赤等（2012）发现超强磁暴发生后1区场向电流急剧增强约60倍，越极盖电势差增加约80倍。大量的太阳风能量进入到地球空间，从而引发强烈的空间天气现象。

太阳风–磁层相互作用会引起带电粒子沉降到极区电离层产生极光，其中质子极光形成机制长期以来都是有待解决的热点问题。以往的研究通常将质子极光的成因归结为电磁离子回旋波，最近的研究表明磁声波也能够散射带电粒子形成质子极光。深入研究磁声波的激发、传播和分布，对理解质子极光的形成、分布与演化至关重要。对于千电子伏能段的质子，磁声波可以对其产生投掷角散射，将其沉降到极区大气层进而激发质子极光。为了深入研究磁声波的激发和演化的物理过程，Sun 等（2023）发展了偶极磁场下的三维粒子模拟方法，采用激发磁声波的典型等离子体参数进行三维粒子模拟。如图6-1所示，模拟结果发现：偶极磁场中10 keV能段的环分布质子可以有效激发磁声波，激发出的磁声波几乎垂直于背景磁场传播。在磁声波激发的线性阶段，磁声波垂直于背景磁场沿径向和位角方向的增长率几乎相等。然而在饱和阶段，沿着方位角方向传播的磁声波振幅远大于沿着径向传播的磁声波振幅，即磁声波在饱和阶段主要沿着方位角方向传播。进一步的诊断分析发现，磁声波在饱和阶段主要沿着方位角方向传播是由于沿着方位角方向传播的磁声波可以增长更长时间。在饱和阶段，沿着方位角方向传播的磁声波能量大约是沿着径向传播的磁声波能量的5～10倍。该研究表明，磁声波沿着方位角方向传播可能扩展到很宽的范围，这将使磁声波可以在很宽的磁地方时（magnetic local time，MLT）与带电粒子发生相互作用，从而可能在很宽的磁地方时散射离子产生质子极光。

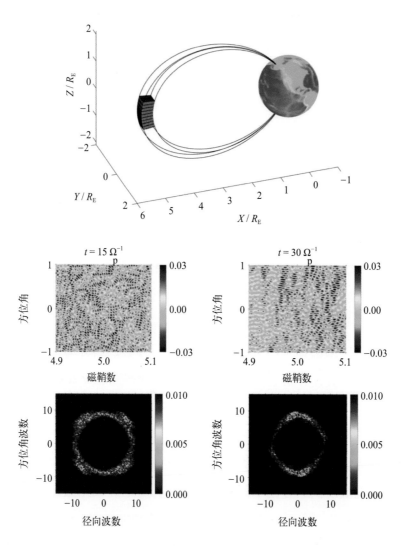

图6-1　磁声波线性阶段与饱和阶段的传播方向（改自Sun et al., 2023）

阿尔芬（Alfvén）波携带的场向电流在磁层–极区电离层耦合过程中发挥着至关重要的作用。观测研究表明，阿尔芬波的能流通量分布与极光强度的空间分布呈现很好的一致性。因此，深入理解地球磁尾中阿尔芬波的激发和传播还可以很好地帮助我们预测和分析地球南北两极发生的极光现象。常见的阿尔芬波激发机制有太阳风扰动和不稳定性，在理论上磁声波通过波模转换也可以产生阿尔芬波，但是在地球尾瓣中目前还没观测到波模转换产生阿尔芬波的观测证据。使用欧洲空间局的星簇计划卫星观测数据，Sun 等（2022）首次在地球尾瓣中发现了快磁声波与阿尔芬波的波模转换现象。波模转换现象发生在总磁场强度存在梯度的位置。观测表明，波动的扰动磁场B_y与阿尔芬波的传播速度一致，而扰动磁场B_z与快磁声波的传播速度一致。该波动观测事件与波模转换理论预测的发生位置和阿尔芬波的振幅非常吻合，表明星簇计划卫星在磁尾尾瓣观测到了由磁声波波模转换产生的阿尔芬波。

磁层−极区电离层耦合过程会剧烈影响极区电离层的状态，电离层总电子含量（total electron content，TEC）便是其中重要的一个，TEC是反映电离层等离子体含量的参数。极区电离层通过磁力线直接与磁层外部空间相连，除了受到局地光电离的作用，该区域还受到极区电离层对流、软电子沉降等因素的影响，并与极区电离层中诸如等离子体云块、舌状电离层结构等许多不规则结构的形成和演化过程相关。我国南极中山站与新西兰南极斯科特站是一对关于地磁南极大体对称的台站，两者均位于极隙区纬度附近，且一天中存在两个时段使两者分别大致位于极区逆阳对流的入口和出口区域。

Li等（2022）利用麻省理工学院数据库的TEC数据、地磁活动指数以及太阳辐射指数等空间环境参数，并结合高纬电离层模型（Zhang et al.，2003，2004），研究了一个太阳活动周期（2010—2020年）内极隙区纬度两台站的TEC日变化情况。统计结果表明，中山站TEC日变化峰值主要出现在地方时中午与磁地方时中午之间，基本不受地磁活动的影响，受太阳活动的影响不明显；而斯科特站TEC日变化峰值主要出现在地方时中午与磁地方时子夜之间，基本不受地磁活动的影响，但受太阳活动的影响非常明显。如图6-2所示，极隙区纬度的这两个台站区域电离层除了受局地光电离的影响之外，还受极区电离层逆阳对流的影响，且太阳活动较高的时候后者的影响更为显著。上述研究结果表明，数值模拟和实测数据反映了局地光电离与逆阳对流对这两个台站乃至整个极区电离层TEC的日变化具有重要影响。

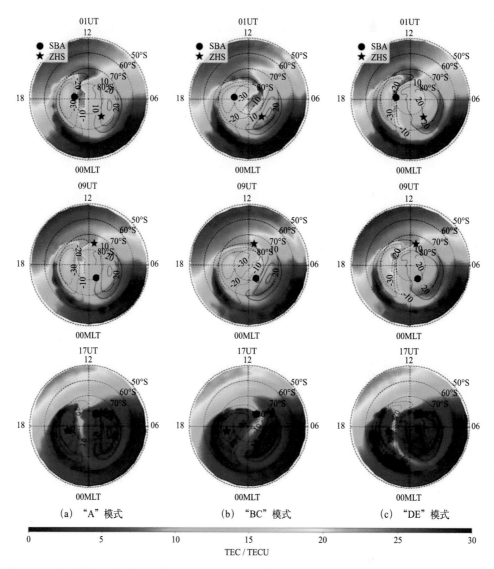

图6-2　南半球磁纬-磁地方时坐标系下不同对流电场模式下总电子含量分布日变化模拟结果。左列：对流涡大体对称；中列：昏侧对流涡占优；右列：晨侧对流涡占优；UT：世界时；MLT：磁地方时；SBA：斯科特站；ZHS：中山站（改自 Li et al., 2022）

6.1.2　极区电离层对磁层反馈及对高层大气演化的影响

极区电离层除受到大尺度对流输运和能量粒子沉降的影响之外，还对磁层动力学过程及波粒相互作用进行反馈。利用覆盖中-冰北极科学考察站上空的高频雷达观测数据，结合卫星、地面磁力计的联合观测，我们对极区电离层-地面动力学耦合过程中磁层超低频波的作用开展了详细研究。如图6-3所示，Zhao 等（2023）利用磁纬-磁地方时坐标系晨侧的地磁台站、高频雷达、范艾伦卫星的观测数据，对2014年9月13日的一个超低频波事件进行了详细分析。该事件中，接近同一磁力线上位于不同探测区域的仪器观测到同样的超低频波信号。卫星在磁层中接近磁赤道的区域，

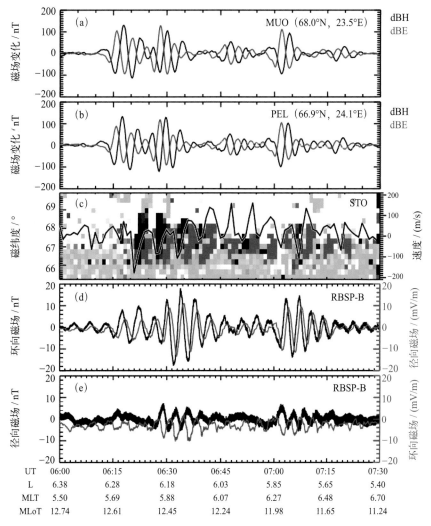

图6-3　地磁台站、高频雷达及范艾伦卫星对超低频波的联合观测。（a）和（b）：Muono台站和Pello台站的磁场分量变化，黑色线代表南北向分量，红色线代表东西向分量；（c）：斯科特站高频雷达测得的视线速度；（d）和（e）：范艾伦B卫星测得的电磁场环向和径向分量变化（改自Zhao et al., 2023）

高频雷达观测到电离层中等离子体流速度的周期性变化，反映电离层中的超低频波信号，同时地磁台站观测到显著的地磁脉动。这三者观测到的超低频波信号具有相近的周期，同时具有两个比较清晰的波包。高频雷达观测到的对流振荡是极区电离层对磁层动力学过程反馈的直接观测证据。

在20世纪90年代，学者们认为传统的极盖区等离子体云块主要源于因太阳光致电离而形成的高密度区域，在脉冲式磁重联和磁层大尺度对流等动力学过程的影响下产生并输运进入极盖区，其电子温度通常比较低。极盖区等离子体云块在形成之后，一般会随着磁层大尺度对流从日侧向夜侧进行跨极盖运动（Zhang et al., 2013a; Zhang et al., 2015; Wang et al., 2020）。当运动到夜侧极光椭圆极向边界时，极盖区等离子体云块在夜侧磁重联的调制下离开极盖区，进入极光椭圆。当行星际磁场（Interplanetary Magnetic Field，IMF）南向时，日侧磁层顶的磁重联过程会发生在低纬磁层顶，并形成双涡对流结构。这一重联过程会"切割"亚极光带的高密度等离子体，并使其随着对流结构穿越极隙区而进入极盖区。因此，这些从日侧进入的极盖区等离子体云块将会继续随着对流结构进行跨极盖的逆阳运动。当其离开极盖区进入极光椭圆之后，极盖区等离子体云块被重新命名为"等离子体团"（Jin et al., 2014, 2016）。极盖区等离子体云块能离开极盖区并进入极光椭圆的必要条件是磁尾相应区域发生夜侧磁重联过程（Zhang et al., 2013b, 2015，2016a，2016b）。Zhang 等（2015）通过追踪极盖区等离子体云块，发现其从日侧极隙区抵达夜侧极光椭圆的运动时间大致为2 h。Wang等（2020）通过统计证实了该结果。近10年来，随着空间环境观测手段的不断丰富完善，地基二维TEC、天基低轨卫星的就位测量及低/高轨卫星间的掩星观测都被用来开展极盖区等离子体云块的相关统计工作。系列工作不仅拓展了太阳活动、地磁活动及对流速度等对极盖区冷/热等离子体云块的形成和演化过程的影响认知，而且十分有利于开展极区电离层及空间天气建模预报工作。

极区电离层对流驱动太阳离化的高密度等离子体穿过极隙区，流入极盖区。此过程伴随着极盖区的离化舌状结构、等离子体云块和等离子体泡等结构。这些等离子结构边缘的高密度梯度严重影响着无线电信号在极区电离层的传播。太阳活动高年小时值的TEC在极区电离层的分布呈现首先穿过极隙区进入极盖区，最终主要到达晨侧扇区，即相对于磁子夜呈现非对称分布。研究发现，南向行星际磁场条件更加有利于这种传播式分布。从太阳风-磁层-极区电离层耦合系统提供了晨侧高密度等离子体来源的直接观测证据。该发现对于极区空间天气预报具有重要参考意义（Yang et al., 2016a, 2016b）。

通常认为极区电离层F区域等离子体的重新分布主要是由大尺度对流引起的，而对流则依赖行星际磁场。当行星际磁场南向时，对流呈现出经典的双涡结构；而当行星际磁场北向时，等离子体对流比较复杂，呈现出多涡的对流结构。Wang等（2022a）研究高纬电离层等离子体的非对称分布特征，发现北半球高纬电离层TEC在典型时刻呈现明显的晨昏非对称性分布特征，昏侧平均TEC大于晨侧。该工作可为极区高纬电离层理论预报模型模拟结果和南极中山站电离层观测对比分析提供依据。极区电磁能的研究结果有助于理解极区电离层和中性大气变化，为完善高纬电离层理论模型提供参考（Wang et al., 2022b）。

针对典型太阳风暴（行星际激波）撞击地球触发的极区电离层瞬态响应，利用中山站数字式电离层测高仪、高频相干散射雷达、磁力计、美国麦克默多高频相干散射雷达的地基协同观测数据，Liu等（2023）详细分析了太阳风暴侵扰地球空间的极区空间环境效应事件，当时南极中山站位于磁中午。如图6-4所示，行星际激波撞击地球空间的一瞬间，中山站测高仪观测到低电离层电子浓度增加、电离层短时地向移动、地磁场负弯扰。扫描覆盖中山站上空的麦克默多相干散射雷达探测到电离层等离子体对流瞬时由逆阳流入极盖区反转为向阳流（南转北），而中山站相干散射雷达则探测到方位角方向的对流由西向流入极隙区转为东向流。由于南极中山站与北极黄河站近似位于一根磁力线的两端，即两站形成近似磁共轭的观测对。通过对黄河站的宇宙噪声吸收数据进行分析，发现行星际激波撞击地球空间之后触发了明显的高能粒子沉降（刘建军等, 2021; Liu et al., 2023）。多台设备联合观测表明日-地相互作用的晨昏对流电场扮演了关键角色，正是增强的对流电场和高能粒子沉降驱动了上述极隙区观测到的空间环境现象，为应对太阳风暴产生的灾害性空间天气事件提供了第一手的监测预警信号。

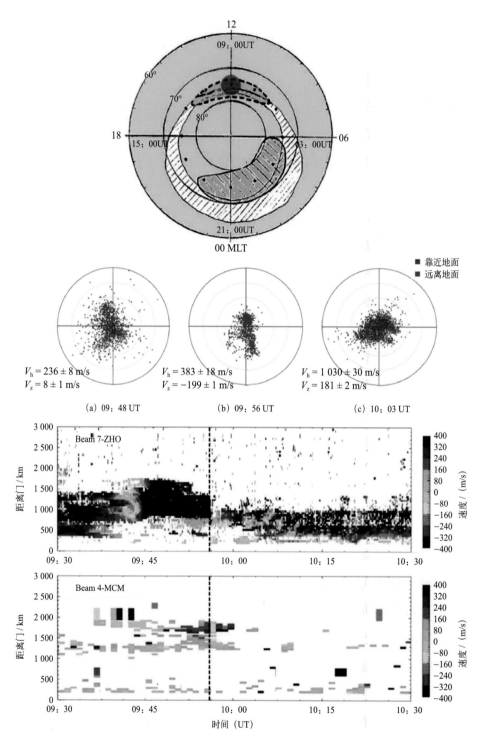

图6-4　上图显示极光椭圆区和中国南极中山站（红色圈）测高仪覆盖的空间区域；下图为当时中山站电离层
测高仪、高频相干散射雷达以及麦克默多雷达观测的电离层回波状况。竖直间断线表示激波到达地球空间的
时刻（改自Liu et al., 2023）

6.1.3 极区中高层大气探测装备研发与观测研究

极区大气作为整个地球大气系统特殊且重要的单元，在对流层和平流层处于物质循环的沉降区；而在中间层，其在夏季为上升区，冬季为沉降区。极区大气的变化关系到全球大气系统的运动，极区的大气环境相对而言更易受到人类活动影响，也更为脆弱和敏感。比如，大气温度和水汽的变化直接体现在极地夜光云的发生规律变化当中。在极区，通过对特殊大气参数和物理现象的长期监测能够有效地监测全球气候变化，认识人类活动对大气环境的影响。

激光雷达作为最强大的主动遥感技术之一，近几十年来被广泛应用于地球大气的观测和研究，为大气科学的发展作出了突出贡献。近10年来，在科技部国家重点研发计划等项目的资助下，我国在南极中山站相继成功部署了极区大气钠荧光多普勒激光雷达探测系统和中低层大气激光雷达探测系统（包括转动拉曼激光雷达、瑞利激光雷达和相干多普勒测风激光雷达）。4部激光雷达共同组成一整套极区大气激光雷达观测系统，是我国在极区建成的首套大气准全高程激光雷达协同观测系统。该激光雷达协同观测系统可用于极区大气基本特征、气溶胶/云/金属层特征、中高层大气热力/动力学变化和过程、极区中高层大气和电离层耦合等方面研究（Liu et al., 2021b; Ban et al., 2021; 王章军等, 2022; Li et al., 2023）。

对流层顶作为对流层和平流层之间的过渡层，是对流层温度停止降低的转折点，是大气层结从相对不稳定到稳定的分界区，也是水汽、一氧化碳和臭氧等化学成分发生急剧变化的区域。因而，对流层顶作为地球上物质和能量交换的重要纽带，会影响对流层天气系统，影响大气波动的垂直传播和平流层大气环流，影响平流层和对流层物质交换，进而影响大气结构和多尺度动力学、辐射、化学过程，对全球大气循环和气候变化具有重要的意义。

平流层爆发性增温事件是在极区冬季发生的剧烈的大尺度热动力现象，它会强烈地影响中层大气，甚至引起大气结构的改变。Wang等（2016）研究了2009年北极平流层爆发性增温事件对极区对流层顶高度和逆温层的影响。研究表明，在2009年平流层爆发性增温期间，极区对流层顶温度升高、对流层顶高度降低、对流层顶逆温层厚度增大和强度增强，并且纬度越大，变化越显著。平流层爆发性增温前后静力学稳定增强区伴随着增温区的向下运动而下移，且纬度越高，下移的速度越快，对流层顶上方的静力学稳定度增强越显著（图6-5）。进一步研究发现，在此过程中，剩余环流的下降流起决定性作用，且此次下降流主要是行星波引起的。

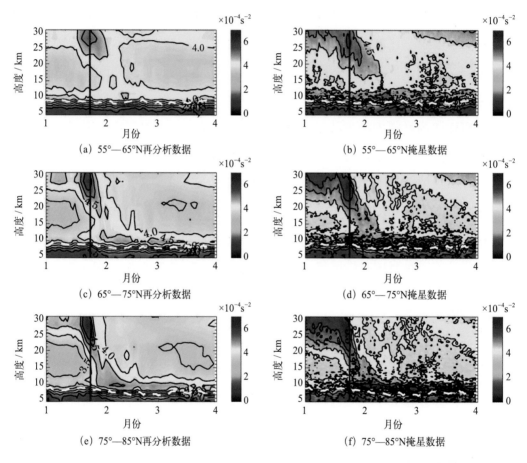

图6-5　2009年1—3月北极高纬度地区不同纬度带（a）（c）（e）再分析数据和（b）（d）（f）掩星观测数据所得纬向平均浮力频率平方随时间-高度的变化。竖直的红色实线表示2009年平流层爆发性增温的起始时间，白色点线表示掩星所得对流层顶（改自Wang et al., 2016）

离地球表面80～110 km高度的中间层与低热层区域，长期存在着受流星烧蚀释放出多种金属原子的金属层。这一高度范围也是富含自由电子和离子的底部电离层区域，复杂的光化学反应及动力学和电动力学过程，使中间层-电离层在这一高度区域存在紧密的物质能量耦合。在金属原子层中，由于钠原子具有较大的共振荧光散

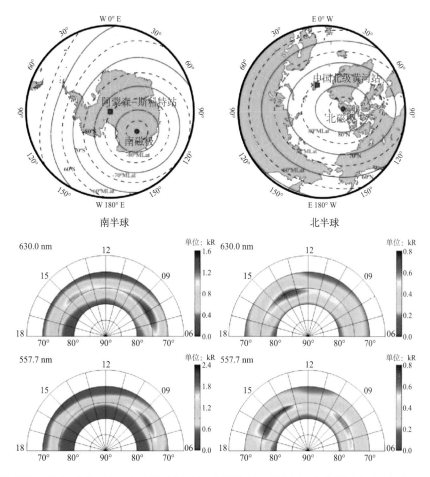

图6-8　中国北极黄河站和美国南极极点站（阿蒙森–斯科特站）的位置，红色线圈表示地磁纬度；红色/绿色波长日侧极光在南半球（左）和北半球（右）的分布（改自 Hu et al., 2014b）

　　人们对重复周期约为数分钟的极向移动极光弧这一种独特的极光活动形式的起源和特征，特别是日侧的起源和特征了解较少。针对周期性极向运动极光弧，Yin等（2023）根据黄河站的光学测量和多个地面站的磁场测量，首次发现周期性极光弧不仅出现在众所周知的红色极光，而且在绿线和蓝线上都有很长的持续时间。多波段周期性极向运动极光弧出现的特征表明沉降电子的能量范围很广，可以从数百电子伏到数千电子伏。不同波段的极光亮度变化与地磁场脉动具有一致的周期性，即极光弧和地磁场显示了场线共振的特征。这可能是由磁层顶边界层的扰动引起的。这些结果补充了对日侧周期性极向运动极光弧的认识，并加深了对它们与超低频波关系的认知。

　　脉动极光的周期通常为10～600 s，这些极光被认为是由高能电子和合声波相互作用引起的,但它们与超低频波的关系仍然是一个悬而未决的问题。Li 等（2023）分析超低频波事件以及在它们磁力线足点附近观测到的脉动极光,发现低频带合声波与脉动极光的产生有关。这些波的强度都以各自的超低频波的时间尺度发生振荡。超低频波可能起源于太阳风的扰动,光学和磁场的联合观测表明超低频波在太阳风–磁层–极区电离层耦合中发挥了重要作用。

6.2.2　极盖区极光及太空台风的发现

在地磁活跃期,太阳风等离子体进入地球磁层的效率更高,进而触发较强的极光活动。然而,在地磁活动平静期间,太阳风入侵地球的概率一般较弱,极光卵通常会整体向高纬收缩。有时极盖区内出现一些形态为弧状或亮斑状的极光,如极盖区极光弧、马蹄型极光等。极盖区极光有时造成所在区域的高频无线电通信干扰、卫星导航以及通信系统误差增加,直接影响局地卫星通信、导航和航空航天等人类高技术活动。

近10年来,我国南北极空间环境观测手段不断丰富与完善,为深入探索极盖区极光形成和演化的物理机制提供了难得的机遇。极盖区极光弧有些仅位于极盖区晨侧或昏侧且尺度较短,还有一些只与极光卵一边相连,而有些从夜侧向日侧延伸可跨越整个极盖区并连接日、夜侧极光卵,尺度达数千千米,称之为"跨极盖极光弧"。极盖区极光弧的形成、分布和演化直接受磁层动力学过程和极区电离层对流等的调制和影响,是太阳风–磁层–极区电离层耦合的典型踪迹之一,能够反映日地能量的耦合过程及效率。

在长时间地磁平静条件下,Zhang 等（2021）发现北极磁极点附近有类似于台风气旋状的、水平尺度超过1 000 km的极光亮斑结构,该亮斑结构的亮度比极光卵内的极光亮得多。这是一个非同寻常的现象,因为通常情况下磁极点附近的极盖区是没有明显极光的,极光大都发生在纬度较低的极光卵。该极光亮斑结构持续近8 h,并伴随明显的强亮斑状上行场向电流、强等离子体对流涡旋剪切（"台风眼"）、离子上行、局部电子温度上升、先负后正的双极磁场结构、电子加速、堪比超级磁暴的电子沉降能通量等（图6-9）。这些特征与台风或飓风十分相似,基于此，Zhang 等（2021）将这一现象命名为"太空台风"。

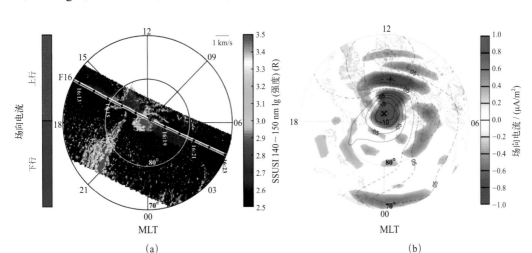

图6-9　2014年8月20日16：18（UT），（a）美国国防气象卫星（DMSP）F16紫外光谱成像仪（SSUSI）北半球极光观测和（b）主动磁层与行星动力学响应试验卫星（AMPERE）北半球场向电流观测的"太空台风"现象（改自Zhang et al., 2021）

Han 等（2020）发现在下午扇区经常出现一种特定的极盖区极光弧，由下午侧极光卵向极区延伸。利用10余年的卫星观测数据，结合下午侧极盖区极光弧的观测特性，推测下午侧极盖区极光弧很可能是由足点位于磁瓣区的场线与行星际磁场场线重联产生。极盖区的极光可以根据其形态特征大致分为两大类，一类是与极光卵相连的极光弧；另一类是脱离极光卵、孤立出现在极盖区内的极光亮斑。从形态特征与位置分布来看，这些极光现象之间存在显著差异，但也有许多相同之处。

地面成像仪能够观测到中小尺度的极光结构，而卫星具有大尺度探测的优势，可以获知整个极光活动的区域和能谱特征。Hu等（2017a，2017b，2021）利用Polar卫星的紫外极光成像数据，同时结合计算机自动识别技术，研究了不同行星际/地磁参数条件的6万余幅极光图像的高纬/低纬边界特征。大量的数据显示，随着行星际电场的增加，极光卵高纬/低纬边界向赤道向缓慢移动；位于夜侧扇区的极光卵边界随着行星际磁场和南北电场值的增加向赤道向移动；夜侧扇区低纬边界向赤道移动的特征与太阳风动压和速度呈准线性关系。随着极光电急流指数的增加，极光卵的高纬/低纬边界均向赤道侧移动。使用多变量回归方法，以行星际磁场、太阳风速度、密度以及极光电急流指数作为输入条件建立了极光卵边界的物理模型。该模型的建立可为极区电离层对流提供极光沉降粒子通量的输入参考。

6.2.3 亚暴极光动力学演化

行星际激波和地球磁层之间的相互作用会激发各种类型的空间物理现象，极光亚暴则是太阳风-磁层能量耦合过程中最重要的过程之一。较强的亚暴经常由行星际激波所触发，Zong等（2021）总结了地球磁层对太阳风压缩的响应所取得的进展，强亚暴和超强亚暴可能由太阳风动压的突然变化所引发。当极光电急流指数大于1 000 nT的强亚暴或大于2 000 nT的超强亚暴爆发时，从地球电离层逃逸的氧离子被认为是地球磁尾和内磁层环电流区域的主要离子群。强亚暴或超强亚暴的产物——等离子体团、爆发性整体流也含有大量的逃逸氧离子，甚至亚暴注入也可能由逃逸氧离子主导。因此，磁层动力学必须考虑较重的氧离子的贡献。此外，激波诱发的与电磁脉冲相关的超强亚暴会使高能粒子和它们的注入活动向内移动，并显著加速现有粒子群。深入研究发现，激波背景南向行星际磁场和拉塞尔-麦克弗伦（Russell-McPherron）效应可以被视为是由激波触发的强亚暴和/或超强亚暴的前兆。

亚暴过程包括磁尾磁场重联、电流片中断、极光增亮、电离层电流、无色散粒子注入等一系列物理现象，其对地球磁层的活动可能产生从电磁场、电磁波动、等离子体参数到电流密度诸多影响。而不同强度的亚暴之间本身的差异，以及伴随着强亚暴发生的诸多现象，都有可能对地球磁层产生不同的影响。Fu等（2021）统计了不同强度的亚暴，研究了这些亚暴的分布、亚暴期间太阳风和地磁参数的时间演化以及极光电急流指数的时空分布。其结果表明，亚暴更多地发生于太阳活动下降年，其发生率与太阳风速度具有更高的关联性。超强亚暴更多地发生于强南向行星际磁场、高太阳风速度和动压背景下。极光电急流指数的时序叠加结果也表明可能存在一个额外的亚暴电流楔（图6-10）。亚暴动力学的系列研究有助于加深对不同强度亚暴的理解，并进一步完善极光电急流，以及磁层电流体系在亚暴期间的发展过程。Fu等（2023）统计了环电流的特性，并研究了亚暴对内磁层的等离子体压强和电流体系的影响。研究结果为平静期和强亚暴期间内磁层等离子体压强和电流系统的变化提供了一个更加全面的视角。

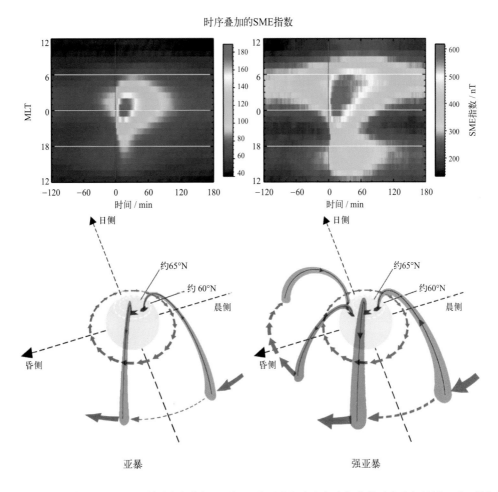

图6-10　上：亚暴（左）和强亚暴（右）期间不同磁地方时的极光电急流指数的时序叠加结果。强亚暴期间的极光电急流指数呈现出明显的双峰分布；下：双峰分布特征推测的强亚暴期间（右）磁层电流中的额外电流楔结构（改自 Fu et al., 2021）

　　利用地基高时空分辨率的极光观测资料，结合中国南极中山站在夜侧扇区位于极光卵的极向边缘和极盖区的地理特点（图6-4），Liu 等（2023）针对行进中的极光亚暴进行深入分析，专门研究行星际激波相关的日地耦合与行进中的极光亚暴间的相互关系。中山站全天空极光成像仪、飞越南极上空的卫星全域紫外波段极光以及全球地磁场的联合观测，发现中山站观测到极光西行浪涌和极向膨胀（图6-11），但行星际激波撞击地球空间并没有显著改变极光亚暴的发展趋势。俄罗斯南极东方站观测的地磁场变化以及全域电离层对流演化显示，激波与地球空间相互作用主要使磁层等离子体对流和场向电流得到增强，全域极光观测显示激波撞击地球并未改变极光亚暴的发展趋势。

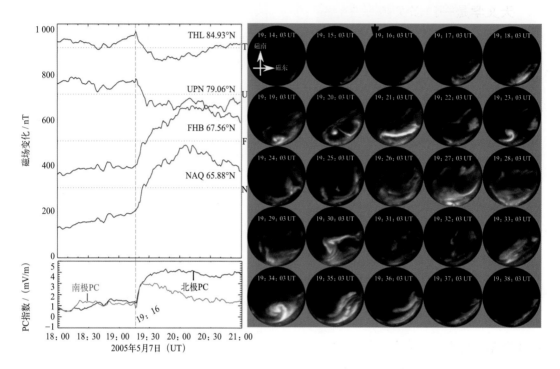

图6-11　左边是分布于不同纬度的磁力计观测的磁场水平分量变化和极盖活动指数（由东方站磁力计反演获得），右边是中山站全天空极光成像仪观测的全波段极光序列图（改自 Liu et al., 2023）

6.3　南极昆仑站的时域天文

所有天体都是时刻变化和演化的。随着技术的进步，天文学观测研究已经从对部分天体的一次性观测和分类统计研究，逐渐发展为对大量天体的长时间监测研究，可以更为细致和准确地刻画天体的物理性质和演化，这被称为时域天文研究。

时域天文研究既包括对周期性变化的天体的研究，又包括对稀有暂现源，以及其他非周期性变源的研究。南极冰穹A（中国南极昆仑站）位于80°S圈内，每年有数个月的极夜时间，为时域天文的研究提供了可遇不可求的优越条件。极夜期间每天连续24小时不间断地观测，对短时标变源尤其重要，因此，时域天文从一开始就是中国南极昆仑站天文研究的重点。

6.3.1　利用极夜的变星研究

天文学是一门以实测为基础的科学。为最大限度地减少地球大气和人类活动对天文观测的干扰，全球天文学家一直在寻找适宜进行不同波段观测的优秀地面台址。此外，由于地球自转的影响，在同一个地点难以对特定天体进行连续不间断的观测，而连续观测对许多天文研究至关重要。

基于遥感数据和地形分析，南极内陆的最高点冰穹A（海拔4 093 m，地理坐标80°22′S，77°21′E）显示了极具潜力的天文观测条件。特别是在具有类似地形的冰穹C，实地测量已证明其具有极佳的大气视宁度。此外，南极冬季漫长的极夜为连续观测提供了理想的条件。

在2004年中国南极考察队首次到达冰穹A之前，该地区未曾有人踏足。在国际极地年期间，中国成立了南极天文中心，并于2006年提议在冰穹A开展台址监测和天文观测研究。

中国之星小望远镜阵列（Chinese Small Telescope Array，CSTAR），是首个安装在冰穹A的光学望远镜。其指向固定在以南天极为中心的区域，通过对同一组恒星进行长期观测，可以定量测量大气消光、云量和极光活动，尤其是可以利用极夜对天体进行连续不间断的观测和研究。CSTAR由4台口径为14.5 cm的小望远镜组成，安装在固定的三脚架上（图6-12）。为了保证首次在冰穹A进行的天文科学考察的可靠性，CSTAR被设计成无任何机械运动部件。

图6-12　安装在南极冰穹A的CSTAR

在2007—2008年中国第24次南极科学考察期间，CSTAR在冰穹A成功安装并开始运行，这标志着人类首次在南极内陆最高点进行天文观测以及中国在南极天文领域的开创性探索（Zhou et al., 2010）。

1）CSTAR研制与部署

CSTAR望远镜面临的主要挑战是在极端低温条件下实现全年无人值守的连续运行，这对天文光学仪器的可靠性提出了极高的要求，成为中国南极天文望远镜研制的一大挑战。

为适应大的温差，工程人员为CSTAR选择了低膨胀的微晶玻璃和熔石英玻璃作为主要光学材料，而机械镜筒和隔圈则采用了低膨胀的INVAR36（约含36%镍的铁镍合金）材料。此外，通过在倾斜的保护玻璃外表面镀导电膜的方法，成功解决了在南极内陆高相对湿度带来的结霜和积雪问题。针对从国内到南极内陆的海陆空运输过程所伴随的大量振动冲击，CSTAR被整机实施了精密的隔振方案以保证安全运输。

在CSTAR的研制过程中，积累了在极端寒冷条件下对光学、机械、电子设备进行设计和制造的宝贵经验，这些经验为后续南极巡天望远镜（Antarctic Survey Telescope，AST3）等设备的设计和研制奠定了坚实的基础。

2008年1月，CSTAR成功安装在南极冰穹A地区，并在同年3月传回了第一幅高质量的星图，清晰显示了上万颗星，证明了望远镜设计满足技术指标。CSTAR的成功引起了国际科学界的广泛关注，被包括《Nature》和《Science》在内的多种期刊报道。与CSTAR相关的研究论文达30余篇，此外还有约百篇期刊论文和会议报告提及这一项目。CSTAR的成就入选2007年度和2009年度"中国十大天文科技进展"。

2）CSTAR的观测数据

CSTAR在中国南极昆仑站能够进行每年长达100余天的连续不间断观测，这在地面天文观测中具有开创性意义。2008—2011年，CSTAR在4个观测季总共积累了4.3 TB的宝贵数据。这些第一手资料展示了南极冰穹A地区独特的天文观测条件，包括天空背景亮度、地球大气透明度、云量覆盖和极光影响等（Zou et al., 2010）。

CSTAR的独特之处还在于，它可以在极夜期间进行长达数月的连续观测，这对时域天文尤为重要。它的高频率图像采集和长周期观测时间为变星研究提供了全球最佳的条件。CSTAR视场覆盖南天极周围的20平方度天区，成功实现了对该区域最亮的10 000颗星的连续监测。

3）CSTAR变星研究

基于2008年的连续测光数据，CSTAR探测到157颗变星，其中包括双星系统和脉动变星等各种变星。此外，还发现了多个可能的系外行星候选体（Wang et al., 2011）。在2010年度183天的观测中，累积数据达到了更深的测光深度和更广的时间覆盖范围，共探测到188颗变星，其中包括67颗新发现的变星。

针对CSTAR部分图像出现失焦的现象，研究人员开发了一种针对CSTAR图像的比对方法，以探测恒星亮度的变化。通过这种方法，不仅观察到68颗已知变星的光变，还发现了37颗新的变星（Oelkers et al., 2015）。

为了能够达到搜寻系外行星掩食现象的要求（Wang et al., 2014a），在2008年的数据处理中又进一步考虑了数据中的周日变化（Wang et al., 2014b）和薄云的不均匀性的影响（Wang et al., 2012）。在此基础上又新发现83颗变星。这使CSTAR数据中发现的变星总数接近200颗。在相同的测光深度下，CSTAR发现的变星是中纬度同等级别巡天项目发现变星数的6倍以上（Wang et al., 2013）。针对所有这些变星都进行了变幅和周期性分析，获得了许多重要的统计结果。

CSTAR数据也被用来对一些变星个体进行深入分析，认为Y Oct是一颗非Blazhko型的RR Lyrae变星，并确定了其物理参数（Huang et al., 2015）。此外，CSTAR发现HD92277是一颗星震天体。使用CSTAR 2009年g波段、r波段的超过1 950 h的高质量连续观测数据，得到了HD92277的低振幅振动。这一工作清晰地展示了冰穹A地区能够提供长期、连续无间断的地基多色观测，这对星震学研究有巨大的价值。通过对光谱和测光数据与恒星模型的对比分析，对恒星的振荡模式进行了更精确的测定（Zong et al., 2015），从而更深入地了解了恒星内部结构。

6.3.2 系外行星搜寻

太阳系外行星，也被称为系外行星，是指围绕太阳以外其他恒星运转的行星。

这些行星的发现和研究对于揭示太阳系的起源和演化，探索宇宙中生命的可能性和智慧文明的存在等问题具有重要意义。

然而，由于系外行星的质量、半径以及其本身在光学波段的辐射能量和反射光度都远远小于宿主恒星，因此对它们的探测一直是一件非常有挑战性的工作。目前，搜寻系外行星的方法有凌星法、视向速度法、微引力透镜法及天体测量法等，而其中最有效的方法是凌星法（图6-13）。凌星法是通过精确测量宿主恒星的亮度变化来探测系外行星遮掩宿主恒星时产生的凌星信号，而行星对宿主恒星亮度遮挡的程度正比于行星与宿主恒星半径比的平方，通过测量光变曲线中"凌星坑"的间隔和深度，可以得到行星的轨道周期及其相对于宿主恒星的大小等参数。

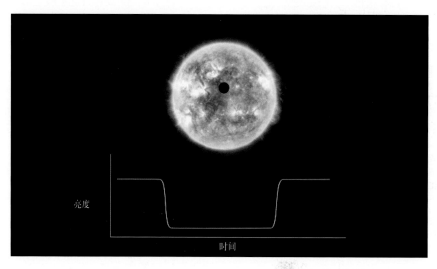

图6-13　当系外行星遮挡其宿主恒星时会使宿主恒星亮度发生短暂降低，在宿主恒星的亮度随时间的变化曲线上形成"凹"状的凌星信号。通过搜寻这些周期性出现的"凌星坑"就可以找到系外行星

然而，凌星法探测系外行星需要两个基本要素：①较高的测光精度，由于凌星信号强度正比于行星与宿主恒星半径比的平方，当木星大小（约10%太阳半径）的系外行星掩食类太阳恒星时，产生的凌星信号约为1%，地球凌日则只会造成约0.01%的信号。因此，要搜寻系外行星的凌星信号，至少要达到优于1%的测光精度；②连续的观测时间。系外行星的凌星窗口持续时间与宿主恒星的半径和行星的轨道周期有关，对于周期约为10 d的热木星，其凌星窗口只持续2～3 h，即信号窗口对轨道相

位的占比只有1%。而对于轨道周期更长的系外行星，其凌星窗口的时间占比更低。在搜寻系外行星时，由于不知道凌星事件会在何时发生（或者根本不知道有没有行星），因此需要连续不断地凝视观测目标，保证观测对行星轨道相位的覆盖率，从而提升搜寻的效率。然而，普通地面台站由于大气抖动、杂散光、天光背景以及天气情况的影响，在搜寻凌星系外行星方面面临诸多困难。

为了克服这些困难，我国天文研究团队利用南极地区连续极夜和低天光背景的优势，开展了凌星系外行星的搜寻工作。在中国南极昆仑站和中山站等地使用大视场、中小口径巡天望远镜进行不间断的光学巡天观测，有效地提高了凌星系外行星的发现率。

截至目前，中国天文学家先后使用位于中国南极昆仑站的CSTAR和AST3，以及位于中山站的亮星巡天望远镜(Bright Star Survey Telescope，BSST)，取得了一些系外行星探测领域的突破性成果。

CSTAR具有大视场、高时间分辨率和高覆盖率等特点，可用于开展系外行星凌星法和变星监测等多种研究。2008年极夜期间，CSTAR对南天极附近20平方度天区内约20 000颗星进行了长达4个月的连续观测。研究人员通过对大气消光不均匀性（Wang et al., 2012）、鬼像（Meng et al., 2013）、望远镜周日效应（Wang et al., 2014b）等系统误差进行校正，达到了最佳0.4%的测光精度，探测到10颗系外行星候选体。通过与澳大利亚国立大学合作研究，确认其中6颗是高可能性的系外行星候选体（Wang et al., 2014a），这是国内首次探测到凌星系外行星候选体。

AST3是中国南极光学巡天观测的重要设备。AST3由3台口径为0.5 m的光学望远镜组成阵列，具有大视场、高分辨率和高灵敏度等特点，特别适合开展凌星系外行星的搜寻工作。AST3-1于2012年安装于中国南极昆仑站并开始试运行，AST3-2于2016年安装并开始正式观测。2016—2017年南极极夜期间，AST3科学团队利用AST3-2望远镜对南黄极附近天区进行了不间断的巡天观测。经过对大气消光、干扰条纹、鬼像等一系列系统噪声的校正，达到了最好0.2%的测光精度。最终经过细致筛选，发现了116颗高置信度的系外行星候选体（Zhang et al., 2019a, 2019b）。这是我国第一次利用南极观测设备批量发现系外行星候选体。

BSST是一台安装在南极中山站的30 cm口径大视场巡天望远镜（Tian et al.，2016）。2016年8月，研究团队利用BSST率先开展了对比邻星的后随（follow-up）测光观测，希望探测到比邻星b（Proxima Cent b）的掩星现象。经过连续20天观测，共获得了10个夜晚的高精度测光数据。在进行细致分析后发现了一个置信度达到2.5的疑似凌星信号，并对可能的行星参数进行了分析。这是比邻星b行星被发现后的第一个后随测光观测的研究成果（Liu et al.，2018），也是我国在南极中山站开展系外行星观测以来获得的一个突破性进展。

6.3.3　瞬变源研究

天体中存在大量的瞬变源，但由于它们发生概率小、持续时间短，因此很难被发现。随着天文观测设备的进步和巡天项目的开展，这些瞬变源才越来越多地被发现并被研究。中国南极昆仑站的两代光学望远镜CSTAR和AST3均是巡天项目，而且可以利用极夜连续24 h不间断地观测，这大大提高了对瞬变源的探测效率。

1）星闪

太阳上的突然爆发叫耀斑，在太阳局部可以短时间内变亮，释放大量能量，并产生太阳风，携带大量高能粒子离开太阳表面。太阳风到达地球时，携带的高能粒子沿磁力线沉降到极区大气层可以激发极光，扰动空间天气可以影响地球通信。在其他恒星上也存在耀斑，被称为恒星耀斑或星闪（Stellar Flare）。由于恒星数量巨大，星闪很常见，但却很少被记录下来，因为其发生没有特定规律，只有长期、不间断地观测才能系统地探测到它们。因此，中国南极昆仑站的光学望远镜CSTAR和AST3冬季观测数据对于识别和研究这些事件非常有价值。Oelkers等（2016）利用CSTAR 2009—2010年的观测数据，在仔细剔除鬼像和其他全局伪影之后，在CSTAR的光变曲线中确定了29个星闪事件，并得出了在整个CSTAR视场的星闪率为每小时（7 ± 1）$\times 10^{-7}$次。

Liang 等（2016）在2008年的CSTAR光变曲线中搜寻星闪，从18 000余颗恒星中的13颗中发现了15个星闪事件。他们对星闪进行了建模，展示出星闪振幅在

1% ~ 27%，并且持续时间在10 ~ 40 min。他们还发现星闪下降阶段的时间和总持续时间之间存在线性关系。该团队还对2016年系外行星凌星搜索项目的AST3-2数据进行了类似分析，确定了20个来自不同恒星的星闪（Liang et al.，2020），并通过建模获得了其持续时间、振幅、能量和偏度等参数。在这项研究中，星闪的持续时间从28 min到119 min不等，大多数在1 h内。

2）超新星发现

超新星爆发是不可预测的，但超新星爆发亮度达到极大之前的早期光变对研究其性质和爆发机制至关重要。因此，只有长期的巡天监测才有可能发现早期的超新星。超新星的早期发现也是AST3的关键项目之一。

早在2014年漠河野外测试期间，星系M82中爆发了一颗超新星SN 2014J，虽然AST3-1望远镜没有实时发现这颗超新星，但在对观测数据的回溯中，确认是探测到了这颗超新星（Ma et al.,2014a），证明了AST3望远镜的能力（图6-14）以及早期发现超新星的可能性。在此后不久，AST3-1发现了一颗超新星SN 2014M，并经光谱观测确认为Ⅰa型（Ma et al.,2014b）。在AST3望远镜安装在中国南极昆仑站后，第二台望远镜AST3-2发现了一个ⅡP型超新星SN 2017fbq。

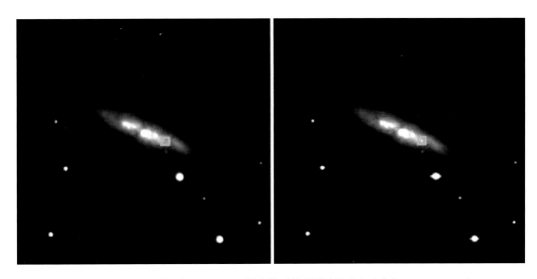

图6-14　星系M82中超新星SN 2014J爆发前后的观测图像对比（改自Ma et al.，2014）

AST3的实时数据处理软件在探测其他变源方面也非常强大，例如矮新星（Ma

et al.，2016）、小行星、活动星系核（Active Galactic Nucleus，AGN）和变星，但其中大多数没有进行实时报告。

3）引力波电磁对应体

引力波是广义相对论的预言。引力场在极端天体物理过程中急剧变化，产生时空扰动并向外传播，被称为"时空涟漪"。引力波的直接探测获得了2017年度诺贝尔物理学奖。

当大质量天体，例如黑洞和中子星并合时，会在时空产生这种涟漪，也就是可以被探测到的引力波。这种并合事件，可以同时发出电磁波，包括可见光。在引力波天文学开启之时，天文研究就做好了准备，进行后随观测，期望同时探测到电磁波，以对天体并合进行更细致的研究。

2017年8月，国际激光干涉引力波天文台（Laser Interferometer Gravitational-Wave Observatory, LIGO）和室女座引力波天文台（Virgo）宣布发现双中子星并和引力波事件GW170817。全球数十台天文设备对其进行了后随观测。由于天体位于南天，我国仅有南极巡天望远镜AST3参与了国际联测。

在引力波事件发生24 h后，AST3团队利用AST3-2，对引力波事件GW170817开展了有效观测，此次观测持续了10 d，期间获得了大量重要数据，并探测到此次引力波事件的光学信号（Hu et al.，2017c）。这些数据揭示了此次双中子星并合抛射出约1%太阳质量（超过3 000个地球质量）的物质，这些物质以0.3倍的光速被抛到星际空间，抛射过程中的部分物质核合成，形成比铁还重的元素。因此，这次引力波的发现和研究，证实了双中子星并合事件是宇宙中大部分超重元素（金、银）的起源。

4）空间碎片监测技术

除了天文观测，在对近地天体监测方面，中国南极昆仑站也有其独特的优势。日益增多的空间碎片已经严重威胁到各国航天器的运行安全，昆仑站具有优越的天文观测条件，由于其地理纬度高，空间碎片过境频次高，可观测时间长，监测效能显著优于中纬度台址。此外，理论分析还表明昆仑站白昼天光背景亮度低，适合开展白昼观星和监测大尺寸空间目标（杨臣威等，2019）。

利用CSTAR望远镜的观测数据，针对图像中空间碎片图像拖长的特点，杨臣威等（2019）有效提取出空间碎片目标。与已有的空间碎片数据库进行比对，结果表明，在72 h连续观测时间内，CSTAR单台望远镜能观测到80%面积大于1 m²的低轨空间碎片，而CSTAR的有效口径较小（10 cm），视场也只有20平方度。这证实了昆仑站在低轨空间碎片监测方面的高效能优势。在昆仑站开展空间碎片监测是南极天文研究的拓展趋势，也是空间碎片国际治理的支撑需求。

6.4　中国南极昆仑站天文台址论证

在南极昆仑站开展天文研究一个最重要的原因，就是希望利用其优异的观测条件，提高观测效率和精度。然而，对观测条件的定性分析不足以支撑大科学装置的立项，还需要有定量的观测结果为未来南极昆仑站天文台的建设奠定基础。

经过10余年的努力，对昆仑站的天文观测条件有了越来越清晰的认识，也不断证明了昆仑站所在的冰穹A地区在天文观测的光学、红外和太赫兹波段都有地面最佳的天文观测条件。

6.4.1　南极冰穹A的大气视宁度

天文学领域常用大气视宁度来表征大气湍流对望远镜观测星星造成的模糊程度。空气的折射，会对光线造成弯折，就像筷子放入水中看起来像弯曲了一样，只不过空气的折射率比水小得多，这种弯折很不明显，只有精密的望远镜才能感受到。如果空气各处的折射率都一样，那么望远镜对星星的成像只是有一个固定的位置偏移，没有太大的影响。但实际空气中存在着湍流，造成局部温度快速的扰动，使空气各处折射率也快速随机变化。星光经过不同的折射后，通过望远镜所成的像斑就会快速移动，造成星象模糊。另外，星象的亮度也会因此快速变化，也就是我们日常看到的星星"眨眼睛"。

大气湍流造成星点模糊，模糊后的大小就被称为大气视宁度，一般用角秒表示（一个圆周为360°，1° = 60′，1′ = 60″）。优良的天文台址的视宁度在1″以内，作为对比，正常人眼睛的视力1.0对应的角分辨率就是1′，远远大于大气视宁度，因此人眼通常看不到大气湍流的影响，只有在极端情况下，比如透过火炉上方的空气看后面的物体，有时能看到物体被扭曲了。

大气湍流造成的星象模糊对天文观测非常不利。首先，它会降低望远镜的分辨率，两颗很近的恒星经过模糊后，会混在一起而无法分辨开，天体的细微结构也被模糊而无法看清。其次，即使对单颗星不需要分辨率，经过湍流模糊后，本来汇聚在一点的星光分散开，看起来就没有那么亮，信噪比降低，因此一些暗弱的星星就看不见了。简单来说，同样一台望远镜，如果安装台站的视宁度差1倍，观测暗弱天体的能力等效于望远镜口径减小了一半，这对天文观测的影响是巨大的。

因此，大型望远镜建设前都要进行大量细致的选址工作，视宁度的长期监测就是其中最重要的工作之一。当前世界上最好的天文台集中在美国夏威夷群岛、智利北部高原以及西班牙加那利群岛等地，视宁度在0.6″~0.8″。而我国长期以来主要的光学天文台站，大气视宁度都在1″以上，这也是限制我国光学天文发展的一个重要因素。

由于其独特的地理位置，南极高原一直被认为可能蕴含着优异的天文台址。但由于其恶劣的自然环境和相对薄弱的后勤支撑保障能力，直到20世纪90年代，科学家才开始在南极点——美国的阿蒙森-斯科特站，开展天文选址工作。但测量结果却令人颇为失望：南极点的视宁度较差，达到了1.8″。然而，大气湍流主要集中在贴近地面100 m以内的边界层中，边界层之上的自由大气视宁度仅约0.3″。

边界层是大气层中的最底层，受地面影响很大，绝大部分的大气湍流集中于此。边界层之上称为自由大气，湍流很少。南极高原盛行下降风，即风是从高处向低处吹，而南极点海拔仅2 835 m，处在南极高原的缓坡中，因此风仍然比较大，产生了较多的大气湍流。然而，在南极高原的几个顶点，风速非常小，湍流也很少，预计视宁度会非常好。这些顶点包括冰穹A（80°22′S，77°21′E，海拔4 093 m）、冰穹C（75°06′S，123°20′E，海拔3 233 m）和冰穹F（77°30′S，37°30′E，海拔3 810 m）。

冰穹A是南极高原的最高点，理论预计会有更好的视宁度。我国与澳大利亚、美国等国际团队合作研制了声雷达，其测量结果表明冰穹A的大气边界层中值只有14 m（Bonner et al.，2010），仅为冰穹C厚度的一半。为了实际测量冰穹A大气视宁度的具体数值，我国科研人员研制了昆仑视宁度测量望远镜。

差分像运动监测仪（Differential Image Motion Monitor，DIMM）是测量大气视宁度最常用的仪器，昆仑视宁度监测仪（KunLun Differential Image Motion Monitor，KL-DIMM）就是专门为昆仑站量身定做的DIMM。湍流会造成星象抖动，因此，通过测量星象抖动的程度就可以计算视宁度大小。

KL-DIMM的独特之处在于它是针对中国南极昆仑站的极端环境特殊设计的：能在−80℃的低温下，无人值守自动运行。为此，团队采用了多项措施并研发主动温控技术。同时，为了自动运行，团队开发了相应控制软件和数据处理软件，实现全自动观测运行、采集数据、保存数据、分析计算并将视宁度结果传回国内，视宁度结果和仪器状态都会实时显示在网页上。

两台KL-DIMM于中国第35次南极科学考察时运往南极内陆昆仑站，并于2019年1月现场安装调试成功（图6-15）。仪器安装后立即投入观测，并实现了无人值守、越冬长期全自动运行，首次获取了珍贵的夜间视宁度测量数据。自由大气视宁度的中值只有0.31″，最佳值达到0.13″，并且在距离地面8 m的高度，就有31%的时间可以获得自由大气视宁度；在离地面14 m的高度，有近一半的时间可以获得自由大气视宁度（Ma et al., 2020）。因此，将一台2.5 m的光学望远镜架设在冰穹A地区14 m高度处，其观测能力就相当于中低纬度优良台站上的6 m级望远镜。

图 6-15　两台KL-DIMM安装在南极昆仑站8 m高的塔架上

这一测量结果证明昆仑站所在的冰穹A地区的光学天文观测条件优于已知的其他任何地面台站。这项研究成果确定了昆仑站有珍贵的天文观测台址资源，为我国进一步开展南极天文研究奠定了科学基础。

6.4.2 南极冰穹A的夜天光、晴夜率和极光影响

由于独特的地理位置和大气条件，南极内陆高原的最高点冰穹A地区有着最佳的多波段、多信使天文观测条件。南极冬季漫长的极夜更能为冰穹A地区提供连续不间断的夜间观测时间，在时域天文观测上具有很高的价值。为了在冰穹A地区开展天文观测，其夜天光亮度、大气透明度、晴夜率和极光带来的污染情况是首先需要了解清楚的影响因素。因此，我国科研人员陆续对冰穹A地区的这些台址条件展开了监测。

1）夜天光

在2008年，利用CSTAR首次测量了冰穹A的夜天光亮度。通过对夜天光不同成分的分析，Zou 等（2010）估计了太阳光、月亮反射光和云量以及银河弥散星光的贡献。整体上，冰穹A在2008年的i波段无月晴夜的天光背景亮度中值为20.5 mag/arcsec²。与其他中低纬度的优良台址相比，如拉帕尔马（La Palma）岛的中值为20.10 mag/arcsec²，塞罗托洛洛山（Cerro Tololo）美洲际天文台的中值为20.07，帕瑞纳（Paranal）的中值为19.93 mag/arcsec²，冰穹A i波段天光背景条件也是最优的（Zou et al., 2010）。而在2010年，测量到的冰穹A i波段天光背景亮度更低，中值可达20.9 mag/arcsec²（Wang et al., 2013）。

由于冰穹A的大气非常洁净且气溶胶含量较低，使我们不仅可以拥有足够黑暗的夜间观测条件，且"天黑"得更早。对通常的低纬度天文观测台站而言，天文的暗夜时间定义为太阳高度角低于地平线 −18°的时间。而根据CSTAR的观测结果，在冰穹A，i波段天光亮度在太阳高度角低于 −13°时即趋于稳定且足够黑暗（Zou et al., 2010）。因此，冰穹A的天文暗夜被重新定义为当太阳高度角低于−13°。

2）晴夜率

在所有台址条件中，云量直接影响着可观测时间，是非常重要的台址参数。冰

穹A的云覆盖率很低，CSTAR 2008年的观测数据显示，冰穹A多云的比率仅为 2%，而同时期国际上中纬度台址最好的夏威夷冒纳凯阿（Mauna Kea）的云量则是该结果的10倍，为20%。通过与其他台站的云量监测对比，Zou 等（2010）发现冰穹A的测光夜概率超过67%，而且其他云量覆盖情况都要优于夏威夷天文台的监测结果（Zou et al., 2010）。

此外，Zou 等（2010）利用CSTAR数据还对冰穹A的大气消光展开了研究。基于2008年实测数据，约有90%的观测时间消光量小于0.7星等；80%小于0.4星等；50%以上的时间大气消光量小于0.1星等。这表明有90%以上的数据可以用于恒星光变研究，半数以上的天气是无云的晴朗天气，即测光夜条件。这些结果证明了冰穹A光学波段的夜天光背景非常优秀，适于天文观测。

虽然CSTAR的结果可以说明冰穹A具有非常优秀的晴夜时间。但它仅能观测天顶20平方度的天区，并不能对全天云量覆盖进行研究。而定制的昆仑云量极光监测仪（KunLun Cloud and Aurora Monitor，KLCAM）则可以实现这个功能（Shang et al., 2018）。如图6-16所示，KLCAM的鱼眼镜头可以采集从地平到天顶的全天180°图像，我们因此得以对冰穹A的全天云量和极光进行分析研究。

图6-16　KLCAM拍摄的冰穹A夜间图像，视场覆盖了全天，大小麦哲伦云和
银河清晰可见，四周有远处的极光（改自Shang et al., 2020）

根据对KLCAM 2017—2018年的观测图像进行人工目视分类和统计，发现冰穹A有83%的时间为晴夜，且仅有不到6%的时间为多云或者阴天（Yang et al., 2021）。将KLCAM的云量结果与三十米望远镜（Thirty Meter Telescope，TMT）在夏威夷和智利的候选台址的云量数据进行比较后发现，冰穹A的晴夜率优于所有TMT候选台址。

根据2017年不同月份的夜间云量统计结果，冰穹A在6—7月连续极夜期间有极为优秀的晴夜率，高达92%。这表明极夜期间有超长时间可以进行连续不间断的观测，非常有利于时域天文研究。

3）极光污染

冰穹A地区作为南极高纬度台站地址，天顶经常会出现极光，这对天文观测是一种污染。在KLCAM数据极光分析中，冰穹A仅有55%的时间没有极光污染（Yang et al., 2021）。然而，该地区有强极光的时间亦较少，约有9%。另外，36%的极光均为较暗弱的极光。它们影响的天区面积都比较小，这意味着对小视场望远镜而言，被极光影响的概率会比较小。

此外，南极的极光主要分布在极光椭圆带区域，冰穹A位于极盖的中心区域，因此极光多出现在夜空中靠近地平线附近，对天顶区域影响较小，而天文观测更倾向于优先观测天顶区域。

最后，由于极光是发射线，可以通过定制滤光片避开强极光的波长范围，从而消除强极光对天文观测的影响。

6.4.3 南极冰穹A的天文气象条件

不同于通常在实验室运行的科研设备，南极的天文望远镜直接暴露在野外环境中。因此，天文气象条件，如气温、风速及相对湿度等，对望远镜的设计和运行都有着重要影响，是天文台站选址的重要考察因素（Shang, 2020）。

南极内陆地区覆盖着厚厚的冰层，由于冰雪面的电磁辐射的发射率高于覆盖在其上的大气的发射率，这就导致内陆区域地表附近的大气普遍存在逆温现象，也就是高度越高的地方气温也越高。而在冰穹A，由于处于内陆高原的局域最高点，地表处的风速也很低。地表附近大气的逆温现象和低风速条件，导致冰穹A的大气十分稳定，大气边界层很薄。越过边界层，我们可以在冰穹A获得其他地面天文台站无法企及的优秀的自由大气视宁度。

由于逆温强度与大气边界层的厚度相关，不同于一般的地面自动气象站，在冰穹A需要通过多层大气参数测量仪，以获得不同高度的温度、风速等大气参数，来监测冰穹A的天文气象条件。

对冰穹A的天文气象条件研究工作最早开始于2010年。通过国际合作研发了昆仑自动气象站（KunLun Automated Weather Station，KLAWS），并于中国第27次南极科学考察期间成功安装［图6-17（a）］。KLAWS是一个15 m高的气象塔，在0 m、1 m、2 m、4 m、6 m、9.5 m、12 m、14.5 m和冰下1 m这9个不同的高度安装了高精度温度传感器，在2 m、4 m、9 m和14.5 m安装了4个螺旋桨风速风向仪。此外，还在1 m处安装了一个气压计。KLAWS获得了2011年累计超过10个月的多层大气参数数据。

2014年，我国南极天文研究团队独立研发了第二代昆仑自动气象站（KunLun Automated Weather Station-2nd Generation，KLAWS-2G），在0 m、1 m、2 m、4 m、6 m、8 m、10 m、12 m、14 m和冰下1 m处共安装了10个高精度温度传感器，在2 m、4 m、6 m、8 m、10 m、12 m和14 m处共安装了7个螺旋桨风速风向仪。此外，还在2 m处安装了一个气压计和湿度计［图6-17（b）］。KLAWS-2G的数据采集模块全部国产化，通过采用保温的热设计和主动温控方案，保证了数据采集模块在-80℃极端低温下仍能正常工作。

KLAWS-2G于2015年中国第31次南极科学考察期间成功安装，累计获得至2016年8月近20个月的长期连续观测数据。由于冰穹A极端恶劣的环境，KLAWS-2G在2016年9月发生部分倾倒。经过第32次中国南极考察队的维护，其4 m及以下的传感器恢复工作，持续获取数据至2018年5月，直至供电能源平台（PLATeau Observatory for Dome A，PLATO-A）燃油耗尽。

2019年，第35次中国南极考察队安装了新的KLAWS-2G［图6-17（c）］。然而由于供电故障，只获取了3个月的数据。2023年，重启冰穹A南极内陆科学考察后，KLAWS-2G经第39次中国南极考察队维护，已获取连续至今（2024年4月）的宝贵数据。

（a）KLAWS（2011年） 　　　　（b）KLAWS-2G（2015年） 　　　　（c）KLAWS-2G（2019年）

图6-17　先后于2011年、2015年和2019年安装的3台KLAWS/KLAWS-2G

利用KLAWS和KLAWS-2G的观测数据，开展的冰穹A天文气象条件研究成果主要包含以下3个方面。

1）冰穹A天文气象条件研究

通过分析KLAWS和KLAWS-2G的观测数据（Hu et al., 2014a, 2019），发现冰穹A的气温存在明显的季节性变化，夏季温度大约在−30℃，随着极夜来临快速下降至约−70℃，在雪面处的温度有时甚至能降至−80℃以下；随着极夜的过去，气温又快速回升至约−30℃。

多层的大气温度数据揭示了冰穹A雪面以上强逆温现象的存在，10 m和0 m间的温差甚至能够超过10℃。而当逆温发生时，逆温持续时间通常能够超过10 h。通过进一步分析温度梯度廓线，还发现温度梯度都呈现随着高度的增加急剧减小的趋势，并于约8 m处趋近于常数。由此说明冰穹A的大气边界层能降至8 m以下，在这样一个可以企及的高度就能获得自由大气视宁度。这个结果为设计KL-DIMM的塔架高度提供了重要依据。

KLAWS和KLAWS-2G的观测数据表明冰穹A的风速很低，在4 m高度处风速均值约为4 m/s，只有不到5%的时间超过10 m/s，十分有利于望远镜的运行。此外，发现风速与温度梯度有相关性，例如，当4 m处风速大于6 m/s时，其温度梯度小于1℃/m。

冰穹A的风速随着高度增加，存在着风速梯度。冰穹A也存在西南方向的主风向，但是不明显。

冰穹A的相对湿度和大气温度存在明显的相关性，夏季时约为65%，冬季降至约35%。这种相关性表明冰穹A的大气处于超饱和状态，因此设备研发需要充分考虑结霜问题。冰穹A的大气压强为560～610 hPa，无明显季节性变化。

2）多层大气参数与视宁度关系研究

2019年，中国第35次南极科学考察期间不仅安装了新的KLAWS-2G，还安装了KL-DIMM。通过分析KLAWS-2G和KL-DIMM 3个月的同步观测数据，发现在8 m高度的KL-DIMM获得中值0.3″的自由大气视宁度时，都出现在8 m和0 m温差大于10℃时（Hu et al., 2014a, 2019; Ma et al., 2020）。由此，可以认为当某高度处与雪面温差大于10℃时，这个高度则处于大气边界之上。进一步通过分析历年KLAWS和KLAWS-2G的观测数据，确认了冰穹A的大气边界层厚度中值约为14 m，与2010年声雷达测量结果一致（Ma et al., 2020; Hou et al., 2023）。

3）利用多层大气参数预测短期视宁度研究

由于冰穹A的视宁度与多层大气参数有着很强的相关性，因此，可以通过预测短期的多层大气参数来预测未来短期的视宁度。利用高斯混合模型和长短周期记忆，对20 min的短期视宁度进行预测，其均方根误差在0.18″（Hou et al., 2023）。这个研究结果表明，KLAWS-2G的多层大气参数测量对冰穹A的大气光学湍流和视宁度监测等方面的研究起到重要作用。

6.4.4　南极冰穹A的太赫兹大气透过率

太赫兹（THz）波段一般定义为0.1～10 THz，覆盖短毫米波至亚毫米波（远红外）的波段。太赫兹波段占有微波背景辐射以后宇宙中近一半的光子能量，特别适合开展现代天文学中最重要的前沿科学研究。因此，太赫兹天文是研究星系形成和演化、恒星与星系介质间物质循环、行星起源以及大气物理化学特性及宇宙生命起源的重要手段（Phillips et al., 1992; Kulesa, 2011）。

由于太赫兹波与大气分子转动的强相互作用，使得太赫兹波的大气传播途径受到大气的强烈吸收，导致地面太赫兹天文观测设备的观测效率大大受限于地面天文站址条件，以至于全球大部分区域难以在太赫兹频段开展天文观测。目前，全球范围内已确定的优良太赫兹天文台址分别位于南极洲、智利阿卡塔马沙漠、夏威夷昌纳凯阿火山和格陵兰岛等高海拔、低温、干燥地区。

南极高原由于其海拔高、环境温度极低、大气湍流小等特点，多年以来被认为可为天文学发展提供良好机遇（Phillips et al., 1992; Ma et al., 2020）。对南极高原地区天文站址的测量最早从地理南极点开始，其次是冰穹C，测试结果表明南极高原适合建设大型天文设备及开展各类天文研究，同时预测海拔最高的冰穹A更适合开展太赫兹天文观测研究（Storey, 2005, 2007）。

为了进一步详细评估冰穹A太赫兹天文台址特性，2009年中国南极天文团队研制了一套南极冰穹A天文选址用太赫兹超宽带傅里叶光谱仪系统（Fourier Transform Spectrometer，FTS），工作频段覆盖太赫兹及远红外频段（0.75～15 THz）。研究团队在设备研制过程中采用基于自然环境温标双温校准、校准及窗口洁净一体化，以及频段相互交叠的高低频段独立探测等创新性设计，确保了设备在南极冰穹A极端天气条件下可长周期（含越冬）无人值守稳定运行。

FTS系统于2010年1月随第26次中国南极考察队一同抵达冰穹A现场，并安装在PLATO（Ashley et al., 2010）内（图6-18）。

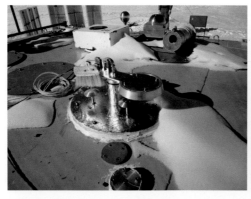

图6-18 傅里叶光谱仪FTS现场工作图。左图：室外校准单元（位于PLATO屋顶）；右图：室内傅里叶光谱仪主体及控制单元（PLATO室内）

从2020年1月至2021年8月，FTS系统在冰穹A连续开展无人值守的大气透过率测量，取得了19个月的测量数据。经过校准和统计分析，测量结果揭示了冰穹A在太赫兹远红外波段的观测新窗口（Shi et al., 2016），而这些窗口过去只能通过高空气球或空间观测才能实现，太赫兹和远红外新窗口为地面天文学提供了独特的机会。为来自原子和分子的独特太赫兹谱线跃迁，如1.46 THz（205 μm）的N^+和频率大于7 THz的O^{3+}等物质的谱线的观测提供了全新机遇。同时，南极冰穹A地势平坦，可支持更大的设备设施，无论是具有大孔径的单个望远镜，还是逐步升级为干涉仪的多个望远镜，其开发周期比天基或飞机平台更快、应用更灵活。

大气可沉降水汽含量（Precipitable Water Vapor，PWV）是另一项评估太赫兹天文台址的重要参数。利用FTS测量的大气辐射谱进一步反演了冰穹A的大气PWV，并对PWV结果进行分时段的四分位数据统计处理。结果表明，在全年中最优的大气PWV出现在8月，PWV中值为110 μm，是目前可查资料中台址最优的PWV中值；PWV值最大出现在1月，中值为580 μm，即便如此，也与目前世界上最好的阿塔卡马亚毫米望远镜的台址最优时段相当。由于冰穹A地处南极洲内陆，具有极地的气候特征，又属高原地区，兼具高海拔、极低温等条件，造就了该地区稳定且极低的大气PWV特性，这对需要深度积分的太赫兹天文观测是非常有利的。

从大气透过率和大气PWV等结果统计分析可见，南极冰穹A有全球最佳的太赫兹天文观测条件。

6.5　总结与展望

观测近地空间和宇宙是南极科学委员会定义的6个优先领域之一。利用极地特殊的地理位置和优越的观测环境开展近地空间和宇宙的长期观监测，一方面能够促进极区空间物理和天文学等领域的重大基础性问题研究，另一方面可以提升极区空间天气和空间碎片等太空态势的感知预报能力。经过10余年的观监测能力和人才队伍建设，我国的极区空间物理和南极天文学研究取得了长足进步。

连续稳定的观监测数据资料助力我国相继发现极区电离层和中高层大气紧密

耦合的证据、南北极极光发光强度晨昏不对称、喉区极光、"太空台风"极光、极光亚暴额外电流楔等。灾害性空间天气预报的业务应用逐渐成为未来需要攻克的领域。通过长期观监测数据资料，研究构建关键物理参量的现报和预报模型，以及适用不同体制和频段的极区电离层模型、电离层闪烁模型、极区高能粒子辐射模型；开展极区能量沉积导致的中性大气变化及对在轨航天器轨道影响研究是未来发展的方向。

围绕时域天文研究，在变星、星震、超新星、引力波电磁对应体和系外行星搜寻等方面，都展示了南极观测的独特优势，取得了一系列新的发现和探索性成果。在昆仑站天文台址的测量和研究方面，取得的成果吸引了国际天文界的关注。我国学者已经证明昆仑站具有亚空间的天文观测条件，观测效率优于世界上任何现有的天文台站，是地面潜在的最佳天文台址。台址的监测和研究是一项长期工作，特别是需要研究年度和季节的变化，必须用长期可靠的数据对台址条件做科学评估，为未来天文台建设提供依据。

南极内陆是天文观测资源的宝藏。除已开展的光学、红外和太赫兹波段的天文观测和台址测量工作外，南极内陆电磁干扰小，电磁环境优越，在中国第40次南极科学考察期间，我国科研人员已经在南极内陆开展了低频射电波段的试验和天文观测，开展宇宙学方面的研究。南极内陆也是研究中微子、引力波和建设大型干涉设备的理想场所。

未来将持续依托我国极地科学考察站，构建国际一流的空间物理和天文观测体系，夯实观监测能力，开展前沿科学研究和太空治理应用研究，并推动发展为国际合作计划。

参 考 文 献

韩德胜, 邱荟璇, 石润, 2022. 喉区极光模型再考[J]. 地球与行星物理论评, 53: 605–612.

黄德宏, 胡红桥, 刘瑞源, 等, 2016, 南极中山站极区空间环境观测系统[J]. 极地研究, 28(1): 1–10. DOI: 10.13679/j.jdyj.2016.1.001.

刘建军, 胡红桥, 陈相材, 2021. 2012年南极中山站高频相干散射雷达数据集[J]. 中国科学数据, 6(2): 2021–06–28. DOI: 10.11922/csdata.2020.0079.zh.

丘琪, 杨惠根, 陆全明, 等, 2017. 日侧极光弧的发光强度与沉降电子能谱的相关关系[J]. 地球物理学报, 60(2): 489–498. DOI: 10.6038/cjg20170204.

丘琪, 杨惠根, 陆全明, 等, 2016. 地球自转对北极黄河站观测日侧极光弧运动的影响[J]. 空间科学学报, 36(6): 909–915. DOI: 10.11728/cjss2016.06.909.

王赤, 李晖, 郭孝城, 等, 2012. 地球磁层–电离层系统对超强太阳风暴响应的数值模拟研究[J]. 中国科学: 地球科学, 42(4): 520–525. DOI: 10.1360/zd-2012-42-4-520.

王赤, 徐寄遥 , 刘立波, 等, 2023. 国家重大科技基础设施子午工程在空间环境领域的亮点研究进展[J]. 中国科学: 地球科学, 53(7): 1433–1449. DOI:10.1360/N072022-0137.

王章军, 王睿, 李辉, 等, 2022. 基于相干多普勒测风激光雷达的南极中山站低空大气风场应用研究[J]. 极地研究, 34(1): 11–19. DOI: 10.13679/j.jdyj.20210057.

徐文耀, 2011.太阳风–磁层–电离层耦合过程中的能量收支[J]. 空间科学学报, 31(1): 1–14.

杨臣威, 姜鹏, 贾明皓, 等, 2019. 中国南极昆仑站低轨空间碎片监测优势及 CSTAR 望远镜实测[J]. 极地研究, 31(2): 128–133. https://doi.org/10.13679/j.jdyj.20180063.

ASHLEY M C B, ALLEN G, BONNER C S, et al., 2010. PLATO-a robotic observatory for the Antarctic plateau[J]. EAS Publications Series, 40: 79-84. https://doi.org/10.1051/eas/1040009.

BONNER C S, ASHLEY M C B, CUI X, et al., 2010. Thickness of the Atmospheric Boundary Layer Above Dome A, Antarctica, during 2009[J]. Publications of the Astronomical Society of the Pacific, 122(895): 1122. https://doi.org/10.1086/656250.

CHEN X, HUANG W, BAN C, et al., 2021. Dynamic properties of a sporadic sodium layer revealed by observations over Zhongshan, Antarctica: A Case Study[J]. Journal of Geophysical Research: Space Physics, 126: e2021JA029787. https://doi.org/10.1029/2021JA029787.

FU H, YUE C, ZONG Q, et al., 2021. Statistical characteristics of substorms with different intensity[J]. Journal of Geophysical Research: Space Physics, 126: e2021JA029318. https://doi.org/10.1029/2021JA029318.

FU H, YUE C, ZONG Q, et al., 2023. Substorm influences on plasma pressure and current densities inside the geosynchronous orbit[J]. Journal of Geophysical Research: Space Physics, 128: e2022JA031099. https://doi.org/10.1029/2022JA031099.

HAN D, CHEN X, LIU J, et al., 2015. An extensive survey of dayside diffuse aurora based on optical observations at Yellow River Station[J]. Journal of Geophysical Research: Space Physics, 120: 7447–7465. https://doi.org/10.1002/2015JA021699.

HAN D, FENG H, ZHANG H, et al., 2020. A new type of polar cap arc observed in the ~1500 MLT Sector: 1. northern hemisphere observations[J]. Geophysical Research Letters, 47: e2020GL090261. https://doi.org/10.1029/2020GL090261.

HOU X, HU Y, DU F, et al., 2023. Machine learning-based seeing estimation and prediction using multi-layer meteorological data at Dome A, Antarctica[J]. Astronomy and Computing, 43: 100710. https://doi.org/10.1016/j.ascom.2023.100710.

HU H, LIU E, LIU R, et al., 2013. Statistical characteristics of ionospheric backscatter observed by SuperDARN Zhongshan radar in Antarctica[J]. Advances in Polar Science, 24(1): 19–31. DOI: 10.3724/sp.j.1085.2013.00019.

HU Y, HU K, SHANG Z, et al., 2019. Meteorological Data from KLAWS-2G for an Astronomical Site Survey of Dome A, Antarctica[J]. Publications of the Astronomical Society of the Pacific, 131(995): 015001. https://doi.org/10.1088/1538-3873/aae916.

HU Y, SHANG Z, ASHLEY M C B, et al., 2014a. Meteorological Data for the Astronomical Site at Dome A, Antarctica[J]. Publications of the Astronomical Society of the Pacific, 126(943): 868. https://doi.org/10.1086/678327.

HU Z, EBIHARA Y, YANG H, et al., 2014b. Hemispheric asymmetry of the structure of dayside auroral oval[J]. Geophysical Research Letters, 41: 8696–8703. https://doi.org/10.1002/2014GL062345.

HU Z, HAN B, ZHANG Y, et al., 2021. Modeling of Ultraviolet Aurora Intensity Associated With Interplanetary and Geomagnetic Parameters Based on Neural Networks[J]. Space Weather, 19: e2021SW002751. https://doi.org/10.1029/2021SW002751.

HU Z, HE F, LIU J, et al., 2017a. Multi-wavelength and multi-scale aurora observations at the Chinese Zhongshan Station in Antarctica[J]. Polar Science, 14: 1–8. https://doi.org/10.1016/j.polar.2017.09.001.

HU Z, YANG Q, LIANG J, et al., 2017b. Variation and modeling of ultraviolet auroral oval boundaries associated with interplanetary and geomagnetic parameters[J]. Space Weather, 15: 606–622. https://doi.org/10.1002/2016SW001530.

HU L, WU X, ANDREONI I, et al., 2017c. Optical observations of LIGO source GW 170817 by the Antarctic Survey Telescopes at Dome A, Antarctica[J]. Science Bulletin, 62: 1433–1438. https://doi.org/10.1016/j.scib.2017.10.006.

HU Z, YANG H, HAN D, et al., 2012. Dayside auroral emissions controlled by IMF: A survey for dayside auroral excitation at 557.7 and 630.0 nm in Ny-Ålesund, Svalbard[J]. Journal of Geophysical Research: Space Physics, 117: A02201. https://doi.org/10.1029/2011JA017188.

HU Z, YANG H, HU H, et al., 2013. The hemispheric conjugate observation of postnoon "bright spots"/auroral spirals[J]. Journal of Geophysical Research: Space Physics, 118: 1428–1434. https://doi.org/10.1002/jgra.50243.

HU Y, PENG Z, WANG C, et al., 2009, Magnetic merging line and reconnection voltage versus IMF clock angle: Results from global MHD simulations[J]. Journal of Geophysical Research: Space Physics, 114(A8). DOI: 10.1029/2009JA014118.

HUANG Z, FU J, ZONG W, et al., 2015. Pulsations and Period Changes of the Non-Blazhko RR Lyrae Variable Y Oct Observed from Dome A, Antarctica[J]. The Astronomical Journal, 149(1): 25. https://doi.org/10.1088/0004-6256/149/1/25.

JIN Y, MOEN J, MILOCH W, 2014. GPS scintillation effects associated with polar cap patches and substorm auroral activity: direct comparison[J]. Journal of Space Weather and Space Climate, 4(A23). https://doi.org/10.1051/swsc/2014019.

JIN Y, MOEN J, MILOCH W, et al., 2016. Statistical study of the GNSS phase scintillation associated with two types of auroral blobs[J]. Journal of Geophysical Research: Space Physics, 121: 4679–4697. https://doi.org/10.1002/2016JA022613.

KAN J, Li H, Wang C, et al., 2010. Saturation of polar cap potential: Nonlinearity in quasi-steady solar wind-magnetosphere-ionosphere coupling[J]. Journal of Geophysical Research, 115(A8). DOI: 10.1029/2009ja014389.

KULESA C, 2011. Terahertz Spectroscopy for Astronomy: From Comets to Cosmology[J]. IEEE Transactions on Terahertz Science and Technology, 1(1): 232-240. https://doi.org/10.1109/TTHZ.2011.2159648.

LAWRENCE J S, ASHLEY M C B, TOKOVININ A, et al., 2004. Exceptional astronomical seeing conditions above Dome C in Antarctica[J]. Nature, 431(7006): 278-281. https://doi.org/10.1038/nature02929.

LI H, WANG Z, ZHUANG Q, et al., 2023a. Remote Polar Boundary Layer Wind Profiling Using an All-Fiber Pulsed Coherent Doppler Lidar at Zhongshan Station, Antarctica[J]. Atmosphere, 14(5): 901. https://doi.org/10.3390/atmos14050901.

LI X, ZONG Q, LIU J, et al., 2023b. Comparative Study of Dayside Pulsating Auroras Induced by Ultralow-Frequency Waves[J]. Universe, 9(6):258. https://doi.org/10.3390/universe9060258.

LI X, ZHANG B, HU Z, et al., 2022. A comparative study of ionospheric TEC diurnal variations at two stations near cusp latitudes in the Southern Hemisphere[J]. Advances in Space Research, 69: 3668–3676. https://doi.org/10.1016/j.asr.2022.03.008.

LIANG E, WANG S, ZHOU J, et al., 2016. Stellar Flares in the CSTAR Field: Results from the 2008 Data Set[J]. The Astronomical Journal, 152(6): 168. https://doi.org/10.3847/0004-6256/152/6/168.

LIANG E, ZHANG H, YU Z, et al., 2020. Exoplanets in the Antarctic Sky. III. Stellar Flares Found by AST3-II (CHESPA) within the Southern CVZ of TESS[J]. The Astronomical Journal, 159(5): 201. https://doi.org/10.3847/1538-3881/ab7ea8.

LIU F, WANG R, YI F, et al., 2021a. Pure rotational Raman lidar for full-day troposphere temperature measurement at Zhongshan Station (69.37°S, 76.37°E), Antarctica[J].

Optics Express, 29: 10059–10076. DOI: 10.1364/OE.418926.

LIU J, WANG W, QIAN L, et al., 2021b. Solar flare effects in the Earth's magnetosphere[J]. Nature Physics, 17: 807–812. DOI: 10.1038/s41567-021-01203-5.

LIU H, JIANG P, HUANG X, et al., 2018. Searching for the Transit of the Earth-mass Exoplanet Proxima Centauri b in Antarctica: Preliminary Result[J]. The Astronomical Journal, 155(1): 12. https://doi.org/10.3847/1538-3881/aa9b86.

LIU J, BURNS A, WANG W, et al., 2020. Modeled IMF By Effects on the Polar Ionosphere and Thermosphere Coupling[J]. Journal of Geophysical Research: Space Physics, 125: e2019JA026949. https://doi.org/10.1029/2019JA026949.

LIU J, CHEN X, WANG Z, et al., 2023a. Effect of interplanetary shock on an ongoing substorm: Simultaneous satellite-ground auroral observations[J]. Science China Technological Sciences, 66: 654–662. DOI: 10.1007/s11431-022-2244-0.

LIU J, WANG W, QIAN L, et al., 2023b. Impacts of Ionospheric Conductance on Magnetosphere-Ionosphere Coupling[J]. Journal of Geophysical Research: Space Physics, 128: e2022JA030864. https://doi.org/10.1029/2022JA030864.

MA B, HU Y, SHANG Z, et al., 2016. AST3: dwarf nova outbursts[J]. The Astronomer's Telegram, 9033: 1.

MA B, SHANG Z, HU Y, et al., 2020. Night-time measurements of astronomical seeing at Dome A in Antarctica[J]. Nature, 583(7818): 771-774. https://doi.org/10.1038/s41586-020-2489-0.

MA B, WEI P, SHANG Z, et al., 2014a. Prediscovery Observations of SN 2014J in M82 from the Antarctic Survey Telescope[J]. The Astronomer's Telegram, 5794: 1.

MA B, WEI P, SHANG Z, et al., 2014b. Supernova 2014M = Psn J15151721+7529095[J]. Central Bureau Electronic Telegrams, 3796: 1.

MENG Z, ZHOU X, ZHANG H, et al., 2013. Ghost Image Correction in CSTAR Photometry[J]. Publications of the Astronomical Society of the Pacific, 125(930): 1015. https://doi.org/10.1086/672090.

OELKERS R, MACRI L, WANG L, et al., 2015. Difference Image Analysis of Defocused

Observations with CSTAR[J]. The Astronomical Journal, 149(2): 50. https://doi.org/10.1088/0004-6256/149/2/50.

OELKERS R, MACRI L, WANG L, et al., 2016. Stellar Variability and Flare Rates from Dome A, Antarctica, Using 2009 and 2010 CSTAR Observations[J]. The Astronomical Journal, 151(6): 166. https://doi.org/10.3847/0004-6256/151/6/166.

PHILLIPS T G, KEENE J, 1992. Submillimeter astronomy[J]. IEEE Proceedings, 80(11): 1662–1678.

QIU Q, YANG H, LU Q, et al., 2016. Orientation variation of dayside auroral arc alignments obtained from all-sky observation at yellow river station, Svalbard[J]. Journal of Atmospheric and Solar-Terrestrial Physics, 142: 20–24. https://doi.org/10.1016/j.jastp.2016.02.019.

SHANG Z, 2020. Astronomy from Dome A in Antarctica[J]. Research in Astronomy and Astrophysics, 20(10): 168. https://doi.org/10.1088/1674-4527/20/10/168.

SHANG Z, HU K, YANG X, et al., 2018. Kunlun cloud and aurora monitor[J]. Ground-based and Airborne Telescopes Ⅶ, 10700: 1070057. https://doi.org/10.1117/12.2312439.

SHI S, PAINE S, YAO Q, et al., 2016. Terahertz and far-infrared windows opened at Dome A in Antarctica[J]. Nature Astronomy, 1(1): 0001. DOI: 10.1038/s41550-016-0001.

STOREY J W V, 2005. Astronomy from Antarctica[J]. Antarctic Science, 17(4): 555. https://doi.org/10.1017/S095410200500297X.

STOREY J W V, LAWRENCE J S, ASHLEY M C B, 2007. Site-testing in Antarctica[J]. Revista Mexicana de Astronomia y Astrofisica Conference Series, 31: 25–29.

SUN J, WANG G, ZHANG T, et al., 2022. Evidence of Alfvén Waves Generated by Mode Coupling in the Magnetotail Lobe[J]. Geophysical Research Letters, 49: e2021GL096359. https://doi.org/10.1029/2021GL096359.

SUN J, WANG X, LU Q, et al., 2023. Excitation and Propagation of Magnetosonic Waves in the Earth's Dipole Magnetic Field: 3D PIC Simulation[J]. Journal of Geophysical Research: Space Physics, 128: e2023JA031311. https://doi.org/10.1029/2023JA031311.

TIAN Q, JIANG P, DU F, et al., 2016. The bright star survey telescope for the planetary

transit survey in Antarctica[J]. Science Bulletin, 61(5): 383–390. https://doi.
org/10.1007/s11434-016-1015-0.

WANG C, 2010. New chains of space weather monitoring stations in China[J]. Space
Weather, 8(8). DOI:10.1029/2010SW000603.

WANG J, ZHANG B, HUANG C, et al., 2022a. The dawn–dusk asymmetrical
distribution of earthward poynting flux in the dayside polar cap from DMSP[J].
Journal of Geophysical Research: Space Physics, 127: e2021JA030199. https://doi.
org/10.1029/2021JA030199.

WANG J, ZHANG B, HUANG C, et al., 2022b. The high-latitude dawn-dusk
asymmetry of ionospheric plasma distribution in the northern hemisphere[J].
Journal of Geophysical Research: Space Physics, 127: e2022JA030292. https://doi.
org/10.1029/2022JA030292.

WANG L, MACRI L, KRISCIUNAS K, et al., 2011. Photometry of variable stars
from Dome A, Antarctica[J]. The Astronomical Journal, 142(5): 155. https://doi.
org/10.1088/0004-6256/142/5/155.

WANG L, MACRI L, WANG L, et al., 2013. Photometry of variable stars from Dome
A, Antarctica: results from the 2010 observing season[J]. The Astronomical Journal,
146(6): 139. https://doi.org/10.1088/0004-6256/146/6/139.

WANG R, TOMIKAWA Y, NAKAMURA T, et al., 2016. A mechanism to explain the
variations of tropopause and tropopause inversion layer in the Arctic region during
a sudden stratospheric warming in 2009[J]. Journal of Geophysical Research:
Atmospheres, 121: 11 932–11 945. https://doi.org/10.1002/2016JD024958.

WANG S, ZHANG H, ZHOU J, et al., 2014a. Planetary transit candidates in the CSTAR
field: analysis of the 2008 data[J]. The Astrophysical Journal Supplement Series,
211(2): 26. https://doi.org/10.1088/0067-0049/211/2/26.

WANG S, ZHOU X, ZHANG H, et al., 2014b. The correction of diurnal effects on
CSTAR photometry[J]. Research in Astronomy and Astrophysics, 14(3): 345–356.
https://doi.org/10.1088/1674-4527/14/3/008.

WANG S, ZHOU X, ZHANG H, et al., 2012. The Inhomogeneous effect of cloud on CSTAR photometry and its correction[J]. Publications of the Astronomical Society of the Pacific, 124(921): 1167. https://doi.org/10.1086/668617.

WANG Y, ZHANG Q, MA Y, et al., 2020. Polar ionospheric large-scale structures and dynamics revealed by TEC keogram extracted from TEC maps[J]. Journal of Geophysical Research: Space Physics, 125: e2019JA027020. https://doi.org/10.1029/2019JA027020.

YANG X, SHANG Z, HU K, et al., 2021. Cloud cover and aurora contamination at dome A in 2017 from KLCAM[J]. Monthly Notices of the Royal Astronomical Society, 501(3): 3614-3620. https://doi.org/10.1093/mnras/staa3824.

YIN Z, ZHOU X, HU Z, et al., 2023. Multi-band periodic poleward-moving auroral arcs at the postdawn sector: a case study[J]. Journal of Geophysical Research: Space Physics, 128: e2023JA031516. https://doi.org/10.1029/2023JA031516.

ZHANG B, KAMIDE Y, LIU R, 2003. Response of electron temperature to field-aligned current carried by thermal electrons: A model[J]. Journal of Geophysical Research: Space Physics, 108: 1169. https://doi.org/10.1029/2002JA009532.

ZHANG B, KAMIDE Y, LIU R, et al., 2004. A modeling study of ionospheric conductivities in the high-latitude electrojet regions[J]. Journal of Geophysical Research: Space Physics, 109: A04310. https://doi.org/10.1029/2003JA010181.

ZHANG H, YU Z, LIANG E, et al., 2019a. Exoplanets in the Antarctic sky. I . the first data release of AST3- II (CHESPA) and new found variables within the southern CVZ of TESS[J]. The Astrophysical Journal Supplement Series, 240(2): 16. https://doi.org/10.3847/1538-4365/aaec0c.

ZHANG H, YU Z, LIANG E, et al., 2019b. Exoplanets in the Antarctic sky. II . 116 transiting exoplanet candidates found by AST3- II (CHESPA) within the Southern CVZ of TESS[J]. The Astrophysical Journal Supplement Series, 240(2): 17. https://doi.org/10.3847/1538-4365/aaf583.

ZHANG Q, LOCKWOOD M, FOSTER J, et al., 2015. Direct observations of the full Dungey convection cycle in the polar ionosphere for southward interplanetary magnetic field conditions[J]. Journal of Geophysical Research: Space Physics, 120: 4519–4530. DOI: 10.1002/2015JA021172.

ZHANG Q, MOEN J, LOCKWOOD M, et al., 2016a. Polar cap patch transportation beyond the classic scenario[J]. Journal of Geophysical Research: Space Physics, 121: 9063–9074. https://doi.org/10.1002/2016JA022443.

ZHANG Q, ZONG Q, LOCKWOOD M, et al., 2016b. Earth's ion upflow associated with polar cap patches: Global and in situ observations[J]. Geophysical Research Letters, 43: 1845–1853. https://doi.org/10.1002/2016GL067897.

ZHANG Q, ZHANG B, LOCKWOOD M, et al., 2013a. Direct Observations of the Evolution of Polar Cap Ionization Patches[J]. Science, 339: 1597–1600. DOI: 10.1126/science.1231487.

ZHANG Q, ZHANG B, MOEN J, et al., 2013b. Polar cap patch segmentation of the tongue of ionization in the morning convection cell[J]. Geophysical Research Letters, 40: 2918–2922. https://doi.org/10.1002/grl.50616.

ZHANG Q, ZHANG Y, WANG C, et al., 2021. A space hurricane over the Earth's polar ionosphere[J]. Nature Communications, 12: 1207. DOI: 10.1038/s41467-021-21459-y.

ZHAO X, ZONG Q, LIU J, et al., 2023. A Conjunction of Pc5 ULF Waves From Spaceborne and Ground-Based Observations[J]. Journal of Geophysical Research: Space Physics, 128: e2023JA031497. https://doi.org/10.1029/2023JA031497.

ZHOU X, WU Z JIANG Z, et al., 2010. Testing and data reduction of the Chinese Small Telescope Array (CSTAR) for Dome A, Antarctica[J]. Research in Astronomy and Astrophysics, 10(3): 279–290. https://doi.org/10.1088/1674-4527/10/3/009.

ZONG Q, YUE C, FU S, 2021. Shock Induced Strong Substorms and Super Substorms: Preconditions and Associated Oxygen Ion Dynamics[J]. Space Science Reviews, 217: 33. DOI: 10.1007/s11214-021-00806-x.

ZONG W, FU J N, NIU J S, et al., 2015. Discovery of Multiple Pulsations in the New δ Scuti Star HD 92277: Asteroseismology from Dome A, Antarctica[J]. The